普通高等教育电子信息类系列教材

U0169835

模拟电子技术实验仿真教程

郭业才　编著

西安电子科技大学出版社

内 容 简 介

　　本书是配合"模拟电子技术"课程的基本教学要求而编写的实验仿真教材。全书共 8 章，第 1 章为电子测量基础，第 2 章为电路组装调试与故障检测，第 3～7 章为 Multisim 14 的安装与使用，包括元器件库、虚拟仪表库、创建电路原理图的基本操作、基本分析方法等内容，第 8 章为模拟电子技术实验仿真。

　　本书可作为高等学校电子信息类、电气类、自动化类、控制类、计算机类等专业实验教材或参考书，也可供有关工程技术人员参考。

图书在版编目(CIP)数据

模拟电子技术实验仿真教程/郭业才编著. —西安：西安电子科技大学出版社，2020.9
(2024.8 重印)
ISBN 978 - 7 - 5606 - 5800 - 1

Ⅰ.① 模⋯　　Ⅱ.① 郭⋯　　Ⅲ.① 模拟电路—电子技术—实验—高等学校—教材
Ⅳ.① TN710.4-33

中国版本图书馆 CIP 数据核字(2020)第 142224 号

策　　划　马晓娟
责任编辑　马晓娟
出版发行　西安电子科技大学出版社(西安市太白南路 2 号)
电　　话　(029)88202421　88201467　　　　邮　　编　710071
网　　址　www.xduph.com　　　　　　电子邮箱　xdupfxb001@163.com
经　　销　新华书店
印刷单位　广东虎彩云印刷有限公司
版　　次　2020 年 9 月第 1 版　　2024 年 8 月第 3 次印刷
开　　本　787 毫米×1092 毫米　1/16　印张 19.5
字　　数　500 千字
定　　价　44.00 元
ISBN　　978-7-5606-5800-1
XDUP　6102001-3
如有印装问题可调换

前　言

　　本书是参照教育部高等学校教学指导委员会编写的《普通高等学校本科专业类教学质量国家标准》(高等教育出版社，2018 年)，结合目前模拟电子技术基础课程教学的基本要求编写而成的。

　　本书是"模拟电子技术"课程的实验教材，旨在将学生已有的模拟电子技术理论知识与实际有机结合起来，巩固已学知识，逐步培养与提高学生独立工作和分析问题、解决问题的能力，为进一步学习专业知识、拓宽专业领域、运用新技术打下良好基础。

　　本书具有以下特点：

　　(1) 融合先进性与实用性。实验仿真所用软件为 Multisim 14 软件。该软件功能强大，具有很强的实用性，由该软件设计和仿真成功的电路可以直接在产品中使用。

　　(2) 融合完整性和独立性。实验内容完整，通过验证性实验训练学生的仿真能力，通过设计性实验培养学生分析问题与解决问题的能力，通过综合性实验培养学生的创新思维。实验过程完整，每个实验都进行了 Multisim 14 软件仿真，从元器件的调取到元器件电路的连接，从仿真开始到得出仿真结果，其过程都是完整的。仿真实验与仪器实验是各自完整又相互独立的，由每个项目的仿真测试结果可以分析并判断相同参数下同一个项目的仪器实验结果的正确性。

　　(3) 融合研究性与参考性。全部实验是具有研究性的，并且每个实验有多种不同方法，既可直接用于仿真实验，也可作为真实实验操作的参考，有很强的延伸性。

　　(4) 融合课外预习与课内实验。所有实验的 Multisim 14 软件仿真都可以先在课外进行，学生可以将课外实验仿真报告提交给实验教师，待其阅读审核后，再进行课内仪器实验，从而提升了课内实验和学生预习的效果。

　　(5) 融合层次性与选择性。实验内容层次分明，先介绍验证性实验，再介绍设计性实验，最后介绍综合性实验，实验项目的难度是逐渐提升的；实验方法层次清晰，先仿真方法，后仪器实验方法。实验内容丰富，实验项目多，适应面宽，针对性强，便于教师根据教学大纲做出合理取舍，因需选择，因材施教。每个层次的实验项目都有可选择的空间，能满足不同层次的教学要求。

本书由郭业才编著。在本书的编写过程中，姚文强、许雪、刘程、尤俣良等研究生对每个实验项目的 Multisim 14 仿真过程进行了逐一测试。本书的出版得到了 2019 年江苏高校一流专业(电子信息工程，No.289)建设项目、2019 年无锡市信息技术(物联网)扶持资金(第三批)扶持项目即高等院校物联网专业新设奖励项目(通信工程，No.51)、南京信息工程大学滨江学院教学研究与改革项目(JGZDA201902)、2020 年无锡信息产业(集成电路)扶持资金(高等院校集成电路专业新设奖励)项目及西安电子科技大学出版社的大力支持，在此表示衷心感谢！

由于作者水平有限，书中难免会有一些不足之处，恳请读者提出宝贵意见。

编　者
2020 年 6 月

目　　录

第 1 章　电子测量基础

【教学提示】本章主要讲述电子测量内容、测量方法与测量方案。首先分析了测量误差的表示、来源与分类，测量结果的表示和有效数字，然后给出了数据处理方法；之后对电子测量仪器进行了概述；最后讨论了接地问题。

【教学要求】理解电子测量的意义和特点，熟悉电子测量的主要内容、特点和基本方法，掌握误差基本理论及分析，能对测量结果(数据)进行正确的处理，了解电子测量仪器的分类和性能指标，掌握电子测量仪器的正确使用方法，充分认识接地问题的重要性。

【教学方法】以课堂讲授为主，认识与实践相结合，让学生对电子测量仪器有感性认识。

1.1　电子测量的内容与特点

现代信息技术的三大支柱是指信息获取(测量技术)、信息传输(通信技术)、信息处理(计算机技术)。在这三大技术中，信息获取(测量技术)是首要的，是信息的源头。电子测量泛指以电子技术为手段而进行的测量，即以电子技术理论为依据，以电子测量仪器和设备(电压表、示波器、信号发生器、特性图示仪等)为工具，对电量和非电量进行测量。狭义上讲，电子测量是指对电子学领域各种电学参数的测量。例如，用数字万用表测量电压，用频谱分析仪监测卫星信号等。

电子测量是测量学的一个重要分支，是测量技术中最先进的技术之一。

目前，电子测量因其应用广泛而成为现代科学技术中不可缺少的手段，同时它也是一门发展迅速、对现代科学技术的发展起着重大推动作用的独立学科。科学的进步和发展离不开测量，而新的科学理论往往又会成为新的测量方法和手段，从而推进测量技术的发展，促使新型测量仪器的诞生。例如，随着电子测量仪器与通信技术、总线技术、计算机技术的结合，出现了智能仪器、虚拟仪器、自动测试系统等，丰富了测量的概念并拓宽了测量的发展方向。

1.1.1　电子测量的内容

测量是为了确定被测对象的量值而进行的实验过程，也是人类对客观事物取得数量概念的认识过程。电子测量的主要内容包括以下几个方面。

1. 基本电量的测量

基本电量主要包括电压、电流、功率等。

在此基础上，电子测量的内容可以扩展至其他量的测量，如阻抗、频率、时间、位移、电场强度、磁场等。

2. 电路、元器件参数的测量与特性曲线的显示

电路、元器件参数的测量与特性曲线的显示包括：

(1) 电子电路整机的特性测量与特性曲线显示(伏安特性、频率特性等)。

(2) 电气设备常用各种元器件(电阻、电感、电容、晶体管、集成电路等)的参数测量与特性曲线显示。

3. 电信号特性的测量

电信号特性的测量是指频率、波形、周期、时间、相位、谐波失真度、调幅度及脉冲参数等的测量。

4. 电子设备性能指标的测量

各种电子设备性能指标的测量主要包括灵敏度、增益、带宽、信噪比、通频带等的测量。

另外，通过各类传感器，可将很多非电量(如温度、压力、流量、位移、加速度等)转换成电信号后再进行测量。

1.1.2　电子测量的特点

与其他测量相比，电子测量具有以下几个突出优点：

(1) 测量频率范围宽。电子测量既可以测量直流电量，又可以测量交流电量，其频率范围可以覆盖整个电磁频谱，为 $10^{-6} \sim 10^{12}$ Hz。

注意：对于不同的频率，即使是测量同一种电量，所采用的测量方法和使用的测量仪器也有所不同。

(2) 仪器量程范围宽。量程是指各种仪器所能测量的参数的范围，电子测量仪器具有相当宽广的量程。

(3) 测量准确度高。电子测量的准确度要比其他方法高得多，特别是对于频率和时间的测量，可使测量准确度的量级达到 $10^{-14} \sim 10^{-13}$。这是目前人类在测量准确度方面达到的最高指标。

注意：正是由于电子测量的准确度高，因此其在现代科学技术领域得到了广泛的应用。

(4) 测量速度快。电子测量是通过电磁波的传播和电子的运动来进行的，因而可以实现测量过程的高速度，这是其他测量方法所无法比拟的。

只有测量速度快，才能测出快速变化的物理量，这对现代科学技术的发展具有特别重要的意义。

(5) 易于实现遥测。电子测量采用电磁波很容易实现遥测、遥控。例如，可以通过各种传感器，采用有线或无线方式进行远程遥测。

(6) 易于实现测量自动化和测量仪器微机化。大规模集成电路和微型计算机的应用，使得电子测量出现了新的发展方向。例如，在测量中能实现程控、自动量程转换、自动校准、自动故障诊断、自动修复，对测量结果可以实现自动记录、自动数据运算、自动分析和自动处理。

1.2　电子测量的方法

为了获得测量结果而采用的各种手段和方法称为测量方法。

电子测量方法的分类形式有多种，这里仅讨论最常用的分类方法。

1.2.1　按测量方式分类

1. 直接测量

直接测量是指直接从电子仪器或仪表上读出测量结果的方法。例如，用电压表测量电路两端点之间的电压，用通用电子计数器测量频率等。

直接测量的特点是：测量过程简单、迅速，应用广泛。

2. 间接测量

间接测量是先对一个与被测量有确定函数关系的物理量进行直接测量，再将测量结果代入表示该函数关系的公式、曲线或表格，求出被测量值的方法。

例如，要测量已知电阻 R 上消耗的功率，则需先测量加在 R 两端的电压 U，然后根据公式 $P = \dfrac{U^2}{R}$，便可求出功率 P 的值。

间接测量的特点是：多用于科学实验，在生产及工程技术中应用较少，只有当被测量不便于直接测量时才采用。

3. 组合测量

组合测量是指在某些测量中，被测量与几个未知量有关，测量一次无法得出完整的结果，则可改变测量条件进行多次测量，然后按照被测量与未知量之间的函数关系组成联立方程，通过求解得出有关未知量。该法兼用了直接测量和间接测量两种方法。

组合测量的一个典型例子是电阻器温度系数的测量。已知电阻器值 R_t 与温度 t 的关系为

$$R_t = R_{20} + \alpha(t - 20) + \beta(t - 20)^2$$

式中，R_{20} 为 $t = 20℃$ 时的电阻值，一般为已知量。只需在两个不同温度 t_1、t_2 下测出相应的阻值 R_{t1}、R_{t2}，即可通过解联立方程：

$$\begin{cases} R_{t1} = R_{20} + \alpha(t_1 - 20) + \beta(t_1 - 20)^2 \\ R_{t2} = R_{20} + \alpha(t_2 - 20) + \beta(t_2 - 20)^2 \end{cases}$$

得到温度系数 α、β 的值。

组合测量是一种特殊的精密测量方法，适用于科学实验及一些特殊场合。

1.2.2　按信号性质分类

1. 时域测量

时域测量又称瞬态测量，主要测量被测对象在不同时间点上的特性。这时被测信号是

关于时间的函数。例如，可用示波器测量被测信号(电压值)的瞬时波形，显示它的幅度、宽度、上升沿和下降沿等参数。

另外，时域测量还包括对一些周期信号的稳态参数的测量。例如，虽然正弦交流电压的瞬时值随着时间变化，但其振幅和有效值是稳态值，也可以采用时域测量方法进行测量。

2. 频域测量

频域测量又称稳态测量，主要测量被测对象在不同频率点上的特性。这时被测信号是关于频率的函数。例如，可用频谱分析仪对电路中产生的新的电压分量进行测量，产生幅频特性曲线、相频特性曲线等。

3. 数据域测量

数据域测量又称逻辑测量，是指对数字系统的逻辑特性进行的测量。

利用逻辑分析仪能够分析离散信号组成的数据流，可以观察多个输入通道的并行数据，也可以观察一个通道的串行数据。

4. 随机测量

随机测量又称统计测量，是指利用噪声信号源进行的动态测量，如对各类噪声、干扰信号等的测量常采用随机测量。

电子测量还有许多分类方法，按照不同的测量方法可分为动态与静态测量技术、模拟与数字测量技术、实时与非实时测量技术、有源与无源测量技术等。

1.2.3　电压的测量

1. 电压测量的重要性和特点

电压测量是电子测量中最基本的内容，主要原因是：① 各种电路的工作状态(如饱和、截止等)通常都以电压的形式体现出来；② 许多电参数(如增益、频率特性、电流、功率、调幅度等)都可视为电压的派生量；③ 在非电量测量中，各种传感器将非电参数转为电压参数进行测量；④ 不少测量仪器都用电压来表示；⑤ 电压测量直接、方便，将电压表并接在被测电路上，只要电压表的输入阻抗足够大，就可以在几乎不影响电路工作状态的前提下获得满意的测量结果。而电流测量就不具备这些优点：首先，在电流测量时，要将电流表串接在被测支路中，很不方便；其次，电流表的内阻将改变电路的工作状态，使测得值不能真实反映电路的原状态。因此，电压测量是许多电参数测量的基础，电压测量对调试电子电路来说是必不可少的。

电子测量中电压测量的特点如下：

(1) 频率范围宽。电子电路中，电压的频率可以从零赫兹到数百兆赫兹范围内变化。对于甚低频或高频范围的电压测量，一般万用表是不能胜任的。

(2) 电压范围广。电子电路中，电压范围为从微伏到千伏以上。对于不同的电压挡级，必须采用不同的电压表进行测量。例如，用数字电压表可测出数量级为 10^{-9}V 的电压。

(3) 对非正弦量电压测量会产生测量误差。例如，用普通仪表测量非正弦电压，将产生测量误差。

(4) 测量仪器的输入阻抗要高。由于电子电路一般为高阻抗电路，因此为了使仪器对被测电路的影响足够小，要求测量仪器有较高的输入电阻。

(5) 存在干扰。电压测量易受外界干扰。当信号电压较小时，干扰往往成为影响测量精度的主要因素。因此，高灵敏度电压表必须有较高的抗干扰能力。测量时，也必须采取一定的措施(如正确的连接方式、必要的电磁屏蔽等)，以减少干扰。

此外，测量电压时，还应考虑输入电容的影响。

通常如果测量精度要求不高，用示波器即可解决；如果测量精度要求较高，则要全面考虑，选择合适的测量方法，合理选择测量仪器。

2. 交流电压测量

按工作原理不同，指针式交流电压表可分为检波放大式、放大检波式及外差式三种类型。如果使用的是放大检波式交流电压表，则被测量电压经放大后送至全波检波器，通过电流表的平均电流 I_{av} 正比于被测电压 U 的平均值 U_{av}。由于正弦波应用广泛，且有效值具有实用意义，所以交流电压表通常按正弦波有效值刻度。

常用晶体管毫伏表的检波器虽然以平均值响应，但其面板指示仍以正弦电压有效值刻度。

为了便于讨论由于波形不同所产生的误差，波形因数 K_F 定义为

$$K_F = \frac{\text{有效值}}{\text{平均值}} = \frac{U}{U_{av}}$$

正弦波的 $K_F \approx 1.11$(即电压表读数 $U = K_F \cdot U_{av} \approx 1.11 U_{av}$)。由此可知，用晶体管毫伏表测量非正弦波电压时，因各种波形电压的 K_F 值不同(见表 1.2.1)，故将产生较大的波形误差(测量误差)。例如，当用晶体管毫伏表分别测量方波和三角波电压时，若毫伏表均指示在 10 V 处，就不能简单地认为此方波、三角波的有效值是 10 V，因为指示值 10 V 为正弦波有效值，其正弦波的平均值 $U_{av} \approx 0.9 \times 10 = 9$ V，此数值即为被测电压经整流后的平均值，代入波形因数定义式得方波的有效值为 $1 \times 9 = 9$ V，三角波的有效值为 $1.15 \times 9 = 10.35$ V。另外，当测量放大器的动态范围 U_{opp} 时，由于波形已不是严格的正弦波，若用晶体管毫伏表读出有效值再乘以 $2\sqrt{2}$，得到放大器的动态范围 U_{opp} 值，显然有较大的波形误差，因此，通常直接从示波器定量测出 U_{opp} 值。

表 1.2.1　几种交流电压的波形参数

波　形		峰值	有效值 U_{rms}	整流平均值 U_{av}	波形因数 $K_F = U_{rms}/U_{av}$	波峰因数 K_p
正弦波		U_m	$\dfrac{U_m}{\sqrt{2}} \approx 0.707 U_m$	$\dfrac{2}{\pi} U_m$	$\dfrac{\sqrt{2}}{4}\pi \approx 1.11$	$\sqrt{2}$
全波整流后的正弦波		U_m	$\dfrac{U_m}{\sqrt{2}} \approx 0.707 U_m$	$\dfrac{2}{\pi} U_m$	$\dfrac{\sqrt{2}}{4}\pi \approx 1.11$	$\sqrt{2}$
三角波		U_m	$\dfrac{U_m}{\sqrt{3}} \approx 0.577 U_m$	$\dfrac{1}{2} U_m$	$\dfrac{2}{\sqrt{3}} \approx 1.15$	$\sqrt{3}$
锯齿波		U_m	$\dfrac{U_m}{\sqrt{3}} \approx 0.577 U_m$	$\dfrac{1}{2} U_m$	$\dfrac{2}{\sqrt{3}} \approx 1.15$	$\sqrt{3}$
脉冲波		U_m	$\sqrt{\dfrac{t_p}{T}} U_m$	$\dfrac{t_p}{T} U_m$	$\sqrt{\dfrac{T}{t_p}}$	$\sqrt{\dfrac{T}{t_p}}$

波 形		峰值 U_m	有效值 U_{rms}	整流平均值 U_{av}	波形因数 $K_F = U_{rms}/U_{av}$	波峰因数 K_p
方 波		U_m	U_m	U_m	1	1
梯形波		U_m	$\sqrt{1-\dfrac{4}{3}\cdot\dfrac{\varphi}{\pi}}U_m$	$\left(1-\dfrac{\varphi}{\pi}\right)U_m$	$\dfrac{\sqrt{1-\dfrac{4}{3}\cdot\dfrac{\varphi}{\pi}}}{1-\dfrac{\varphi}{\pi}}$	$\dfrac{1}{\sqrt{1-\dfrac{4}{3}\cdot\dfrac{\varphi}{\pi}}}$
白噪声		U_m	$\approx\dfrac{1}{3}U_m$	$\dfrac{1}{3.75}U_m$	$\sqrt{\dfrac{\pi}{2}}\approx1.25$	3

使用交流电压表还需注意的问题如下：

(1) 频率范围要与被测电压的频率配合。

(2) 要有较高的输入阻抗，这是因为测量仪器的输入阻抗是被测电路的负载之一，它将影响测量精度。

(3) 需要正确测量失真的正弦波和脉冲波的有效值时，可选用真有效值电压表。

1.2.4 频率与相位差的测量

1. 频率的测量

测量频率的方法有很多种，这里只介绍实验室中两种最常用的方法。

(1) 频率计测量法。采用数字频率计测量频率既简单又准确。测量时信号电压的大小要在频率计的测量范围内，否则会损坏频率计。若信号电压过小，则先放大，后测量；若信号电压过大，则先衰减，后测量，否则显示值不准确或不显示。

(2) 示波器法。频率也可通过示波器来测量，通常采用的方法是测周期法和李沙育图形法。

测周期法就是通过示波器测得信号的周期 T，利用频率与周期的倒数关系 $f = 1/T$，求得所测频率。这种方法简单方便，但精度不高，一般用于估测。

李沙育图形法的测试过程是：示波器在 X-Y 工作模式下，Y 轴接入被测信号，X 轴接入已知频率的信号，缓慢调节已知信号的频率，当两个信号的频率成整数倍关系时，示波器就会显示稳定的李沙育图形，根据图形形状和 X 轴输入的已知频率 f_X，求得被测信号的频率 f_Y 为

$$f_Y = \frac{m}{n} f_X$$

式中，m 为 X 轴向不经过图形中交点的直线与图形曲线的交点数，n 为 Y 轴向不经过图形中交点的直线与图形曲线的交点数。表 1.2.2 给出了正弦信号的几种李沙育图形。

表 1.2.2　不同频率比和相位差的李沙育图形

$\dfrac{f_Y}{f_X}$	φ				
	0°	45°	90°	135°	180°
1 : 1					
2 : 1					
3 : 1					
3 : 2					

李沙育图形法测量准确度高,但需要准确度比测量精度要求更高的信号源。

2. 相位差的测量

相位差的测量方法也有很多种,用数字相位计测量既简单又准确,但在实验教学中一般采用示波器进行测量。

(1) 直接测量法。如图 1.2.1(a)所示,测出信号周期对应的距离 X_T 和相位差对应的距离 X,则两个信号的相位差为

$$\varphi = \frac{X}{X_T} \times 360°$$

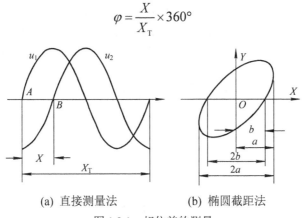

(a) 直接测量法　　　　(b) 椭圆截距法

图 1.2.1　相位差的测量

(2) 椭圆截距法。将两个被测信号分别接入 X 通道和 Y 通道(采用示波器法,在 X-Y 工作模式下测量),这时示波器显示一个椭圆或一条直线。如果为直线,则说明两个信号的相位差为 0(直线与 X 轴的正向夹角小于 90%)或 180°(直线与 X 轴的正向夹角大于 90%);若显示椭圆,如图 1.2.1(b)所示,则两个信号的相位差满足:

$$\sin \varphi = \frac{b}{a}$$

测量时，a、b 无法直接准确测出，为减小测量的误差，可测量 $2a$、$2b$ 后进行与计算。

1.3　测量误差及表示

1.3.1　测量误差的定义

测量是以确定被测对象量值为目的的全部操作。在一定的时间和空间环境中，被测量本身具有的真实数值(真值)是一理想的概念，但由于对客观规律认识有局限性，计量器具不准确，测量手段不完善，测量条件发生变化及测量工作中发生错误等原因，都会导致测量结果与真值不同，这就产生了误差。

1. 真值

所谓真值，是指在一定时间和环境条件下，被测量本身所具有的真实数值。

注意：真值是一个理想概念，通常无法精确测量到。

2. 测量误差

所谓测量误差，是指由于测量设备、测量方法、测量环境和测量人员的素质等条件的限制，测量结果与被测量真值之间通常会存在一定的差异，这个差异就称为测量误差。

注意：测量误差过大，可能会使得测量结果变得毫无意义，甚至会带来坏处。

3. 约定真值

所谓约定真值，是指一个接近真值的值，它与真值之差可忽略不计。实际测量中在没有系统误差的情况下，用足够多次的测量值的平均值作为约定真值。

约定真值是对于给定目的具有适当不确定度的、赋予特定量的值，有时该值是约定采用的。实际上对于给定目的，并不需要获得特定量的真值，而只需要与该真值足够接近(即其不确定度满足需要)的值。像特定量这样的值就是约定真值，对于给定的目的，可用它来代替真值。

注意：约定真值又称为实际值，通常用 A 来表示。

研究测量误差的目的就是要了解产生误差的原因和规律，寻找减小测量误差的方法，从而使测量结果精确可靠。

1.3.2　测量误差的表示

测量误差有两种表示方法，即绝对误差和相对误差。

1. 绝对误差

1) 定义

由测量所得到的被测量值 x 与其真值 A_0 之差，称为绝对误差，记作 Δx，即

$$\Delta x = x - A_0$$

说明：由于测量结果 x 总含有误差，x 可能比 A_0 大，亦可能比 A_0 小，因此 Δx 既有大小，也有正负，其量纲和测量值的量纲相同。这里所说的被测量值是指测量仪器的示值。

注意：通常测量仪器的示值和测量仪器的读数是有区别的。测量仪器的读数是指从测量仪器的刻度盘、显示器等读数装置上直接读到的数字；测量仪器的示值是指被测量对象的测量结果，包括数量值和量纲，通常由测量仪器的读数经过换算而得到。

在 $\Delta x = x - A_0$ 中，A_0 表示真值，而实际测量时无法得到 A_0，所以通常用实际值 A 来代替真值 A_0，因而该式可改写为

$$\Delta x = x - A$$

2) 修正值

修正值是指与绝对误差的绝对值大小相等，但符号相反的量值，用 C 表示，即

$$C = -\Delta x = A - x$$

对测量仪器进行定期检定时，用标准仪器与受检仪器相比对，可以以表格、曲线或公式的形式给出受检仪器的修正值。

在日常测量中，受检仪器测量所得到的结果应加上修正值，以求得被测量的实际值，即

$$A = x + C$$

说明：① 利用修正值可以减小误差的影响，使测量值更接近真值；② 实际应用中，应定期将测量仪器送检，以便得到正确的修正值。

2. 相对误差

绝对误差虽然可以说明测量结果偏离实际值的大小，但不能确切地反映测量的准确程度，也不便看出对整个测量结果的影响。

1) 实际相对误差

相对误差是指绝对误差与被测量的真值之比，用 γ 表示，即

$$\gamma = \frac{\Delta x}{A_0} \times 100\%$$

注意：相对误差没有量纲，只有大小及符号。

由于真值难以确切得到，通常用实际值 A 代替真值 A_0 来表示相对误差，称为实际相对误差，用 γ_A 表示，即

$$\gamma_A = \frac{\Delta x}{A} \times 100\%$$

2) 示值相对误差

在误差较小，要求不是很严格的场合，也可用被测量值 x 代替实际值 A，由此得到的相对误差称为示值相对误差，用 γ_x 表示，即

$$\gamma_x = \frac{\Delta x}{x} \times 100\%$$

说明：① $\gamma_x = (\Delta x / x) \times 100\%$ 中的 Δx 由所用仪器的准确度等级定出；② 由于 x 中含有误差，所以 γ_x 只适用于近似测量；③ 当 Δx 很小时，$x \approx A$，有 $\gamma_A \approx \gamma_x$。

3) 满度相对误差

用绝对误差与仪器满刻度值 x_m 之比来表示相对误差，称为引用相对误差或满度相对误差，用 γ_m 表示，即

$$\gamma_{\mathrm{m}} = \frac{\Delta x}{x_{\mathrm{m}}} \times 100\%$$

测量仪器使用最大引用相对误差来表示它的准确度，这时有：

$$\gamma_{\mathrm{mm}} = \frac{\Delta x_{\mathrm{m}}}{x_{\mathrm{m}}} \times 100\%$$

在式 $\gamma_{\mathrm{mm}} = \frac{\Delta x_{\mathrm{m}}}{x_{\mathrm{m}}} \times 100\%$ 中，Δx_{m} 表示仪器在该量程范围内出现的最大绝对误差；x_{m} 表示仪器的满刻度值；γ_{mm} 表示仪器在工作条件下不应超过的最大引用相对误差，它反映了该仪器的综合误差大小。

1.3.3　测量误差的来源

误差除了用来表示测量结果的准确程度以外，也是衡量电子测量仪器质量的重要指标。为了保证仪器示值的准确，必须在出厂时由检验部门对其误差指标进行严格检查。我国标准规定用工作误差、固有误差、影响误差和稳定误差等来表征其性能。

1. 工作误差

工作误差是在额定工作条件下测定的仪器误差极限。但是用仪器的工作误差来估计测量结果的误差会偏大。

2. 固有误差

固有误差通常也可称为基本误差，它是指测量仪器在参考条件下所确定的测量仪器本身所具有的误差。固有误差主要来源于测量仪器自身的缺陷，如仪器的结构、原理、使用、安装、测量方法及其测量标准传递等造成的误差。固有误差的大小直接反映了该测量仪器的准确度。一般固有误差都是对示值误差而言的，因此固有误差是测量仪器划分准确度的重要依据。测量仪器的最大允许误差就是在参考条件下测量仪器自身存在的所允许的固有误差极限值。

3. 理论误差

理论误差是通过理论计算得到的误差。这是由于测量所依据的理论公式本身的近似性，或是实验条件不能达到理论公式所规定的要求，或是实验方法本身不完善所带来的误差。例如，伏安法测电阻时没有考虑电表内阻对实验结果的影响等。

理论误差原则上可通过理论分析和计算来加以消除或修正。

4. 方法误差

由于测量方法不适宜而造成的误差称为方法误差。例如，用电压表测量电压时，没有正确地估计电压表的内阻对测量结果的影响而造成的误差。在选择测量方法时，应考虑现有的测量设备及测量的精度要求，并根据被测量本身的特性来确定采用何种测量方法和选择哪些测量设备。采用正确的测量方法，可以得到精确的测量结果，否则有可能损坏仪器、设备、元器件等。

方法误差可通过改变测量方法来加以消除或修正。

5. 影响误差

影响误差是当一个影响量在其额定使用范围内任取一值，而其他影响量和影响特性均处于基准条件下所测得的误差，如温度误差、频率误差等。只有当某一影响量在工作误差中起重要作用时才给出影响误差，它是一种误差极限。

6. 稳态误差

在自控系统中，当一个动态调整过程结束后，被调节参数稳定后的实际值与预期值之差称为稳态误差。

稳态误差由两部分构成：① 由于控制原理(如纯比例调节)造成的原理性稳态误差；② 由系统部件中的缺陷(如摩擦、间隙、不灵敏区等)所造成的结构性稳态误差，也称附加性稳态误差。

7. 基本误差

基本误差是指在正常工作情况(如温度、压强、磁场、湿度等)下，由仪器方面而产生的容许误差。

容许误差又称为极限误差，是人为规定的某类仪器测量时不能超过的测量误差的极限值，可以用绝对误差、相对误差或二者的结合来表示。

8. 附加误差

附加误差是仪表偏离了规定的工作条件(如温度、频率、波形的变化超出规定的条件，工作位置不当或存在外电场和外磁场的影响)而产生的误差。它实际上是一种因外界工作条件改变而造成的额外误差，如电源波动附加误差、温度附加误差等。

1.3.4　测量误差的分类

根据误差的性质，测量误差分为系统误差、疏失误差和随机误差三类。

1. 系统误差

系统误差又叫作规律误差，是指实验系统(测量系统)在测量过程中和在取得其结果的过程中存在的恒定的或按一定规律变化的误差。例如，在测量电阻的阻值时，电阻上因通过电流而发热，从而导致电阻阻值变化，这种变化是有一定规律的。因此，系统误差属于按一定规律变化的系统误差。

系统误差包括仪器误差、仪器零位误差、理论和方法误差、环境误差和人为误差等。

(1) 仪器误差。由于仪器制造有缺陷、使用不当或者仪器未经很好校准所造成的误差称为仪器误差。例如，秒表偏快，表盘刻度不均匀，尺子刻度偏大，米尺因为环境温度的变化导致米尺本身伸缩，砝码未经校准，仪器的水平或铅直未调整等造成的示值与真值之间的误差，统称为仪器误差。

计算方法：某些仪器有级数，计算仪器误差时，其值= (量程 × 级数% / 测量值) × 100%。例如，量程为 1000，级数为 0.5，测量值为 500，则 $X = (1000 \times 0.5\%/500) \times 100\% = 1\%$。当测量值越接近最大量程时，仪器误差值越小。

(2) 仪器零位误差。在使用仪器时，由仪器零位未校准所产生的误差称为仪器零位误差。例如，当千分尺的两个砧头刚好接触时，千分尺上有读数；电流表在没有电流流过时，电流表上有读数，等等，这些都是因为仪器的零位不准而引起的误差。

(3) 理论和方法误差。实验所依据的理论和公式的近似性引起的误差，称为理论误差。

实验条件或测量方法不能满足理论公式所要求的条件等引起的误差，称为方法误差。例如，用普通的万用表测量高内阻回路的电压时，由于万用表的输入电阻较低而引起的误差就是方法误差。

(4) 环境误差。测量仪器规定的使用条件未满足所造成的误差称为环境误差。例如，室温高于仪器所规定的实验温度范围而引起的误就是环境误差。

(5) 人为误差。由于测量者本身的生理特点或固有习惯所带来的误差称为人为误差。例如，反应速度的快慢、分辨能力的高低、读数的习惯等都会带来人为误差。

系统误差按其特点可以分为可修正系统误差和不可修正系统误差。凡是大小、符号可以确定的系统误差，即为可修正系统误差。例如，仪器误差、理论误差等，可以根据它们的大小和符号对测量结果进行修正，消除它们对测量结果的影响。那些只能估计大小，不能确定符号的系统误差，称为不可修正系统误差。误差总是偏向一侧，因此不能通过多次测量取平均值来消除。

2. 疏失误差

疏失误差是指实验者使用仪器的方法不正确，实验方法不合理，粗心大意，过度疲劳，读错、记错数据等引起的误差。只要实验者采取严肃认真的态度，就可以消除这种误差。

3. 随机误差

随机误差也称为偶然误差，是指在消除系统误差和疏失误差的条件下，在相同的测量条件下，对同一物理量作多次等精度测量，每次得到的测量值都不相同，有时偏大，有时偏小。当测量次数足够多时，这种偏离引起的误差服从统计规律，即离真值近的测量值出现的次数多，离真值远的测量值出现的次数少，而且测量值与真值之差的绝对值相等的测量值出现的概率相等。当测量次数趋于无限多时，偶然误差的代数和趋向于零。因此，通过增加测量次数可减小随机误差。随机误差是不可修正的。

随机误差的特点如下：

(1) 具有有界性。误差的绝对值不会超过某一最大值 Δx_{max}。

(2) 具有单峰性。绝对值小的出现的概率大，而绝对值大的出现的概率小。

(3) 具有对称性。绝对值相同的正、负误差出现的概率相等。

(4) 具有抵偿性。误差的算术平均值随着测量次数的无限增加而趋于零。

1.3.5 测量结果的表示

1. 测量结果的表示

测量结果的表示是指测量结果的数字表示，它包括一定的数值(含正负号)和相应的计量单位。

说明：通常为了说明测量结果的可信度，在具体表示测量结果时，还要同时注明其测量误差值或范围，如(4.32 ± 0.01)V、(465 ± 1)kHz。

2. 有效数字和有效数字位

通常测量结果都存在一定的误差，因此需要考虑如何用近似数据恰当地表示测量结果，这就涉及有效数字的问题。

有效数字是指从最左边第一位非零数字算起，到含有误差的那位存疑数字为止的所有数字。

在测量过程中，正确地写出测量结果的有效数字，合理地确定测量结果位数是非常重要的。

对有效数字位数的确定，应掌握以下几方面内容：

(1) 有效数字位与测量误差具有一定的关系。原则上可以从有效数字的位数估计出测量误差，一般规定误差不超过有效数字末位单位的一半。

(2) "0" 在最左面为非有效数字。

(3) 有效数字不能因选用的单位变化而改变。

3. 数字的舍入规则

测量数据中超过保留位数的数字应予以删略。

删略的原则是"小于五舍，大于五入，等于五求偶"，具体说明如下：

(1) 删略部分最高位数字小于 5 时，后位舍去。

(2) 删略部分最高位数字大于 5 时，末位进 1。

(3) 删略部分最高位数字等于 5 时，若 5 后面有非零数字时进 1；若 5 后面全为零或无数字时，采用求偶法则，即 5 前面为偶数时舍 5 不进，5 前面为奇数时进 1。

说明：

(1) 经过数字舍入后，末位是欠准数字，末位以前的数字为准确数字。末位欠准的程度不超过该末位单位的一半。

(2) 决定有效数字位数的标准是误差范围，并不是位数写得越多越好，写多了会夸大测量的准确度。

(3) 表示带有绝对误差的数字时，有效数字的末位应和绝对误差取齐，即两者的欠准数字所在数字位必须相同。

1.4　测　量　方　案

1.4.1　测量原理

(1) 根据被测量特点，明确测量内容与目的。

例如，被测量是直流量还是交流量，如果是直流量，应先估计其内阻的大小；如果是交流量，那么它是高频量还是低频量，是正弦量还是非正弦量，是线性变化量还是非线性变化量，是测量有效值、平均值还是峰值，等等，需做周密考虑后再做安排。

例如，对于高频量或脉冲量，应选择宽频带示波器；对于非正弦电压，要进行波形换算；对于非线性变化量，要注意实际操作状态。

(2) 根据测量原理，初步拟定可选方案。

根据被测量的性质，估计误差范围，分析主要影响因素，初步拟定可选的几个方案，再进行优选。对于复杂的测量任务，可采用间接的测量方法，预先绘制测量框图，搭接测量电路，制订计算步骤及计算公式等。在拟定测量步骤时，要注意：

应使被测电路系统及测试仪器等处于正常状态。

应满足测量原理中所要求的测量条件。

尽量减小系统误差，设法消除随机误差的影响，合理选择测量次数及组数。

(3) 根据准确度要求，合理选择仪器类型。

由被测量的性质及环境条件选择仪器的类型及技术性能，并配置合理的标准元件；由被测量的大小和频率范围选择仪器、仪表的量程，以满足测量的准确度要求。

(4) 根据测量要求，充分考虑环境条件。

测量现场的温度、电磁干扰、仪器设备的安放位置及安全措施等，均应符合测量任务的要求。

1.4.2　测量过程

测量过程可分为三个阶段。

(1) 测量准备阶段。在该阶段，主要选择测量方法及仪器仪表。

(2) 测量实施阶段。在该阶段，应注意测量的准确度、精密度、测量速度及正确记录等。

(3) 数据处理阶段。在该阶段，将测量数据进行整理，给出正确的测量结果，绘制表格、曲线，做出分析和结论。

① 对实验室或科研室的检验仪器，除做出合格与否的评价外，还应当给出仪器的精确度等级及其修正值，并且要注意检验的可靠性。

② 明确仪器各项技术指标的意义及各项误差所对应的工作条件。

③ 对于标准仪器应有严格的要求。首先要确定标准仪器的极限误差。当标准仪器与受检仪器同时含有系统误差和随机误差时，标准仪器的误差可以忽略的条件是：标准仪器的容许误差限应小于受检仪器容许误差限的 $\frac{1}{3} \sim \frac{1}{10}$。例如，欲鉴定准确度为 1.0 级的仪表，应选择经过校准的 0.2 级仪表作为标准表。如果标准装置是一套比较复杂的设备，还应当考虑对标准装置中各部件进行误差分配，并作综合误差的校正标准等。

④ 检验方式有两种：一种是利用比较原理直接检验受检仪器的总误差；另一种是先检验各分项误差，然后进行合成。至于采用何种检验方式合适，应视各种仪器的具体情况而定。

通过对系统误差、疏失误差和随机误差的分析、合成、分配与数据处理，以及最佳测量方案的选择等内容的叙述，可以看出，误差理论及处理措施都很重要，应当很好地掌握。只有测量误差被限制在一定的范围内，测量才具有实际意义。

1.5　测量数据处理

前面讨论了测量与误差的基本概念，测量结果的最佳值、误差和不确定度的计算。然而，实验的最终目的是通过数据的获取和处理来揭示出有关物理量的关系，或找出事物的内在规律性，或验证某种理论的正确性，或为以后的实验准备依据。因而，需要对所获得的数据进行正确的处理，数据处理贯穿于从获得原始数据到得出结论的整个实验过程，包括数据记录、整理、计算、作图、分析等涉及数据运算的处理方法。常用的数据处理方法有列表法、图示法、图解法、逐差法和最小二乘法等，下面分别予以简单讨论。

1.5.1　列表法

列表法是将实验所获得的数据用表格的形式进行排列的数据处理方法，其功能是：① 记录实验数据；② 显示物理量间的对应关系。其优点是：能对大量杂乱无章的数据进行归纳整理，使之既有条不紊，又简明醒目；既有助于表现物理量之间的关系，又便于及时地检查和发现实验数据是否合理，减少或避免测量错误，同时，也为作图法等数据处理方法奠定基础。

用列表的方法记录和处理数据是一个良好的科学工作习惯，要设计出一个栏目清楚、行列分明的表格，也需要在实验中不断训练，逐步掌握、熟练，并形成习惯。

一般来讲，在用列表法处理数据时，应遵从如下原则：

(1) 栏目条理清楚，简单明了，便于显示有关物理量的关系。

(2) 在栏目中，应给出有关物理量的符号，并标明单位(一般不重复写在每个数据的后面)。

(3) 填入表中的数字应是有效数字。

(4) 必要时需要加以注释说明。

例如，用螺旋测微计测量钢球直径的实验数据，如表 1.5.1 所示。

表 1.5.1　螺旋测微计测量钢球直径的数据记录表($\Delta = \pm 0.004\,\text{mm}$)

次数	初读数 / mm	末读数 / mm	直径 / mm	$D_i - \overline{D}$ / mm
1	0.004	6.002	5.998	+0.0013
2	0.003	6.000	5.997	+0.0003
3	0.004	6.000	5.996	-0.0007
4	0.004	6.001	5.997	+0.0003
5	0.005	6.001	5.996	-0.0007
6	0.004	6.000	5.996	-0.0007
7	0.004	6.001	5.997	+0.0003
8	0.003	6.002	5.999	+0.0023
9	0.005	6.000	5.995	-0.0017
10	0.004	6.000	5.996	-0.0007

从表 1.5.1 中，可计算直径平均值为

$$\overline{D} = \frac{\sum_{i=1}^{n} D_i}{n} = 5.99\underline{67}\ (\text{mm})$$

取 $\overline{D} \approx 5.99\underline{7}\ \text{mm}$，$\Delta_i = D_i - \overline{D}$。

不确定度的 A 分量为(运算中 $\overline{D}$ 保留两位存疑数字)

$$S_D = \sqrt{\frac{\sum_{i=1}^{n} \Delta_i}{n-1}} \approx 0.00\underline{11}\ (\text{mm})$$

B 分量为(按均匀分布)

$$U_D = \frac{\Delta}{\sqrt{3}} \approx 0.0023 \text{ (mm)}$$

则

$$\sigma = \sqrt{S_D^2 + U_D^2} \approx 0.0026 \text{ (mm)}$$

取

$$\sigma = 0.003 \text{ (mm)}$$

测量结果为

$$D = 5.997 \pm 0.003 \text{ (mm)}$$

1.5.2　图示法

图示法是指用图形或曲线表示数据之间的关系，是描述物理规律的一种实验数据处理方法。一般来讲，一个物理规律可以用三种方式来表述：文字表述、解析函数关系式表述、图形表示。图示法处理实验数据的优点是直观、形象地显示各个物理量之间的数量关系，便于比较分析。一条图线上可以有无数组数据，可以方便地进行内插和外推，特别是对那些尚未找到解析函数表达式的实验结果，可以依据图示法所画出的图线寻找到相应的经验公式。因此，图示法是处理实验数据的好方法。

要想制作一幅完整而正确的图线，必须遵循的原则及步骤如下：

(1) 选择合适的坐标纸。

作图一定要用坐标纸，常用的坐标纸有直角坐标纸、双对数坐标纸、单对数坐标纸、极坐标纸等。选用的原则是尽量让所作图线呈直线，有时还可采用变量代换的方法将图线作成直线。

(2) 确定坐标的分度和标记。

一般用横轴表示自变量，纵轴表示因变量，并标明各坐标轴所代表的物理量及其单位(可用相应的符号表示)。坐标轴的分度要根据实验数据的有效数字及对结果的要求来确定。原则上，数据中的可靠数字在图中也应是可靠的，即不能因作图而引进额外的误差。在坐标轴上应每隔一定间距均匀地标出分度值，标记所用有效数字的位数应与原始数据的有效数字的位数相同，单位应与坐标轴单位一致。要恰当选取坐标轴比例和分度值，使图线充分占有图纸空间，不要缩在一边或一角。除特殊需要外，分度值起点可以不从零开始，横、纵坐标可采用不同比例。

(3) 描点。

根据测量获得的数据，用一定的符号在坐标纸上描出坐标点。一张图纸上画几条实验曲线时，每条曲线应用不同的标记，以免混淆。常用的标记符号有⊙、＋、×、△、□ 等。

(4) 连线。

要绘制一条与标出的实验点基本相符的图线，图线尽可能多地通过实验点。由于测量误差，某些实验点可能不在图线上，应尽量使其均匀地分布在图线的两侧。图线应是直线、光滑的曲线或折线。

(5) 注解和说明。

应在图纸上标出图的名称、有关符号的意义和特定的实验条件。例如，在绘制热敏电阻-温度关系的坐标图时，应标明"电阻-温度曲线""＋-实验值""×-理论值""实验材料：碳膜电阻"等。

1.5.3　图解法

图解法是在图示法的基础上，利用已经作好的图线，定量地求出待测量或某些参数或经验公式的方法。

直线不仅绘制方便，而且所确定的函数关系也简单，因此针对非线性关系的情况，应在初步分析，把握其关系特征的基础上，通过变量变换的方法将原来的非线性关系转化为新变量的线性关系，即将"曲线化直"，再使用图解法。

下面仅就直线情况简单介绍一下图解法的一般步骤。

(1) 选点。通常在图线上选取两个点，所选点一般不用实验点，而是用与实验点不同的符号标记，此两点应尽量在直线的两端，如记为 $A(x_1, y_1)$ 和 $B(x_2, y_2)$，并用"＋"表示实验点，用"⊙"表示选点。

(2) 求斜率。根据直线方程 $y = kx + b$，将两点坐标代入，可解出图线的斜率为

$$k = \frac{y_2 - y_1}{x_2 - x_1}$$

(3) 求与 y 轴的截距：

$$b = \frac{x_2 y_1 - x_1 y_2}{x_2 - x_1}$$

(4) 求与 x 轴的截距：

$$x_0 = \frac{x_2 y_1 - x_1 y_2}{y_2 - y_1}$$

例如，用图示法和图解法处理热敏电阻的电阻 R_T 随温度 T 变化的测量结果，步骤如下：

(1) 曲线化直。根据理论，热敏电阻的电阻-温度关系为

$$R_T = a \mathrm{e}^{b/T}$$

为了方便地使用图解法，应将其转化为线性关系，取对数有

$$\ln R_T = \ln a + \frac{b}{T}$$

令 $y = \ln R_T$，$a' = \ln a$，$x = \dfrac{1}{T}$，得

$$y = a' + bx$$

这样便将电阻 R_T 与温度 T 的非线性关系化为了 y 与 x 的线性关系。

(2) 转化实验数据。将电阻 R_T 取对数，将温度 T 取倒数，然后用直角坐标纸作图，将所描数据点用直线连接起来。

(3) 使用图解法求解。先求出 a' 和 b，再求 a，最后得出 R_T-T 函数关系。

1.5.4 逐差法

由于随机误差具有抵偿性，因此对于多次测量的结果，常用平均值估计最佳值，以消除随机误差的影响。但是，当自变量与因变量成线性关系时，对于自变量等间距变化的多次测量，如果用求差平均的方法计算因变量的平均增量，就会使中间测量数据两两抵消，失去利用多次测量求平均值的意义。例如，在用拉伸法测杨氏模量的实验中，当荷重均匀增加时，标尺位置读数依次为 x_0，x_1，x_2，x_3，x_4，x_5，x_6，x_7，x_8，x_9，如果求相邻位置改变的平均值，则

$$\overline{\Delta x} = \frac{1}{9}[(x_9 - x_8) + (x_8 - x_7) + \cdots + (x_1 - x_0)] = \frac{1}{9}(x_9 - x_0)$$

即中间的测量数据对 $\overline{\Delta x}$ 的计算值不起作用。为了避免这种情况下中间数据的损失，可以用逐差法处理数据。

逐差法是常用的一种数据处理方法，特别是当自变量与因变量成线性关系，而且自变量为等间距变化时，更有其独特的特点。

逐差法是将测量得到的数据按自变量的大小顺序排列后平分为前后两组，先求出两组中对应项的差值(即求逐差)，然后取其平均值。例如，对上述杨氏模量实验中的 10 个数据采用逐差法进行处理的步骤如下：

(1) 将数据分为两组：

Ⅰ组：x_0, x_1, x_2, x_3, x_4；

Ⅱ组：x_5, x_6, x_7, x_8, x_9。

(2) 求逐差：

$$x_5-x_0，\ x_6-x_1，\ x_7-x_2，\ x_8-x_3，\ x_9-x_4$$

(3) 求差平均：

$$\overline{\Delta x'} = \frac{1}{5}[(x_5 - x_0) + \cdots + (x_0 - x_4)]$$

在实际处理时，用列表的形式较为直观，如表 1.5.2 所示。

表 1.5.2　逐差法数据处理表

Ⅰ组	Ⅱ组	逐差($x_{i+5}-x_i$)
x_5	x_5	x_5-x_5
x_1	x_6	x_6-x_1
x_2	x_7	x_7-x_2
x_3	x_8	x_8-x_3
x_4	x_9	x_9-x_4

但要注意的是，逐差法中的 $\overline{\Delta x'}$ 相当于一般平均法中 $\overline{\Delta x}$ 的 $n/2$ 倍(n 为 x_i 的数据个数)。

1.5.5 最小二乘法

通过实验获得测量数据后，可确定函数关系中的各项系数，这一过程就是求取有关物

理量之间关系的经验公式。从几何上看，就是要选择一条曲线，使之与所获得的实验数据更好地吻合。因此，求取经验公式的过程也就是曲线拟合的过程。

那么，怎样才能获得正确的与实验数据拟合的最佳曲线呢？常用的方法有两种：一是图估计法，二是最小二乘拟合法(简称最小二乘法)。

图估计法是凭眼力估测直线的位置，使直线两侧的数据均匀分布，其优点是简单、直观，作图快；缺点是图线不唯一，准确性较差，有一定的主观随意性。例如，图解法、逐差法和平均法都属于这一类，是曲线拟合的粗略方法。

最小二乘拟合法是以严格的统计理论为基础，是一种科学而可靠的曲线拟合方法。此外，它也是方差分析、变量筛选、数字滤波、回归分析的数学基础。在此仅简单介绍其原理和对一元线性拟合的应用。

1. 最小二乘法的基本原理

设在实验中获得了自变量 x_i 与因变量 y_i 的若干组对应数据(x_i, y_i)，在使偏差平方和 $\sum_{i=1}^{n}[y_i - f(x_i)]^2$ 取最小值时，找出一个已知类型的函数 $y = f(x)$(即确定关系式中的参数)。这种求解 $f(x)$ 的方法称为最小二乘法。

根据最小二乘法的基本原理，设某量的最佳估计值为 x_0，则

$$\frac{\mathrm{d}}{\mathrm{d}x_0} \sum_{i=1}^{n} \left(x_i - x_0 \right)^2 = 0$$

可求出

$$x_0 = \frac{1}{n} \sum_{i=1}^{n} x_i$$

即

$$x_0 = \overline{x}$$

而且，可以证明

$$\frac{\mathrm{d}^2}{\mathrm{d}x_0^2} \sum_{i=1}^{n} \left(x_i - x_0 \right)^2 = \sum_{i=1}^{n} (2) = 2n > 0$$

说明 $\sum_{i=1}^{n} \left(x_i - x_0 \right)^2$ 可以取得最小值。

可见，当 $x_0 = \overline{x}$ 时，各次测量偏差的平方和为最小，即平均值就是在相同条件下多次测量结果的最佳值。

根据统计理论，要得到上述结论，测量的误差分布应遵从正态分布(高斯分布)。这是最小二乘法的统计基础。

2. 一元线性拟合

设一元线性关系

$$y = a + bx$$

实验获得的 n 对数据为(x_i, y_i) $(i = 1, 2, \cdots, n)$。由于误差的存在，当把测量数据代入所设函数关系式时，等式两端一般并不严格相等，而存在一定的偏差。为了讨论方便，设

自变量 x 的误差远小于因变量 y 的误差，则这种偏差就归结为因变量 y 的偏差，即

$$v_i = y_i - (a + bx_i)$$

根据最小二乘法，获得相应的最佳拟合直线的条件为

$$\frac{\partial}{\partial a} \sum_{i=1}^{n} v_i^2 = 0$$

$$\frac{\partial}{\partial b} \sum_{i=1}^{n} v_i^2 = 0$$

若记

$$I_{xx} = \sum_{i=1}^{n} \left(x_i - \overline{x}\right)^2 = \sum_{i=1}^{n} x_i^2 - \frac{1}{n}\left(\sum_{i=1}^{n} x_i\right)^2$$

$$I_{yy} = \sum_{i=1}^{n} \left(y_i - \overline{y}\right)^2 = \sum_{i=1}^{n} y_i^2 - \frac{1}{n}\left(\sum_{i=1}^{n} y_i\right)^2$$

$$I_{xy} = \sum_{i=1}^{n} \left(x_i - \overline{x}\right)\left(y_i - \overline{y}\right) = \sum_{i=1}^{n} (x_i y_i) - \frac{1}{n^2}\sum_{i=1}^{n} x_i \cdot \sum_{i=1}^{n} y_i$$

代入方程组，可以求得

$$a = \overline{y} - b\overline{x}, \quad b = \frac{I_{xy}}{I_{xx}}$$

由误差理论可以证明，最小二乘一元线性拟合的标准差为

$$s_a = \sqrt{\frac{\sum_{i=1}^{n} x_i^2}{n\sum_{i=1}^{n} x_i^2 - \left(\sum_{i=1}^{n} x_i\right)^2}} \cdot s_y$$

$$s_b = \sqrt{\frac{n}{n\sum_{i=1}^{n} x_i^2 - \left(\sum_{i=1}^{n} x_i\right)^2}} \cdot s_y$$

$$s_y = \sqrt{\frac{\sum_{i=1}^{n} \left(y_i - a - bx_i\right)^2}{n-2}}$$

为了判断测量点与拟合直线符合的程度，需要计算相关系数

$$r = \frac{I_{xy}}{\sqrt{I_{xx} \cdot I_{yy}}}$$

一般地，$|r| \leqslant 1$。如果 $|r| \to 1$，说明测量点紧密地接近拟合直线；如果 $|r| \to 0$，说明测量点离拟合直线较分散，应考虑用非线性拟合。

从上面的讨论可知，回归直线一定要通过点 $(\bar{x}, \bar{y})$，这个点叫作该组测量数据的重心。

注意： 此结论对于用图解法处理数据很有帮助。

一般来讲，在使用最小二乘法拟合时，要计算上述六个参数：a, b, s_a, s_b, s_y, r。

1.6　电子测量仪器

电子测量仪器是指利用电路技术、电子技术、计算机技术、通信技术、总线技术、网络技术、软件技术等开发的测量装置，用以测量各类电学参数或产生用于电学参数测量的各类电信号或电源，包括各类指示仪器、比较仪器、记录仪器、传感器和变送器等。

1.6.1　电子测量仪器的性能指标

为了正确地选择测量方法，使用测量仪器和分析测量结果，本节将对电子测量仪器的主要性能指标和分类作一概括。电子测量仪器的主要性能指标包括准确度、精密度、精确度、稳定性、输入阻抗、灵敏度、线性度、动态性、频率范围等。

1. 准确度
测量准确度是指测量仪器的读数或测量结果与被测量真实值相一致的程度。

2. 精密度
精度目前还没有一个公认的数学表达式，因此常作为一个笼统的概念来使用，精度的含义是：精度越高，表明误差越小；精度越低，表明误差越大。因此，精度不仅用来评价测量仪器的性能，同时也是评定测量结果最主要、最基本的指标。

精密度是指测量值重复一致的程度。说明测量过程中，在相同的条件下用同一方法对某一量进行重复测量时，所测得的数值相互之间接近的程度。数值越接近，精密度越高。换句话说，精密度用以表示测量值的重复性，反映随机误差的影响。

3. 精确度
精确度反映系统误差和随机误差综合的影响程度。精确度高，说明准确度及精密度都高，意味着系统误差及随机误差都小。一切测量都应力求实现既精密又精确。

以上三种误差大小的示意图如图 1.6.1 所示。

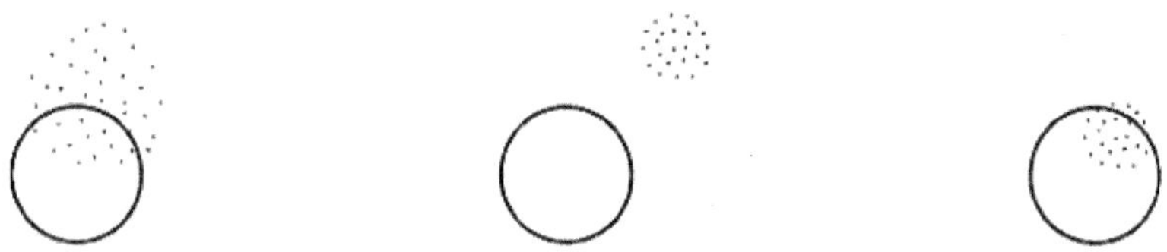

(a) 准确度高而精密度低　　　(b) 精密度高而准确度低　　　(c) 准确度高，既准确又精密

图 1.6.1　三种误差大小的示意图

4. 稳定性
稳定性是指在规定的时间内，在其他外界条件恒定不变的情况下，保证仪器示值不变的

能力。造成示值变化的原因主要是仪器内部各元器件具有不同的特性，参数不稳定和老化等。

5. 输入阻抗

测量仪表的输入阻抗对测量结果会产生一定的影响。例如，电压表、示波器等仪器，测量时并联接于待测电路两端，如图 1.6.2 所示。不难看出，测量仪表的接入改变了被测电路的阻抗特性，这种现象称为负载效应。为了减小测量仪器对待测电路的影响，提高测量精度，通常对这类测量仪表的输入阻抗都有一定要求。

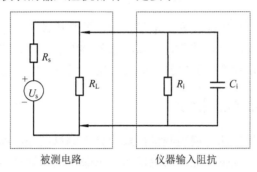

图 1.6.2　输入阻抗

6. 灵敏度

灵敏度表示测量仪表对被测量参数变化的敏感程度，一般定义为测量仪表指示值(指针的偏转角度、数码的变化、位移的大小等)增量 Δy 与被测量增量 Δx 之比。例如，示波器在单位输入电压的作用下，示波管荧光屏上光点偏移的距离就定义为它的偏转灵敏度，单位为 cm/V、cm/mV 等。对示波器而言，偏转灵敏度的倒数称为偏转因数，单位为 V/cm、mV/cm 或 mV/div(每格)等。灵敏度的另一种表述方式叫作分辨力或分辨率，是指测量仪表所能区分的被测量变化的最小值。分辨率在数字式仪表中经常使用，同一仪器不同量程的分辨率是不相同的。

7. 线性度

线性度是测量仪表的输入/输出特性之一，表示仪表的输出量(示值)随输入量(被测量)变化的规律。已知仪表的输出为 y，输入为 x，两者关系用函数 $y = f(x)$ 表示，如果 $y = f(x)$ 为 y-x 平面上过原点的直线，则称之为线性刻度特性，否则称为非线性刻度特性。由于各类测量仪器的原理各异，因此不同的测量仪器可能呈现不同的刻度特性。例如，常用的万用表的电阻挡具有上凸的非线性刻度特性，如图 1.6.3(a)所示；而数字电压表具有线性刻度特性，如图 1.6.3(b)所示。

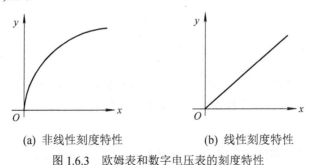

(a) 非线性刻度特性　　　　　　　　(b) 线性刻度特性

图 1.6.3　欧姆表和数字电压表的刻度特性

8. 动态性

测量仪表的动态特性表示仪器的输出响应随输入变化的能力。例如，模拟电压表由于动圈式表头指针惯性、轴承摩擦、空气阻尼等因素的作用，使得仪器的指针不能瞬间稳定在固定值上。又如，示波器的垂直偏转系统由于输入电容等因素的影响，造成输出波形对输入信号的滞后及畸变，示波器的瞬态响应就表示了这种仪器的动态特性。

9. 频率范围

频率范围是指保证测量仪器其他指标正常工作的有效频率范围。

1.6.2　电子测量仪器的正确使用

1. 仪器仪表的使用环境

通常仪器仪表的使用环境如下：

(1) 温度：20 ± 5℃。

(2) 相对湿度：40%～70%。

(3) 电源电压：波动小于 10%(精密仪器仪表的电源电压波动小于 5%)。

(4) 其他环境：通风。

2. 仪器仪表的防漏电措施

电子仪器在使用过程中应防止仪器漏电。由于电子仪器大都采用市电供电，因此防漏电是关系到安全使用的重要措施。特别是对于采用双蕊电源插头，而仪器机壳又没有接地措施的情况，如果仪器内部电源变压器的初级绕组与机壳之间严重漏电，则仪器机壳与地面之间就可能有相当大的交流电压(100～200 V)，这样人手碰到仪器外壳时就会产生麻电感，甚至会发生触电的人身事故。因此，应对仪器进行漏电程度检查。检查方法如下：

(1) 在仪器不通电的情况下，把电源开关扳到"通"位置，用兆欧表检查仪器电源插头(火线)与机壳之间的绝缘是否符合要求。一般规定，电气用具的最小允许绝缘电阻不得低于 500 kΩ，否则应禁止使用，进行检修。

(2) 没有兆欧表时，在预先采取防电措施的条件下，把仪器接通交流电源，然后用万用表的 250 V 交流电压挡进行漏电检查。具体做法是：将万用表的一个表笔接到被测仪器的机壳或地线接线柱点，将另一个表笔分别接到双孔电源插座孔内。若两次测量结果无电压指示或指示电压很小，则无漏电现象；如果有一次表笔接到火线端，电压指示值大于 50 V，表明被测仪器漏电程度超过允许安全值，应禁止使用，并进行检修。

应当指出，由于仪器内部电源变压器的静电感应作用，有的电子仪器的机壳与地线间会有相当大的交流感应电压。例如，某些电子仪器的电源变压器的初级采用电容平衡式高频滤波电路，它的机壳与地线之间会有 110 V 左右的交流电压。但上述机壳电压都没有负荷能力。如果使用内阻较小的低量程电压表来测量，则其电压值就会下降到很小。

3. 使用仪器的注意事项

1) 仪器开机前的注意事项

(1) 在开机通电前，应检查仪器设备的工作电压与电源电压是否相符。

(2) 开机通电前，应检查仪器面板上各种开关、旋钮、接线柱、插孔等是否松动或滑位，如果发生这些现象应加以紧固或整位，以防止因此而牵断仪表内部连线，甚至造成断开、短路以及接触不良等人为故障。

(3) 在开机通电前，应检查电子仪器的接地情况是否良好。这关系到测量的稳定性、可靠性和人身安全等重要问题。

2) 仪器开机时的注意事项

(1) 在开机通电时，应使仪器预热 5～10 分钟，待仪器稳定后再行使用。

(2) 在开机通电时，应注意观察仪器的工作情况，即眼看、耳听、鼻闻以及检查有无不正常的现象。如果发现仪器内部有响声、臭味、冒烟等异常现象，应立即切断电源。在尚未查明原因之前，应禁止再次开机通电，以免扩大故障范围。

(3) 在开机通电时，如果发现仪器的保险丝烧断，应调换相同容量的保险管，如果第二次开机通电又烧断保险管，应立即检查，不应再调换保险管进行第三次通电，更不要随便加大保险丝的容量，否则会导致仪器内部故障扩大范围，甚至会烧坏电源变压器或其他元件。

(4) 对于内部有通风设备的电子仪器，在开机通电后，应注意仪器内部电风扇是否运转正常。如果发现电风扇有碰片声或旋转缓慢，甚至停转，应立即切断电源进行检修，否则通电时间久了，将会使仪器工作温度过高，烧坏电风扇和其他电路器件。

3) 仪器使用中的注意事项

(1) 在仪器使用过程中，对于面板上各种旋钮、开关的作用及正确使用方法，必须予以了解。对旋钮、开关的扳动和调节动作，应缓慢稳妥，不可猛扳猛转。当遇到转动困难时，不能硬扳硬转，以免造成松动、滑位、断裂等人为故障，而应切断电源进行检修。对于输出、输入电缆进行插接或取离时，应握住套管，不应直接拉扯电缆线，以免拉断内部导线。

(2) 对于消耗电功率较大的电子仪器，在使用过程中切断电源后，不能再次立即开机使用，一般应等待仪器冷却 5～10 分钟后再开机。否则，可能会引起保险丝烧断。

(3) 信号发生器的输出，不应直接连到直流电压的电路上，以免电流注入仪器的低阻抗输入衰减器，烧坏衰减器电阻元件。必要时，应串联一个相应工作电压和适当容量的耦合电容器后，再引入信号到测试电路上。

(4) 使用电子仪器进行测试工作时，应先连接低电位端(即地线)，然后再连接高电位端，测试完毕先拆除高电位端，后拆除低电位端；否则，会导致仪器过荷，甚至打坏仪表指针。

4) 仪器使用后的注意事项

(1) 仪器使用完毕，应先切断仪器电源开关，然后取下电源插线。应禁止只拔掉电源线而不关断仪器电源开关的不良做法，也应反对只关断仪器电源开关而不取离电源线的做法。

(2) 仪器使用完毕，应将使用过程中暂时取离或替换的零附件(如接线柱、插件等)整理并复位，以免散失或错配而影响以后使用。必要时应将仪器加罩，以免积上灰尘。

1.7　电路接地问题

地是电子技术中一个很重要的概念。由于地的分类与作用有多种，因此初学者往往容易混淆。下面就这个问题进行讨论。

1.7.1 地的分类与作用

1. 安全接地

安全接地是将高压设备的外壳与大地连接。一是防止机壳上积累电荷，产生静电放电而危及设备和人身安全。例如，电脑机箱的接地，油罐车那根拖在地上的尾巴，都是为了使积聚在一起的电荷释放，防止出现事故。二是当设备的绝缘损坏而使机壳带电时，促使电源的保护装置动作而切断电源，以保护工作人员的安全，如电冰箱、电饭煲的外壳。三是可以屏蔽设备巨大的电场，起到保护作用，如民用变压器的防护栏。如图 1.7.1 所示，Z_1 是电路与机壳的阻抗。若机壳未接地，机壳与大地之间就有很大的阻抗 Z_2，U_1 为仪器中电路与地之间的电压，U_2 为机壳与大地之间的电压，则有 $U_2 = Z_2 \cdot U_1 / (Z_1 + Z_2)$。因机壳与大地绝缘，故此时 U_2 较高。特别是 Z_1 很小或绝缘击穿时，$U_1 \approx U_2$，如果人体接触机壳，就有可能触电。如果将机壳接地，即 $Z_2 = 0$，则机壳上的电压为零，可保证人身安全。实验室中的仪器采用三眼插座即属于这种接地。三眼插座插好后，仪器外壳经插座上等腰三角形顶点的插孔与地线相连。

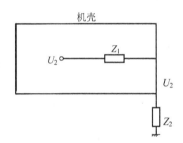

图 1.7.1 仪器外壳接地

2. 防雷接地

当电力电子设备遇雷击时，不论是直接雷击还是感应雷击，如果缺乏相应的保护，电力电子设备都将受到很大损害甚至报废。为防止雷击，一般在高处(例如屋顶、烟囱顶部)设置避雷针与大地相连，以防雷击时危及设备和人员安全。

安全接地与防雷接地都是为了给电子电力设备或者人员提供安全的防护措施，用来保护设备及人员的安全。

3. 工作接地

工作接地又称为技术接地，是为电路正常工作而提供的一个基准电位。这个基准电位一般设定为零。该基准电位可以设为电路系统中的某一点、某一段或某一块等。当该基准电位不与大地连接时，视为相对的零电位。但这种相对的零电位是不稳定的，它会随着外界电磁场的变化而变化，使系统的参数发生变化，从而导致电路系统工作不稳定。当该基准电位与大地连接时，基准电位视为大地的零电位，而不会随着外界电磁场的变化而变化。但不合理的工作接地会增加电路的干扰，如接地点不正确而引起的干扰，电子设备的公共端没有正确连接而产生的干扰。

　　仪器设备中的电路都需要直流供电才能工作，而电路中所有各点的电位都是相对于参考零电位来度量的。通常将直流电源的某一极作为这个参考零电位点，也就是"公共端"，它虽未与大地相连，但也称作接地点。与此点相连的线就是地线。任何电路的电流都必须经过地线形成回路，应该使流经地线的各电路的电流互不影响。对于交流电源，因三相负载难以平衡，中线两端有电位差，其上有中线电流流过，对低电平的信号就会形成干扰。因此，为了有效抑制噪声和防止外界干扰，绝不能以中线作为信号的地线。

　　在电子测量中，通常要求将电子仪器的输入或输出线黑色端子与被测电路的公共端相连，这种接法也称为接地，这样连接可以防止外界干扰，这是因为在交流电路中存在电磁感应现象。空间的各种电磁波经过各种途径会窜扰到电子仪器的线路中，影响仪器的正常工作。为了避免这种干扰，仪器生产厂家将仪器的金属外壳与信号输入或输出线的黑色端子相连，这样干扰信号被金属外壳短接到地，不会对测量系统产生影响。

　　如图 1.7.2 所示，用晶体管毫伏表测量信号发生器的输出电压，因未接地或接地不良会引入干扰。

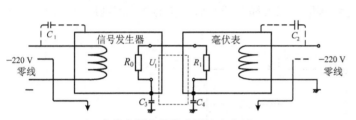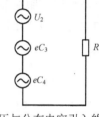

(a) 毫伏表测信号发生器输出电压　　　　　　(b) 被测电压与分布电容引入的干扰

图 1.7.2　仪器接地不良引起干扰

　　在图 1.7.2 中，C_1、C_2 分别为信号发生器和晶体管毫伏表的电源变压器初级线圈对各自机壳(地线)的分布电容，C_3、C_4 分别为信号发生器和晶体管毫伏表的机壳对大地的分布电容。由于图中晶体管毫伏表和信号发生器的地线没有相连，因此实际到达晶体管毫伏表输入端的电压为被测电压 U_x 与分布电容 C_3、C_4 所引入的 50 Hz 干扰电压 eC_3、eC_4 之和(如图 1.7.2(b)所示)。由于晶体管毫伏表的输入阻抗很高(兆欧级)，因此加到它上面的总电压可能很大而使毫伏表过载，表现为在小量程挡表头指针超量程而打表。

　　如果将图 1.7.2 中的晶体管毫伏表改为示波器，则会在示波器的荧光屏上看到如图 1.7.3(a)所示的干扰电压波形。将示波器的灵敏度降低，可观察到如图 1.7.3(b)所示的一个低频信号叠加一个高频信号的信号波形，并可测出低频信号的频率为 50 Hz。

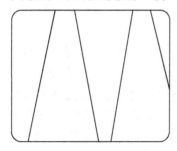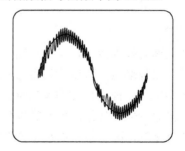

(a) 电压干扰波形　　　　　(b) 低频信号叠加一个高频信号后的波形

图 1.7.3　接地不良时观察到的波形

如果将图 1.7.2 中信号发生器和晶体管毫伏表的地线(机壳)相联或两地线(机壳)分别接大地,干扰就可消除。因此,对高灵敏度、高输入阻抗的电子测量仪器应养成先接好地线再进行测量的习惯。

为了有效控制电路在工作中产生各种干扰,使之符合电磁兼容原则,在设计电路时,根据电路的性质,可以将工作接地分为不同的种类,如直流地、交流地、数字地、模拟地、信号地、功率地、电源地等。不同的接地应当分别设置,不要在一个电路里面将它们混合接在一起。例如,数字地和模拟地就不能共一根地线,否则两种电路将产生非常强大的干扰,使电路陷入瘫痪。

1) 信号地

信号地又称参考地,就是零电位(势)的参考点,也是构成电路信号回路的公共端,图形符号为⊥。信号地可分为以下几种。

(1) 直流地:直流电路地,零电位参考点。

(2) 交流地:交流电的零线,应与地线区别开。

(3) 功率地:大电流网络器件、功放器件的零电位参考点。

(4) 模拟地:放大器、采样保持器、A/D 转换器和比较器的零电位参考点。

(5) 数字地:也称逻辑地,是数字电路的零电位参考点。

(6) 热地:开关电源无须使用变压器,其开关电路的地和市电电网有关,即所谓的热地,它是带电的。

(7) 冷地:由于开关电源的高频变压器将输入、输出端隔离,且其反馈电路常用光电耦合,既能传送反馈信号,又将双方的地隔离,因此输出端的地称为冷地,它不带电。冷地的图形符号为⊥。

2) 保护地

保护地是为了保护人员的安全而设置的一种接线方式。保护地线一端接用电器,另一端与大地作可靠连接。

3) 音响中的地

(1) 屏蔽线接地:音响系统为防止干扰,其金属机壳用导线与信号地相接,也称屏蔽接地。

(2) 音频专用地:专业音响为了防止干扰,除了屏蔽地之外,还需与音频专用地相连。此接地装置应专门埋设,并且应与隔离变压器、屏蔽式稳压电源的相应接地端相连后作为音控室中的专用音频接地点。

1.7.2　地的处理方法

1. 数字地和模拟地应分开

在电路中,数字地与模拟地必须分开。即使是对于同一芯片,两种地也最好分开,仅在系统一点上把两种地连接起来。

2. 浮地与接地

系统浮地是将系统电路的各部分的地线浮置起来,不与大地相连。这种接法有一定抗干扰能力。但系统与地的绝缘电阻不能小于 50 MΩ，一旦绝缘性能下降，就会带来干扰。通常采用系统浮地，机壳接地，可使抗干扰能力增强，且安全、可靠。

3. 一点接地

在低频电路中，布线和元件之间不会产生太大影响。通常频率小于 1 MHz 的电路，采用一点接地。

4. 多点接地

在高频电路中，寄生电容和电感的影响较大。通常频率大于 10 MHz 的电路，采用多点接地。

关于单点接地与多点接地的理解如下：

单点接地是指整个系统中只有一个物理点被定义为接地参考点，其他各个需要接地的点都连接到这一点上。单点接地适用于频率较低(1 MHz 以下)的电路中。若系统的工作频率很高，以致工作波长与系统接地引线的长度可比拟，则单点接地方式就有问题了。当地线的长度接近于 1/4 波长时，它就像一根终端短路的传输线，地线的电流、电压呈驻波分布，地线变成了辐射天线，而不能起到地的作用。为了减少接地阻抗，避免辐射，地线的长度应小于 1/20 波长。在电源电路的处理上，一般可以考虑单点接地。对于大量采用的数字电路的 PCB(Printed Circuit Board，印制电路板)，由于其含有丰富的高次谐波，因此一般不建议采用单点接地方式。

多点接地是指设备中各个接地点都直接接到距它最近的接地平面上，以使接地引线的长度最短。多点接地比较适合大于 10 MHz 的电路中，在数模混合的电路中，可以采用单点接地和多点接地结合的方法。

一般情况下，模拟的采用一点接地，数字的采用多点接地。大电流地和小电流地要分开接地，不要有相通的地方。

1.7.3　接地原则

(1) 一点接地和多点接地的应用原则：高频电路应就近多点接地，低频电路应一点接地。

(2) 交流地与信号地不能共用。

(3) 浮地和接地的比较：全机浮空方法简单，但全机与地的绝缘电阻不能小于 50 MΩ。

(4) 数字地：印刷板中的地线应形成网状，而且其他布线不要形成环路。

(5) 模拟地：一般采用浮空隔离。

(6) 功率地：应与小信号地线分开，并与直流地相连。

(7) 信号地：传感器的地，一般以 5 Ω 导体(接地电阻)一点接地，这种地不浮空。

(8) 屏蔽地：这类地用于对电场的屏蔽。

第 2 章　电路组装调试与故障检测

【教学提示】本章主要介绍面包板结构及其使用方法，半导体器件(二极管、三极管及场效应管)命名法、结构与参数、检测与选用，集成电路类型、芯片与使用常识，电子电路组装与调试，电路干扰与抑制方法等内容。

【教学要求】熟悉面包板结构及其使用方法，能识别分立半导器件与集成电路，掌握它们的检测与使用方法，理解器件参数的物理意义，学会电路安装与调试方法，初步具有电子电路故障和干扰排除能力。

【教学方法】以实践为主，通过让学生观察器件外形，查看器件特性，了解元器件特征、参数，并甄别好坏。利用真实案例让学生掌握电路安装与调试方法。

2.1　面　包　板

2.1.1　面包板的结构及插接方式

面包板(万用线路板)是专为电子电路的无焊接实验设计制造的，由于板子上有很多小插孔，很像面包中的小孔，因此得名。它主要有单面包板、组合面包板、无焊面包板。整板使用热固性酚醛树脂制造，板底有金属条，在板上对应位置打孔使得元件插入孔中时能够与金属条接触，从而达到导电目的，各种电子元器件可根据需要随意插入或拔出，免去了焊接，节省了电路的组装时间，而且元件可以重复使用，所以非常适合电子电路的组装、调试和训练。

现以 SYB-130 型面包板为例来说明面包板的结构。如图 2.1.1 所示，插座板中央有一凹槽，凹槽两边各由 65 列小孔，每一列的五个小孔在电气上相互连通。集成电路的引脚就分别插在凹槽两边的小孔上。插座上、下边各一排(即 X 和 Y 排)在电气上是分段相连的 55 个

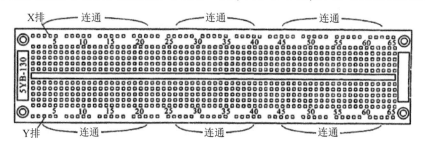

图 2.1.1　SYB-130 型面包板

小孔，分别作为电源与地线插孔用。对于 SYB-130 插座板，X 和 Y 排的 1-15 孔、16-35 孔、36-50 孔在电气上是连通的。

2.1.2　面包板的使用方法及注意事项

1. 面包板的布线工具

布线用的工具主要有剥线钳、偏口钳、扁嘴钳和镊子。偏口钳与扁嘴钳配合用来剪断导线和元器件的多余引脚。钳子刃面要锋利，将钳口合上，对着光检查时应合缝不漏光。剥线钳来剥离导线绝缘皮。扁嘴钳用来弯直和理直导线，钳口要略带弧形，以免在勾绕时划伤导线。镊子是用来夹住导线或元器件的引脚送入面包板指定位置的。

2. 面包板的使用方法及注意事项

(1) 安装分立元件时，应便于看到其极性和标志，将元件引脚理直后，在需要的地方折弯。为了防止裸露的引线短路，必须使用带套管的导线，一般不剪断元件引脚，以便于重复使用。不要插入引脚直径大于 0.8 mm 的元器件，以免破坏插座内部接触片的弹性。

(2) 对多次使用过的集成电路的引脚，必须修理整齐，引脚不能弯曲，所有的引脚应稍向外偏，这样能使引脚与插孔可靠接触。要根据电路图确定元器件在面包板上的排列方式，其目的是走线方便。为了能够正确布线并便于查线，所有集成电路的插入方向要保持一致，不能为了临时走线方便或缩短导线长度而把集成电路倒插。

(3) 根据信号流程的顺序，采用边安装边调试的方法。元器件安装之后，先连接电源线和地线。为了查线方便，连线尽量采用不同颜色。例如，一般情况下，正电源用红色，负电源用蓝色，地线用黑线，信号线用黄色，也可根据条件选用其他颜色。

(4) 面包板宜使用直径为 0.6 mm 左右的单股导线。根据导线的距离以及插孔的长度剪断导线，要求线头剪成 45° 斜口，线头剥离长度约为 6 mm，全部插入底板以保证接触良好。裸线不宜露在外面，防止与其他导线短路。

(5) 连线要紧贴在面包板上，以免碰撞使其弹出面包板，造成接触不良。必须使连线在集成电路周围通过，不允许跨接在集成电路上，也不得使导线互相重叠在一起，尽量做到横平竖直，这样有利于查线、更换元器件及连线。

(6) 最好在各电源的输入端和地之间并联一个容量为几十微法的电容，这样可以减少瞬变过程中电流的影响。为了更好地抑制电源中的高频分量，应该在该电容两端再并联一个高频去耦电容，一般取 0.01～0.047 μF 的独石电容。

(7) 在布线过程中，要求把各元器件放置在面包板上的相应位置，将所用的引脚号标在电路图上，保证调试和查找故障的顺利进行。

(8) 所有的地线必须连接在一起，形成一个公共参考点。

2.2　半导体二极管

半导体是一种导电能力介于导体和绝缘体之间，或者说电阻率介于导体和绝缘体之间的物质，如锗、硅、硒及大多数金属的氧化物等，都是半导体。半导体的独特性能不仅在于它的电阻率大小，而且它的电阻率也会因温度、掺杂和光照产生显著变化。利用半导体的特性可制成二极管、三极管、晶闸管等多种半导体器件，这些器件统称为半导体分立器件。国产半导体的命名方法由五部分组成。第一部分用数字表示晶体管的电极数目，第二部分用字母表示半导体材料和极性，第三部分用字母表示半导体器件中的类型，第四部分用数字表示半导体的序号，第五部分用字母表示规格号。表 2.2.1 给出了半导体器件命名法的第二部分与第三部分字母的意义。

表 2.2.1 半导体器件命名法的第二部分与第三部分字母的意义

第二部分		第三部分			
字母	意义	字母	意义	字母	意义
A	N 型，锗材料	P	普通型	D	低放大功率
B	P 型，锗材料	V	微波管		($f<3$ MHz, $P_c\geq1$ W)
C	N 型，硅材料	W	稳压管	A	高放大功率
D	P 型，硅材料	C	参量管		($f\geq3$ MHz, $P_c\geq1$ W)
A	PNP 型，锗材料	E	整流管	T	晶体闸流管(可控整流管)
B	NPN 型，锗材料	L	整流堆	Y	体效应器件
C	PNP 型，硅材料	S	隧道管	B	雪崩管
D	NPN 型，硅材料	N	阻尼管	J	场效应器件
E	化合物材料	U	光电器件	CS	
		K	开关管	BT	
		X	低频小功率管 ($f<3$ MHz, $P_c<1$W)	PIN	PIN 型管
				PH	复合管
		G	高频小功率管 ($f<3$ MHz, $P_c>1$ W)	JG	激光器件

2.2.1 半导体二极管的结构与参数

1. 半导体二极管的结构

半导体二极管又称晶体二极管，它是由一个 PN 结组成的器件，具有单向导电性能，因此常用它作为整流或检波器件。二极管有两个电极，接 P 型半导体的引线叫正极，接 N 型半导体的引线叫负极。其结构及符号如图 2.2.1 所示。[①]

(a) 点接触型二极管　　　(a) 面接触型二极管

① 为了与仿真图中保持一致，本书中的二极管用 D 表示。

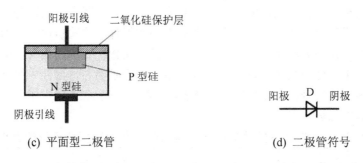

(c) 平面型二极管　　　　　　　　(d) 二极管符号

注：二极管就是一个 PN 结。P 区为正(阳)极，N 区为负(阴)极。

图 2.2.1　二极管的结构及符号

半导体二极管按材料可分为锗二极管、硅二极管和砷化镓二极管，前两种应用最广泛。其中锗二极管正向压降为 0.2～0.4 V，二极管正向压降为 0.6～0.8 V。按结构不同可分为点接触型与面接触型；按用途可分为整流二极管、检波二极管、开关二极管、变容二极管、发光二极管、光电二极管等。

2. 常用半导体二极管的参数

一般常用的检波二极管、整流二极管，主要有以下四个参数。

1) 最大整流电流 I_{DM}

最大整流电流是指半波整流连续工作情况下，为使 PN 结的恒温不能超过额定值(锗管约为 80℃，硅管约为 150℃)，二极管中能允许通过的最大直流电流。因为电流流过二极管时就要发热，电流过大二极管就会因过热而烧毁，可以应用二极管伏安特性注意最大电流不能超过 I_{DM} 值。大电流整流二极管应用时要加散热片。

2) 最大反向电压 U_{RM}

最大反向电压是指不致引起二极管击穿的反向电压。工作电压峰值不能超过 U_{RM}，否则反向电流增长，整流特性变坏，甚至烧坏二极管。

二极管的反向工作电压一般为击穿电压的 1/2，而有些小容量二极管的最高反向工作电压则定为反向击穿电压的 2/3。一般来说，晶体管的损坏对电压比电流更为敏锐，即过电压更容易引起二极管的损坏，故使用中一定要保证不超过最大反向工作电压。

3) 最大反向电流 I_{RM}

在给定(规定)的反向偏压下，通过二极管的直流电流称为 I_{RM}。理想情况下二极管是单向导电的，但实际上反向电压下总有一些微弱电流，这一电流在反向击穿之前大致不变，故又称反向饱和电流。实际的二极管，反向电流往往随反向电压的增大而缓慢增大，当反向电压达到最大反向电压 U_{RM} 时，二极管中的反向电流就是最大反向电流 I_{RM}。通常硅管为 1 微安或更小，锗管则为几百微安。反向电流的大小反映了二极管单向导电性能的好坏，反向电流的数值越小越好。

4) 最高工作频率 f_M

二极管因材料、制造工艺结构不同，其结电容和使用方法也不同，有的元件工作在高频电流中,如 2AP 系列、2AK 系列等。有的元件在低频电流中使用,如 2CP 系列、2CZ系列等。半导体二极管保持原来良好工作特性的最高频率,称为最高工作频率,最早的 2AP系列二极管的 $f_M < 150$ MHz,而 2CP 系列的 $f_M < 50$ kHz。半导体二极管参数如表 2.2.2、表2.2.3、表 2.2.4 所示。

表 2.2.2 常用二极管的参数

型 号	用 途	最大正向整流电流(平均值)/mA	最大反向工作电压(峰值)/V	最高反向工作电压下的反向电流	最大整流电流下的正向压降
2CP10	系面结型硅管,在频率 50 kHz 以下的电子设备中作为整流用	5~100	25	≤5	≤1.5
2CP11			50		
2CP12			100		
2CP21A	系面结型硅管,在频率 3 kHz 以下的电子设备中作为整流用	300	50	≤250	≤1
2CP21			100		
2CP22			200		
2CP3A	系面结型硅管,在频率 3 kHz 以下的电子设备中作为整流用	300	200	≤5	≤1
2DP3B			400		
2DP3C			600		
2DP3A	系面结型硅管,在频率 3 kHz 以下的电子设备中作为整流用	500	200	≤5	≤1
2DP4B			400		
2DP4D			800		
2DP5A	系面结型硅管,在频率 3 kHz 以下的电子设备中作为整流用	1000	200	≤5	≤1
2DP5B			400		
2DP5C			600		
2DP5D			800		
2DP5E			100		
2DP5F			1200		
2CZ82A	在频率 3 kHz 以下的电子设备中作为整流用	100	25	≤5	≤1
2CZ82B			50		
2CZ82C			100		
2CZ82D			200		
2CZ82E			300		
2CZ82F			400		

表 2.2.3　稳压二极管的参数

型　号	用　途	稳定电压 /V	动态电阻 /Ω	电压温度系数 /(%/℃)	最大稳定电流 /mA	耗散功率 /W
2CW1	在电子仪器仪表中作稳压用	7～85	≤6	≤0.07	33	0.28
2CW2		8～9.5	≤10	≤0.08	29	
2CW3		9～105	≤12	≤0.09	26	
2CW4		10～12	<=15	≤0.095	23	
2CW5		115～14	≤18	≤0.095	20	
2CW7	在电子仪器仪表中作稳压用	25～35	≤80	−0.06～+0.02	71	0.24
2CW7A		32～45	≤70	−0.05～+0.03	55	
2CW7B		4～55	≤50	−0.04～+0.04	45	
2CW7C		5～65	≤30	−0.03～+0.05	38	
2CW7D		6～75	≤15	0.06	33	
2CW7E		7～85	≤15	0.07	29	
2CW7F		8～95	≤20	0.08	26	
2CW7E		9～105	≤25	0.09	23	
2CW7F		10～12	≤30	0.095	20	
2CW21	在电子仪器仪表中作稳压用	3～45	≤40	≥0.8	220	1
2CW21A		4～4.5	≤30	−0.06～+0.04	180	
2CW21B		5～65	≤15	−0.03～+0.05	160	
2CW21C		6～75	≤7	−0.02～+0.06	130	
2CW21D		7～85	≤5	≤0.08	115	
2CW21E		8～95	≤7	≤0.09	105	
2CW21F		9～105	≤9	≤0.095	95	
2CW21G		10～12	≤12	≤0.095	80	
2CW21H		115～14	≤16	≤0.10	70	
2DW7A	在电子仪器仪表中作精密稳压用(可作双向稳压管用)	5.8～6.6	≤25	0.005	30	0.2
2DW7B		5.8～6.6	≤15			
2DW7C		6.1～65	≤10			
2DW12A	在电子仪器仪表中作稳压用	5～65	≤20	−0.03～+0.05		0.25
2DW12		6～75	≤10	0.01～0.07		
2DW12C		7～85	≤10	0.01～0.08		
2DW12D		8～9.5	≤10	0.01～0.08		
2DW12E		9～115	≤20	0.01～0.09		
2DW12F		11～135	≤25	0.01～0.09		
2DW12G		13～165	≤35	0.01～0.09		
2DW12H		16～205	≤45	0.01～0.1		

表 2.2.4　开关二极管的性能参数

型　号	用　途	最大正向电流/mA	最高反向工作电压/V	反向击穿电压/V	零偏压电容/pF	反向恢复时间/ns
2CK1	系台面型硅管，用于脉冲及高频电路中	100	30	>40	<30	<150
2CK2			60	>80		
2CK3			90	>120		
2CK4			120	>150		
2CK5			180	>180		
2CK6			210	>210		
2CK22A	系外延平面型硅管，用于开关、脉冲及超声高频电路中	10	10		≤3	≤5
2CK22B		10	20			
2CK22C		10	30			
2CK22D		10	40			
2CK22E		10	50			
2CK23A		50	10			
2CK23B		50	20			
2CK23C		50	30			
2CK23D		50	40			
2CK23E		50	50			
2CK42A	系平面型硅管，主要用于快速开关、逻辑电路和控制电路中	150	10	≥15	≤5	≤6
2CK42B			20	≥30		
2CK42C			30	≥45		
2CK42D			40	≥60		
2CK42E			50	≥75		
2CK43A	系外延平面型硅管，主要用于高速电子计算机、高速开关、各种控制电路、脉冲电路等	10	10	≥15	≤1.5	≤2
2CK43B			20	≥30	≤1.5	≤2
2CK43C			30	≥45	≤1.5	≤2
2CK43D			40	≥60	≤1.5	≤2
2CK43E			50	≥75	≤5	≤2
2CK44A			10	≥15	≤5	≤2
2CK44B			20	≥30	≤5	≤2
2CK44C			30	≥45	≤5	≤2
2CK44D			40	≥60	≤5	≤2
2CK44E			50	≥75	≤5	≤2

3. 几种常用的二极管

1) IN 系列塑封/玻封硅二极管

近几年来，塑封/玻封硅整流二极管、玻封高速开关硅二极管由于体积小、价格低、性能优良，正在迅速取代原 2CZ11、2CZ12 系列的整流管以及 2CK 系列的开关管。

(1) 玻封硅整流二极管。

玻封管的工作电流较小，例如，1N3074～1N3081 型的玻封整流二极管，额定电流为 200 mA，最高反向工作电压 U_{RM} 为 150～600 V。

(2) 塑封硅整流二极管。

塑封整流二极管的典型产品有 1N4001～4007(1A)，1N5391～5399(1.5 A)，1N5400～5408(3 A)，主要技术指标如表 2.2.5 所示。外形如图 2.2.2 所示，有色带(通常为白色)的一端为负极。注意，1N4007 也有封装成球形的。

图 2.2.2　塑封整流二极管

表 2.2.5　常见塑封硅整流二极管的技术指标

型　　号	参　　　数					
	最高反向工作电压 U_{RM}/V	额定整流电流 I_F/A	最大正向压降 U_{FM}/V	最高结温 T_{jM}/℃	封装形式	国内参考型号
1N4001	50					
1N4002	100					
1N4003	200					2CZ11～2CZ11J
1N4004	400	1.0	≤1.0	175	D0-41	2CZ55B-M
1N4005	600					
1N4006	800					
1N4007	1000					
1N5391	50					
1N5392	100					
1N5393	200					
1N5394	300					
1N5395	400	1.5	≤1.0	175	D0-15	2CZ86B-M
1N5396	500					
1N5397	600					
1N5398	800					
1N5399	1000					
1N5400	50					
1N5401	100					
1N5402	200					
1N5403	300					2CZ12～2CZ12J
1N5404	400	3.0	≤1.2	170	D0-27	2DZ2～2DZ2D
1N5405	500					2CZ56B-M
1N5406	600					
1N5407	800					
1N5409	1000					

(3) 玻封高速开关硅二极管。

高速开关硅二极管具有良好的高频开关特性，其反向恢复时间 trr 仅几纳秒。由于它的体积很小，价格又非常便宜，已经广泛用于电子计算机、仪器仪表中的开关电路，还被用到控制电路、高频电路及过压保护电路中。

高速开关硅二极管的典型产品有 1N4148、1N4448。二者除零偏压结电容(即反向偏压 $U_R = 0$ 时的结电容)值略有差异之外，其技术指标完全相同，技术指标如表 2.2.6 所示。

表 2.2.6　两种常见的玻封高速开关硅二极管的技术指标

型　号	参　数								
	最高反向工作电压 U_{RM}/V	反向击穿电压 U_{BR}/V	最大正向压降 U_{FM}/V	最大正向电流 I_{FM}/mA	平均整流电流 I_d/mA	反向恢复时间 t_{rr}/ns	最高结温 $T_{jM}/℃$	零偏压结电容 C_{j0}/pF	最大功耗 P_M/mW
1N4148	75	100	≤1	450	150	4	150	4	500
1N4448	75	100	≤1	450	150	4	150	5	500

1N4148 和 1N4448 均使用 DO-35 玻封形式。通常靠近黑色环的引线为负极。1N4148、1N4448 可以替代国产 2CK43、2CK442、2CK70～2CK73、2CK75、2CK77、2CK83 等型号的开关二极管。

2) 稳压二极管

(1) 稳压二极管的特性与外形。稳压二极管是采用特殊工艺制成的一种齐纳二极管。与普通硅二极管相比，稳压二极管的主要特点是当其两端所加的反向电压大到一定数值以后，反向电流突然上升，此后电压只要有少量的增加，反向电流就会增加很多，这种现象称为击穿。利用击穿现象能够使通过二极管的电流在很大范围内变化，而二极管两端的电压却变化很小，这就是稳压原理，此时稳压二极管两端的电压称为稳定电压。若流过稳压二极管的电流超过其最大稳定电流，将使稳压二极管因热击穿而损坏。硅稳压二极管的伏安特性及符号如图 2.2.3 所示。

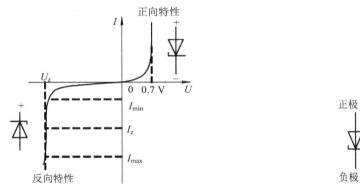

(a) 稳压二极管的伏安特性　　　　(b) 稳压二极管的符号

图 2.2.3　硅稳压二极管的伏安特性与符号

(2) 稳压二极管的主要参数。

① 稳压电压 U_z：稳压二极管正常工作时，其两端保持基本不变的电压值。不同型号的稳压二极管具有不同的稳压值。对同一型号的稳压二极管，由于工艺的离散性，会使其

稳压值不完全相同。

② 稳定电流 I_z 及最大稳定电流 I_{zm}：稳压二极管在稳压范围内的正常工作电流称为稳定电流 I_z，而允许长期通过的最大电流称为最大稳定电流 I_{zm}。在使用时，I_z 应小于 I_{zm} 以防止稳压管因电流过大而造成热损坏。

③ 动态电阻 R_z：在稳定电压范围内，稳压二极管两端电压变量与稳定电流变量的比值，即 $R_z = \Delta U_z / \Delta I_z$，它是表征稳压二极管性能好坏的重要参数之一，$R_z$ 越小，稳压二极管的稳压特性越好。

④ 电压温度系数 C_{TV}：温度变化 1℃所引起稳压二极管两端电压的相对变化量，即 $C_{TV} = \Delta U_z / \Delta I_z / \Delta T$，一般稳定电压在 6 V 以上的稳压二极管 C_{TV} 为正(正温度系数)，低于 6 V 则为负(负温度系数)，5～6 V 稳压二极管的 C_{TV} 近于零，即其稳压值受温度影响最小。

⑤ 最大允许耗散功率 P_{zm}：反向电流通过稳压二极管时，稳压二极管本身消耗功率的最大允许值。

部分稳压二极管的主要参数如表 2.2.7、表 2.2.8 所示。

表 2.2.7　2CW、2DW 型部分稳压二极管的主要参数

型　号	主　要　参　数						
	稳定电压/V	稳定电流/mA	最大稳定电流/mA	动态电阻/Ω	电压温度系数($\times 10^{-4}$/℃)	额定功率/W	旧型号
2CW50	1.0～2.8	10	83	50	≥-9	0.25	2CW9
2CW54	5.5～6.5	10	38	30	-3～5	0.25	2CW13
2CW56	7.0～8.8	5	27	15	≤7	0.25	2CW15
2CW63	16～19	3	13	70	≤9.5	0.25	2CW20A
2CW120	32～36	10	25	60	12	1	2CW21N
2DW230	5.8～6.6	10	30	≤25	≤10.051	0.2	2DW7A
2DW231	5.8～6.6	10	30	≤10	≤10.051	0.2	2DW7B
2DW232	6.0～6.5	10	30	≤10	≤10.051	0.2	2DW7C

表 2.2.8　1N 系列部分稳压二极管的主要参数

型　号	主　要　参　数				
	稳定电压/V	标称稳压电压/V	稳定电流/mA	动态电阻/Ω	耗散功率/W
1N4614	1.7～1.9	1.8	120	1200	0.25
1N4627	5.9～6.3	6.1	45	1200	0.25
1N4106	11.4～12.6	12	20.4	200	0.25
1N4114	19～21	20	11.9	150	0.25
1N758	9～11	10	45	17	0.4
1N5942B	48～54	51	7.3	70	1.5
1N5956B	190～210	200	1.9	1200	1.5

3) 发光二极管

半导体发光二极管(Light Emitting Diode，LED)是用 PN 结把电能换成光能的一种器件。按其发光波长可分为激光二极管、红外发光二极管与可见光发光二极管。可见光发光二极管常简称为发光二极管。普通发光二极管的符号及外形如图 2.2.4 所示。

(a) 符号   (b) 外形

图 2.2.4 普通发光二极管的符号及外形

当给发光二极管加上 2～3 V 的正向电压时，只要有正向电流通过，它就会发出可见光，通常有红光、黄光、绿光及单色白光等几种。发光二极管工作电压低、电流小、发光稳定、体积小，广泛用于收录机、音响设备及仪器仪表等产品中。

小电流发光二极管的工作电流不宜过大，最大工作电流为 50 mA，正向起辉电流约为 1 mA，测试电流在 10～30 mA 范围内。工作电流过大，发光亮度高，但长期连续使用，容易使发光二极管亮度衰退，降低使用寿命。由于选用的材料、工艺不同，发光二极管正向压降值也不同，一般压降在 1.5～3 V 范围内。发光二极管的反向耐压一般小于 6 V，最高不超过十几伏，这是不同于一般硅二极管的，使用时应注意。

红外发光二极管发出的光波是不可见的，它发出的峰值波长为 940 nm 左右，属红外波段，与一般半导体硅光敏器件的峰值波长 900 nm 相近，从波长角度看，选用红外发光二极管触发硅光敏器件是最理想的。

红外发光二极管的电符号和外形与普通 LED 相同。红外发光管也是在正向电压下工作，与 LED 类似，红外发光管是电流控制器件，使用中应焊接一只限流电阻 R，驱动方式与 LED 基本相同。表 2.2.9 列出了几种红外发光二极管的主要参数。

表 2.2.9 几种红外发光二极管的主要参数

主要参数	型 号					
	TLN107	TLN104	HG310	HG450	HG520	BT401
正向工作电流 I_F	50	60	50	200	(3)	40
峰值电流 I_{FP}	600	600				
反向击穿电压 U_R/V	>5	>5	≥5	5		5
管压降 U_F/V	<1.5	<1.5	≤1.5	≤1.8	≤2.0	1.3
反向漏电流 I_R/μA	<10	<10	≤50	≤100		100
光功率 P_O/nW	>1.5	>2.5	1～2	5～20	100～550	1～2
光波长 λ_P/nm	940	940	940	930	930	940
最大功率 P_m/nW			75	360	≈(6)	100

2.2.2 半导体二极管的检测

1. 普通二极管

根据 PN 结的单向导电性，最简单的方法是用万用表测二极管的正、反向电阻。用指针式万用表 $R \times 1k$ 挡或 $R \times 100$ 挡测小功率锗管的正向电阻一般为 $100\,\Omega \sim 3\,k\Omega$ 之间，硅管一般在 $3\,k\Omega$ 以上。反向电阻一般都在几百千欧以上，且硅管比锗管大。由于二极管伏安特性的非线性，测量时用不同的欧姆挡或灵敏度不同的万用表所得的数据不同。所以测量时，对于小功率二极管一般选用 $R \times 100$ 挡或 $R \times 1k$ 挡；中、大功率二极管一般选用 $R \times 1$ 挡或 $R \times 10$ 挡。如果测得正向电阻为无穷大，说明二极管内部开路；如果反向电阻值近似为零，说明二极管内部短路；如果测得正反向电阻相差不多，说明二极管性能差或失效。

若用数字式万用表的二极管挡测二极管，则将万用表置在二极管挡，然后将二极管的负极与数字万用表的黑表笔相接，正极与红表笔相接，此时显示屏上显示的是二极管正向电压降。硅二极管的正向电压降为 $0.5 \sim 0.7\,V$，锗二极管的正向电压降为 $0.1 \sim 0.3\,V$。若显示值过小，接近"0"，说明二极管内部短路；若显示"OL"或"1"过载，说明二极管内部开路或处于反向状态，此时可对调表笔再测。

二极管的管脚有正负之分。在电路符号中，三角底边一侧为正极，短杠一侧为负极。实物中，有的将器件符号印在二极管的实体上；有的在二极管一端印上色环作为负极标号；有的二极管两端形状不同，平头端为正极，圆头端为负极。如果用指针式万用表进行二极管管脚识别和检测，将万用表置于 $R \times 1k$ 挡，两表笔分别接到二极管的两端，如果测得的电阻值较小，则为二极管的正向电阻，这时与黑表笔(即表内电池正极)相连接的是二极管正极，与红表笔相连接的是二极管的负极。如果用数字式万用表识别，当测得正向管压降值小的时候，与红表笔(即表内电池正极)相连接的是二极管正极，与黑表笔相连接的是二极管的负极。

2. 稳压二极管

用指针式万用表检测稳压二极管时，一般使用万用表的低电阻挡($R \times 1k$ 以下表内电池为 $1.5\,V$)，表内提供的电压不足以使稳压二极管击穿，因而使用低电阻挡测量稳压二极管正反向电阻时，其阻值应和普通二极管一样。测量稳压值，必须使稳压二极管进入反向击穿状态，所以电源电压要大于被测稳压二极管的稳压电压。

注意：稳压二极管的正极应接电源负极，负极应接电源的正极，因为稳压二极管是工作在反向电压状态的。

3. 发光二极管

检测发光二极管的正、负极及性能如何，前述检测普通二极管好坏的方法原则上也适用。对非低压型发光二极管，由于其正向导通电压大于 $1.8\,V$，而指针式万用表大多用 $1.5\,V$ 电池($R \times 10k$ 挡除外)，所以无法使发光二极管导通，测量其正反向电阻均很大，难以判断二极管的好坏。一般可以使用以下几种方法判断发光二极管的正负极和性能好坏。

(1) 一般发光二极管的两管脚中，较长的是正极，较短的是负极。对于透明或半透明塑封的发光二极管，可以用肉眼观察到它的内部电极的形状，正极的内电极较小，负极的内电极较大。

(2) 用指针式万用表检测发光二极管时，必须使用 $R×10k$ 挡。因为发光二极管的管压降为 1.8～2.5 V 左右，而指针式万用表其他挡位的表内电池仅为 1.5 V，低于管压降，无论正向、反向接入，发光二极管都不可能导通，也就无法检测。$R×10k$ 挡表内接 9 V 或 15 V 高压电池，高于管压降，所以可以用来检测发光二极管。此时，判断发光二极管的好坏和正负极的方法与使用万用表检测普通二极管相同。检测时，万用表黑表笔接 LED 的正极，红表笔接 LED 的负极，测其正向电阻，这时表针应偏转过半，同时 LED 中有微弱的发光亮点。反方向时，LED 无发光亮点。

(3) 用数字式万用表检测发光二极管时，必须使用二极管检测档。检测时，数字式万用表的红表笔接 LED 的正极，黑表笔接 LED 的负极，这时显示值是发光二极管的正向管压降，同时 LED 中有一微弱的发光亮点。反方向检测时，显示为"1"过载，LED 无发光亮点。

2.3　晶体三极管

2.3.1　晶体三极管的结构与参数

半导体三极管又叫作晶体三极管，简称为三极管，它是由两个做在一起的 PN 结连接相应电极再封装而成。三极管的分类方法甚多，按半导体材料分有锗管、硅管；按接触方式分有点接触型、面接触型；按生产工艺分有合金型、扩散性、台面型和平面型；按工作主体分有低效管、高效管和开关管；按外形分有金属封装、塑料封装；按功率分有小功率、中功率、大功率等。低频管的工作频率在 3 MHz 以下，高频管的工作频率可达几百兆赫，甚至更高。三极管的特点是起放大作用，三极管的基本外形如图 2.3.1 所示。

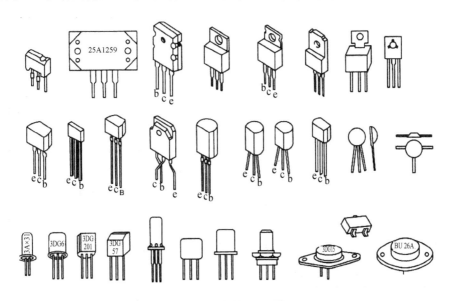

图 2.3.1　三极管的基本外形

部分半导体三极管的技术参数如表 2.3.1～表 2.3.4 所示。

表 2.3.1　部分高频小功率三极管的主要参数

型　号	主　要　参　数					
	$I_{CEO}/\mu A$	h_{fe}	$U_{(BR)CEO}/V$	f_T/MHz	I_{CM}/mA	P_{CM}/mW
3CG5A-F	≤1	≥20	≥15	≥30	50	500
3CG3A-E	≤1	≥20	≥15	≥50	50	300
3CG15A-D	≤0.1	≥20	≥15	≥600	50	300
3CG21A-G	≤1	40～200	≥15	≥100	50	300
3CG23A-G	≤1	40～200	≥15	≥60	150	700
3CG6A-D	≤0.1	10～200	≥15	≥100	20	100
3CG8A-D	≤1	≥10	≥15	≥100	20	200
3CG12A-C	≤1	20～200	≥30	≥100	300	700
3CG7A-F	≤5	≥20	60～250	≥100	500	1000
3CG30A-D	≤0.1	≥30	≥12	400～900	15	100
3CG56A-B	≤0.1	≥20	≥20	≥500	15	100
3CG79A-C	≤0.1	≥20	≥20	≥600	20	200
3CG80	≤0.1	≥30	≥20	≥600	30	100
3CG83A-E	≤50	≥20	≥100	≥50	100	1000
3CG84	≤0.1	≥30	≥20	≥600	15	100
3CG200-203	≤0.5	20～270	≥15	≥100	20	100
3CG253-254	≤0.1	30～220	≥20	≥400	15	100
3CG300	≤1	55～270	≥18	≥100	50	300
3CG380	≤0.1	≥40	≥30	≥100	100	300
3CG388	≤0.1	≥40	≥25	≥450	50	300
3CG415	≤0.1	40～270	≥150	≥80	50	800
3CG471	≤0.1	40～270	≥30	≥50	1000	800
3CG732	≤0.1	≥40	≥50	≥150	150	400
3CG815	≤0.1	40～270	≥45	≥200	200	400
3CG945	≤0.1	40～270	≥40	≥100	100	250
3CG1815	≤0.1	≥40	≥50	≥100	150	400

表 2.3.2　部分低频大功率三极管的主要参数

型　号	主 要 参 数					
	P_{CM} / W	I_{CM} / A	I_{CEO} / mA	h_{fe}	$U_{(BR)CBO}$ / V	$U_{(BR)CEO}$ / V
3CD30A～E	300	30	≤3	≥10	30～150	≥3
3CD010A～D	75	10	≤1	≥20	20～80	≥5
3CD020A～D	200	25	≤3	≥20	20～80	≥5
3CD050A～D	300	50	≤3	≥20	20～80	≥5
CD568A～B	1.8	1	≤0.015	55～270	≥100	≥6
CD715B	1.8	3	≤0.02	≥55～270	≥35	≥5
3CF3A	30	7	≤2	≥10～60	40～240	≥4
CS11～12	10	1	≤0.5	30～250	≥30	≥4
CS15～16	15	1.5	≤0.1	40～200	≥100	≥5
CS35～36	30	3	≤0.1	40～200	≥100	≥5
3DD12A～D	50	5	≤1	25～250	≥150	≥4
3DD12E	50	5	≤1	≥10	700	≥6
3DD13A～G	50	2	≤1	≥20	150～1200	≥4
3DD15A～F	50	5	≤1	≥20	60～500	≥4
3DD100A～E	20	1.5	≤0.2	≥20	150～350	≥5
3DD205	15	1.5	≤0.5	40～200	≥200	≥5
3DD207	30	3	≤0.1	40～250	≥200	≥4
3DD301A～D	25	5	≤0.5	≥15	≥80	4～6
DD01A～F	15	1	≤0.5	≥20	100～400	≥5
DD03A～C	30	3	≤1	25～250	30～250	≥5

表 2.3.3　部分高频大功率三极管的主要参数

型　号	主 要 参 数					
	I_{CEO} / μA	h_{fe}	$U_{(BR)CEO}$ / V	f_t / MHz	I_{CM} / mA	P_{CM} / mW
3DA87A～E	≤5	≥20	80～300	40～100	100	1000
3DA88A～E	≤5	≥20	80～300	≥40	100	2000
3DA93A～D	≤5	≥20	80～250	≥100	100	1000
3DA150	≤2	≥30	≥100	≥50	100	1000
3DA151	≤10	≥30	≥100	≥50	100	1000
3DA152	≤0.2	30～250	≥30	≥10	300	3000

表 2.3.4 通用晶体三极管的主要参数

型　号	极性	P_{CM}/mW	I_{CM}/mA	$U_{(BR)CEO}$/V	$U_{(BR)EBO}$/V	I_{CBO}/μA	I_{CEO}/μA	$U_{CE(SAT)}$/V	h_{fe}	f_{tt}/MHz	封装形式
S9011	NPN	400	30	30	5	0.1		0.3	30～200	150	TO-92
S9012	NPN	625	500	20	5	0.1		0.6	60～300		TO-92
S9015	NPN	450	100	45	5	0.05		0.7	60～600	100	
S9016	NPN	400	25	20	5	0.05		0.3	30～200	400	
S9018	NPN	400	50	15	4	0.05		0.5	30～200	700	TO-92
MPSA92	NPN	600	500	300	5	0.1		0.5	40	50	TO-92S
SC8050	NPN	300	700	20	5	0.1		0.5	60～300	150	TO-92S
SC3904	NPN	300	200	60	5	0.1		0.3	100～300	300	
SC4401	NPN	300	600	40	6	0.1		0.4	100～300	250	
SC1950	NPN	300	500	35	5	0.1		0.25	70～240	300	TO-92S
SC2999	NPN	150	30	25	5	0.1			40～200	450	TO-92S
SA8500	PNP	300	700	25	5	1		0.5	60～300	150	
SA5401	PNP	300	600	150	5	0.01		0.5	60～240	100	TO-92S
SA1050	PNP	300	150	150	5	0.1		0.25	70～700	80	TO-92S
SA608	PNP	300	100	30	5	1		0.5	60～560	80	
S8050	NPN	1000	1500	25	6	0.1		0.5	85～300	100	TO-92S
S8550	PNP	1000	1500	25	6	0.1		0.5	85～300	100	
E8050	NPN	625	700	25	5	1		0.5	60～300	150	TO-92S
E8550	PNP	625	700	25	5	1		0.5	60～300	150	
2N5551	NPN	625	600	160	6	0.05		0.2	80～250	100	TO-92S
2N5401	PNP	625	600	150	5	0.05		0.5	60～240	100	TO-92S
2SC2258	NPN	1000	100	35	7	1.0	1.0	1.2	40	100	TO-92S
A608	PNP	400	100	30	5.0	0.1	1.0	0.5	60～560	180	TO-92
C815	NPN	400	200	45	5.0	0.1	0.5	0.5	40～400	200	TO-92
C1959	NPN	500	500	30	5.0	0.1	0.5	0.25	70～240	300	TO-92
A562TM	PNP	500	500	30	5.0	0.1	1.0	0.25	100～600	200	TO-92
338	NPN	600	10 000	25	5.0	0.1	1.0	0.7	100～600	100	TO-92
328	PNP	600	10 000	25	5.0	0.05	1.0	0.7	100～300	100	TO-92
8050	NPN	800	10 000	25	5.0	0.05	1.0	0.5	100～300	300	TO-92
8550	PNP	800	10 000	25	6.0	0.1	1.0	0.5	85～340	300	TO-92
C1383	NPN	10 000	10 000	25	6.0	0.1	1.0	0.4	85～340	200	TO-92L
A683	PNP	10 000	10 000	25	5.0	0.1	1.0	0.4	100～320	200	TO-92L
A966	PNP	900	1500	30	5.0	0.01	0.1	2.0	100～300	100	TO-92L

2.3.2　晶体三极管的检测与选用

1. 晶体三极管的检测

这里介绍用万用表检测晶体三极管的方法，比较简单、方便。

1) 判断材料

经验证明，用指针式万用表的 $R \times 1k$ 挡测三极管的 PN 结正向电阻值，硅管为 5 kΩ 以上，锗管为 3 kΩ 以下。用数字式万用表测硅管的正向压降一般为 0.5～0.8 V，而锗管的正向压降为 0.1～0.3 V 左右。

2) 判别三极管的管脚

将指针式万用电表置于电阻 $R \times 1k$ 挡，用黑表笔接三极管的某一只管脚(假设作为基极)，再用红表笔分别接另外两只管脚。如果表针指示值两次都很大，该管便是 PNP 管，其中黑表笔所接的那一管脚是基极。如果指示值指标的两个阻值均很小，则说明这是 NPN 管，黑表笔所接的那一管脚是基极。如果指针指示的阻值一个很大，一个很小，那么黑表笔所接的管脚就不是三极管的基极，再另换一只管脚进行类似测试，直到找到基极。

判定基极后就可以进一步判断集电极和发射极。仍然用万用表 $R \times 1k$ 挡，将两表笔分别接除基极之外的两电极。如果是 PNP 型管，用一个 100 kΩ 电阻接于基极与红表笔之间，可测得一电阻值，然后将两表笔交换，同样基极与红表笔间接 100 kΩ 电阻，又测得一电阻值，两次测量中阻值小的一次红表笔所对应的是 PNP 型管集电极，黑表笔所对应的是发射极。如果是 NPN 型管，电阻 100 kΩ 就要接在基极与黑表笔之间，同样电阻小的一次黑表笔对应的是 NPN 型管集电极，红表笔所对应的是发射极。在测试中也可以用潮湿的手指代替 100 kΩ 电阻捏住集电极与基极。

3) 估测电流放大系数 β

用万用表 $R \times 1k$ 挡测量。如果测 PNP 型管，红表笔接集电极，黑表笔接发射极，指针会有一点摆动(或几乎不动)；然后，用一只电阻(30～100 kΩ)跨接于基极与集电极之间，或用手代替电阻捏住集电极与基极(但这两电极不可碰在一起)，电表读数立即偏向低电阻一方。表针摆幅越大(电阻越小)，表明晶体管的 β 值越高。两只相同型号的晶体管，跨接相同的电阻，电表中读取的阻值小的晶体管的 β 值就更高些。如果测 NPN 型管，则黑、红表笔应对调，红表笔接发射极，黑表笔接集电极。测试时跨接于基极-集电极之间的电阻不可太小，亦不可使基极-集电极短路，以免损坏晶体管。当基极-集电极间跨接电阻后，电表的指示仍在不断变小时，表明该管的 β 值不稳定。如果跨接电阻未接时，万用表指针摆动较大(有一定电阻)，表明该管的穿透电流太大，不宜采用。

4) 估测穿透电流 I_{CEO}

穿透电流 I_{CEO} 大的三极管，耗散功率增大，热稳定性差，调整 I_C 很困难，噪声也大，电子电路应选用 I_{CEO} 小的管子。一般情况下，可用万用表估测三极管的 I_{CEO} 大小。

用万用表 $R \times 1k$ 挡测量。如果是 PNP 型管，黑表笔(万用表内电池正极)接发射极，红表笔接集电极。测量电路如图 2.3.2 所示。

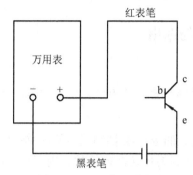

图 2.3.2　I_{CEO} 的测量电路

对于小功率锗管，测出的阻值在几十千欧以上；对于小功率硅管，测出的阻值在几百千欧以上，这表明 I_{CEO} 不太大。如果测出的阻值小，且表针缓慢地向低阻值方向移动，表明 I_{CEO} 大且晶体管稳定性差。如果阻值接近于零，表明晶体管已经穿通损坏；如果阻值为无穷大，表明晶体管内部已经开路。但要注意，有些小功率硅管由于 I_{CEO} 很小，测量时阻值很大，表针移动不明显，不要误认为是断路(如塑封管 9013(NPN)、9012(PNP)等，如表 2.3.5 所示)。对于大功率管 I_{CEO} 比较大，测得的阻值大约只有几十欧，不要误认为是晶体管已经击穿。如果测量的是 NPN 管，红表笔应接发射极，黑表笔应接集电极。

表 2.3.5　90 系列三极管的特性

型号	极性	功率/MHz	频率特性/MHz	用途	型号	极性	功率/MHz	频率特性/MHz	用途
9011	NPN	400	150	高放	9016	NPN	400	500	超高频
9012	PNP	625	150	功放	9018	NPN	400	500	超高频
9013	NPN	625	140	功放	8050	NPN	1000	100	功放
9014	NPN	450	80	低放	8550	PNP	1000	100	功放
9015	PNP	450	80	低放					

5) 判断高频管和低频管

一般 NPN 型的硅管都是高频管，不需要再判断。

对于锗高频管和锗低频管，一般根据其发射结反向击穿电压 BU_{EBO} 相差甚大来判断，通常锗高频管的 BU_{EBO} 在 1 V 左右，很少超过 5 V；而锗低频管的 BU_{EBO} 在 10 V 以上。测量时，在基极上串接 20 kΩ 的限流电阻，采用 12 V 直流电源，正端接在 20 kΩ 上，负端接在锗管的发射极上，这时可测量锗管基极-发射极之间的电压。如果是高频管，这时三极管接近于击穿，电压表读数只在 1 V 左右或最多不超过 5 V；如果电压表读数在 5 V 以上，则表明被测管为低频管。但也有个别高频管，如 3AG38、3AG40、3AG66～3AG70 等的 BU_{EBO} 超过 10 V。

6) 测量大功率三极管的极间电压

用万用表测量大功率三极管时，万用表应置于 $R \times 1$ 挡或 $R \times 10$ 挡，因为大功率三极管一般漏电流较大，测出的阻值较小，若用高阻挡则表现为短路，故不易判断。

测量极间电阻有两种不同的接法，如图 2.3.3 所示。当用 $R \times 1$ 挡时，硅管低阻值为 8～

15 Ω，高阻应为无穷大，即表针基本不动。对于锗管，低阻值为 2～5 Ω，高阻值也很大，表针应动得很小，一般不应超过满刻度的 1/4，否则就是三极管质量不好或已损坏。

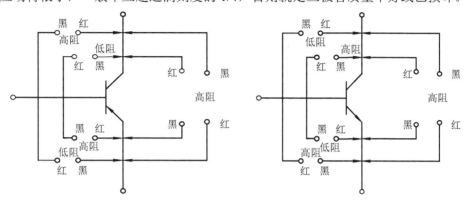

图 2.3.3　大功率三极管的极间电阻

7) 测量大功率三极管的放大能力

测量电路如图 2.3.4 所示。万用表置于 $R×1$ 挡，R_b 可选 680 Ω。测量时，先不接入 R_b，即基极悬空，测量发射极和集电极之间的电阻，表头指针应偏转很小。如果表头指针偏转很大，仅几欧或十几欧，说明该被测管穿透电流 I_{CEO} 较大，如果万用表指示阻值已接近于零，说明该管已坏。

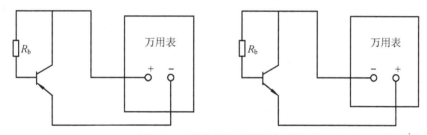

图 2.3.4　放大能力的测量电路

接入 R_b，万用表表头指针应向右偏转，阻值越小，说明三极管的放大能力越强，如果万用表指示的阻值小于 R_b 的十分之几以上，说明三极管的放大能力是较大的。如果万用表指示的阻值比 R_b 少不了多少，则表示被测三极管放大能力有限，甚至是坏的。

2. 晶体三极管的选用

选用晶体三极管是一个很复杂的问题，它要根据电路的特点、晶体三极管在电路中的作用、工作环境与周围元器件的关系等多种因素进行选取，是一个综合设计问题。

(1) 选用的晶体三极管切勿使工作时的电压、电流功率超过手册中规定的极限值，应根据设计原则选取一定的余量，以免烧坏三极管。

(2) 对于大功率管，特别是外延型高频功率管，使用中的二次击穿会使功率管损坏。为了防止二次击穿，就必须大大降低三极管的使用功率和电压，其安全工作区应由厂商提供，或由使用者进行一些必要的检测。

(3) 选择晶体三极管的频率，应符合设计电路中的工作频率范围。

(4) 根据设计电路的特殊要求，如稳定性、可靠性、穿透电流、放大倍数等，对晶体三极管均应进行合理选择。

2.4　场　效　应　管

　　场效应管(Field Effect Transistor，FET)是一种利用电场效应来控制多数载流子运动的半导体器件，具有放大能力。与双极晶体三极管不同，场效应管是一种压控电源器件，即流入的漏极电流受栅源电压控制。按结构的不同，场效应管分为结型场效应管(Junction Field Effect Transistor，JFET)和绝缘栅场效应管(Metal Oxide Semiconductor，MOS)。场效应管的分类如图 2.4.1 所示。

图 2.4.1　场效应管的分类

2.4.1　场效应管的结构与外形

　　场效应管是一种晶体三极管，它有三个电极，分别叫源极 S、栅极 G、漏极 D。场效应管在电路中常用 V、V_T、Q 表示[①]。部分场效应管的外形如图 2.4.2 所示。结型场效应管、绝缘栅型场效应管、双极栅场效应管及垂直型 MOSFET 管的基本结构、电路符号分别如图 2.4.3～图 2.4.7 所示。

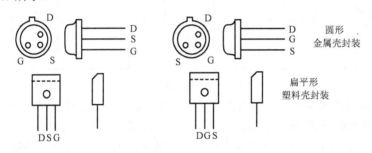

图 2.4.2　部分场效应管的外形

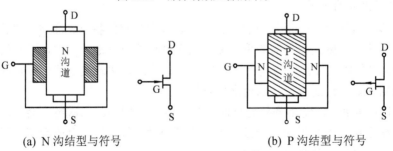

(a) N 沟结型与符号　　　　　　　　　　　(b) P 沟结型与符号

图 2.4.3　结型场效应管

---

① 本书中，仿真图中三极管的表示不统一(有的用 V_T，有的用 Q)，为了不影响阅读，图文作了局部统一。

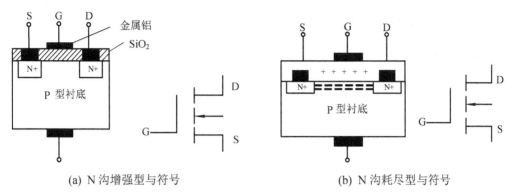

(a) N 沟增强型与符号 　　　　　　　(b) N 沟耗尽型与符号

图 2.4.4 N 沟绝缘栅场效应管

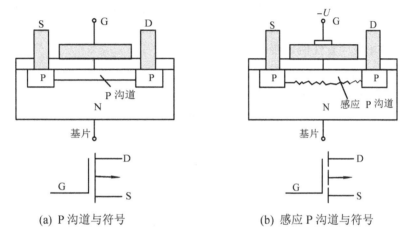

(a) P 沟道与符号 　　　　　　　(b) 感应 P 沟道与符号

图 2.4.5 P 沟道绝缘栅场效应管

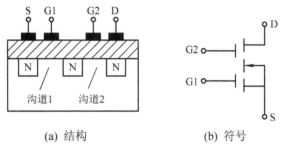

(a) 结构 　　　　　　　(b) 符号

图 2.4.6 双极栅场效应管

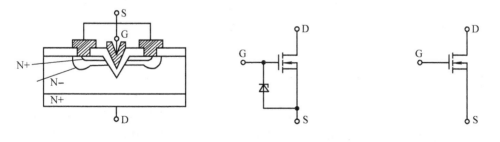

(a) 结构 　　　　(b) 带保护稳压管的符号 　　　　(c) 不带保护稳压管的符号

图 2.4.7 垂直型 MOSFET

2.4.2　场效应管的检测与使用

1. 场效应管的检测

1) 结型场效应管栅极判别

根据 PN 单向导电原理，用万用表 $R \times 1k$ 挡，将黑表笔接在场效应管的一个极，红表笔分别接触另外两个电极，若测得电阻都很小，则黑表笔所接的是栅极，且该管为 N 型沟道场效应管。对于 P 型沟道场效应管，栅极的判断可自行分析。

2) 结型场效应管好坏与性能判别

根据判别栅极的方法，能粗略判别场效应管的好坏。当栅源间、栅漏间反向电阻很小时，说明场效应管已损坏。若要判别场效应管的放大性能可将万用表的红、黑表笔分别接触源极和漏极，然后用手触碰栅极，表指针偏转较大，说明场效应管放大性能较好，若表指针不动，说明场效应管性能差或已损坏。

2. 场效应管的使用

场效应管在使用时应注意以下事项：

(1) 从场效应管的结构看，其源极和漏极是对称的，因此源极和漏极可以互换。但有些场效应管在制造时已将衬底引线与源极连在一起，这种场效应管的源极和漏极就不能互换。

(2) 场效应管各极间电压的极性应正确接入，结型场效应管的栅-源电压 V_{GS} 的极性不能接反。

(3) 当 MOS 管的衬底引线单独引出时，应将其接到电路中的电位最低点(对 N 沟道 MOS 管而言)或电位最高点(对 P 沟道 MOS 管而言)，以保证沟道与衬底间的 PN 结处于反向偏置，使衬底与沟道及各电极隔离。

(4) MOS 管的栅极是绝缘的，感应电荷不易泄放，而且绝缘层很薄，极易击穿。所以栅极不能开路，存放时应将各电极短路。焊接时，电烙铁必须可靠接地，或者使电烙铁断电，利用烙铁余热焊接，并注意对交流电场的屏蔽。

2.5　集　成　电　路

集成电路(Integrated Circuit，IC)是指采用半导体制作工艺在一小块单晶硅片上制成含有许多元器件(晶体管、电阻器、电容器等)的电子电路，然后再经封装而成的电路块，常称为集成电路块。

2.5.1　集成电路的类型

集成电路按制造工艺可分为半导体集成电路、薄膜集成电路和由二者组合而成的混合集成电路。按功能可分为模拟集成电路、数字集成电路和数/模混合集成电路。按集成度可分为小规模集成电路(集成度小于 10 个门电路)、中规模集成电路(集成度为 10～100 个门电

路)、大规模集成电路(集成度为 100～1000 个门电路)，以及超大规模集成电路(集成度大于
1000 个门电路)。按外形可分为圆型(金属外壳晶体管封装型，适用于大功率)、扁平型(稳定
性好，体积小)和双列直插型(有利于采用大规模生产技术进行焊接，因此获得广泛的应用)。
按材料可分为金属外壳封装、塑料外壳封装及陶瓷外壳封装。

目前，已经成熟的集成逻辑技术主要有三种：TTL(Transistor-Transistor Logic，晶体管-
晶体管逻辑)、CMOS(Complementary Metal-Oxide-Semiconductor，互补金属-氧化物-半导
体)逻辑和 ECL(Emitter-Coupled Logic，发射极耦合逻辑)。

(1) TTL 有两个常用的系列化新产品：74 系列(民用)和 54 系列(军用)。74 系列的工作
温度为 0～75℃，电源电压为 4.75～5.25 V；54 系列的工作温度为 −55～125℃，电源电压
为 4.5～5.5 V。

(2) CMOS 的特点是功耗低，工作环境温度范围和电源电压范围都较宽，陶瓷封装的
环境温度范围为 −55～125℃，塑料封装的环境温度范围为 −40～85℃，工作电压为 3～18 V，
另外工作速度较快，可达 7 MHz。

(3) ECL 的最大特点是工作速度高。因为在 ECL 电路中数字逻辑电路形式采用非饱和
型，避免了三极管因工作在饱和状态而产生的存储电荷问题，大大加快了工作速度。

以上三种逻辑电路的有关参数如表 2.5.1 所示。

表 2.5.1　三种逻辑电路的有关参数

电路种类	工作电压	每个门的功耗 P	门延时	扇出系数
TTL 标准	+5 V	10 mW	10 ns	10
TTL 标准肖特基	+5 V	20 mW	3 ns	10
TTL 低功耗肖特基	+5 V	2 mW	10 ns	10
ECL 标准	−5.2 V	25 mW	2 ns	10
ECL 高速	−5.2 V	40 mW	0.75 ns	10
CMOS	+3～+18 V	μW 级	ns 级	50

2.5.2　集成电路芯片

1. LM386

LM386 是一种音频集成功率放大器，具有自身功耗
低、低压增益可调、电源电压范围大、外接元件少和总谐
波失真小等优点，广泛应用于录音机和收音机中。

LM386 的外形和引脚排列如图 2.5.1 所示。引脚 2 为
反相输入端，引脚 3 为同相输入端，引脚 5 为输出端，引
脚 6 和 4 分别为电源和地，引脚 1 和 8 为电压增益设定端。
使用时在引脚和地之间接旁路电容。LM386 的主要性能指
标如表 2.5.2 所示。

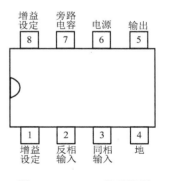

图 2.5.1　LM386 的引脚图

表 2.5.2 LM386 的主要性能指标

参 数	测试条件	最小	典型	最大	单位
工作电源电压(U_+) LM386N-1, LM386N-3, LM386M-1 LM386N-4			4 5	12 18	V V
静态电流(I_Q)	$U_+ = 6$ V，$U_i = 0$		4	8	mA
输出功率(P_o) LM386N-1, LM386M-1 LM386N-3 LM386N-4	$U_+ = 6$ V，$R_L = 8\ \Omega$， $U_+ = 9$ V，$R_L = 8\ \Omega$， $U_+ = 16$ V，$R_L = 32\ \Omega$，THD = 10%	250 500 700	325 700 1000		mW mW mW
电压增益(A_u)	$U_+ = 6$ V，$f = 1$ kHz 引脚 1、8 间接 10 μF 电容		26 46		dB dB
带宽(BW)	$U_+ = 6$ V，引脚 1 和 8 开路		300		kHz
总谐波失真(THD)	$U_+ = 6$ V，$R_L = 8\ \Omega$，$P_o = 125$ mW $f = 1$ kHz，引脚 1 和 8 开路		0.2		%
电源抑制比(PSRR)	$U_+ = 6$ V，$f = 1$ kHz，$C_B = 10$ μF 引脚 1 和 8 开路，指输出端		50		dB
输入电阻(r_i)			50		kΩ
输入偏置电流(I_{IB})	$U_+ = 6$ V，引脚 2 和 3 开路		250		nA

2. F741

F741 及其替代产品(LM741，μA741，MC1741，HA17741，…)属于通用型集成电路，我国曾将其归类为通用型集成放大器 F007。F741 的外形和引脚排列如图 2.5.2 所示。

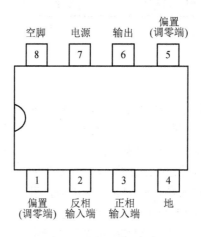

图 2.5.2 F741 的引脚排列

F741 为 8 脚双列直插式(也有全能圆壳封装)。引脚 2 为反相输入端，引脚 3 为同相输入端，引脚 6 为输出端，引脚 7 接正电源，引脚 4 接负电源，一般为双电源供电，电源电压范围为 ±12～±15 V，引脚 1 与引脚 5 为调零端，采取负电源调零。F741 的主要性能指标如表 2.5.3 所示。

表 2.5.3　F741 的主要性能指标

运放类型	电源电压/V	差摸输入电压/V	共摸输入电压/V	输入失调电压/V	输入电流/mV	输入偏置/nA	差摸电压增益/dB	共摸抑制比/dB	差摸输入电阻/MΩ	转换速率/(V/µs)
通用型	≤±22	≤±30	≤±15	≤5	≤200	≤500	≥94	≥70	≥0.3	0.5

F741 的标准接线如图 2.5.3 所示。该图表明 F741 采取负电源调零，调零电位器 $R_w = 10$ kΩ。

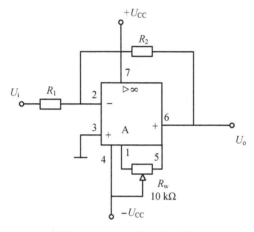

图 2.5.3　F741 的标准接线

3. F324(LM324)

F324(LM324)为通用型四运算放大器。其管脚排列如图 2.5.4 所示。

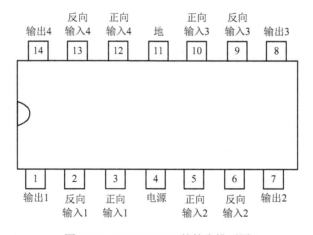

图 2.5.4　F324(LM324)的管脚排列图

LM324 为四运算放大器集成电路，采用 14 脚双列直插塑料封装。内部有四个运算放大器，有相位补偿电路。电路功耗很小，LM324 可用正电源 3～30 V 或正负双电源 ±1.5～

±15 V 工作。它的输入电压可低到地电位，而输出电压范围为 $0\sim U_{CC}$。它的内部包含四组形式完全相同的运算放大器，除电源共用外，四组运算放大器相互独立。当电源电压为 5 V 时，其非线性应用(例如接成电压比较器)时的输出电平可与 TTL 器件相容。F324 的性能指标如表 2.5.4、表 2.5.5 所示。

表 2.5.4　F324 的引脚功能

引脚	功　能	电压/V	引脚	功　能	电压/V
1	输出 1	3.0	8	输出 3	3.0
2	反向输入 1	2.7	9	反向输入 3	2.4
3	正向输入 1	2.8	10	正向输入 3	2.8
4	电源	5.1	11	地	0
5	正向输入 2	2.8	12	正向输入 4	2.8
6	反向输入 2	1.0	13	反向输入 4	2.2
7	输出 2	3.0	14	输出 4	3.0

表 2.5.5　F324 的性能指标

运放类型	电源电压/V	差模输入电压/V	共模输入电压/V	输入失调电压/mV	输入失调电压/nA	差模电压增益/dB	共模抑制比/dB
通用型	3～30 或 ±1.5～±15	$U_-\sim U_+$	$0\sim U_+ -1.5$	≤7	≤50	≥87	≥65
				$U_+ = 5$ V，$U_- = 0$			

4. 集成定时器 555(556)与 7555(7556)

555 集成时基电路称为集成定时器，是一种数字、模拟混合型的中规模集成电路，外接少量的阻容元件就可以构成单稳、多谐和施密特触发器，因而广泛用于信号的产生、变换、控制与检测。它的内部电压标准使用了三个 5 kΩ 的电阻，故取名为 555 电路。其电路类型有双极型和 CMOS 型两大类，两者的工作原理和结构相似。几乎所有的双极型产品型号最后的三位数码都是 555 或 556，所有的 CMOS 产品型号最后四位数码都是 7555 或 7556，两者的逻辑功能和引脚排列完全相同，易于互换。555 和 7555 是单定时器，556 和 7556 是双定时器。双极型的电压是 +5～+15 V，输出的最大电流可达 200 mA，CMOS 型的电源电压是 +3～+18 V。管脚排列如图 2.5.5 所示。

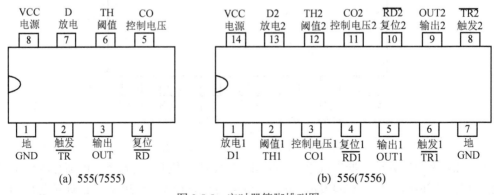

图 2.5.5　定时器管脚排列图

图 2.5.5(a)中，$\overline{\text{TR}}$ (2 端)为触发端，TH(6 端)为阈值端，CO(5 端)为控制电压端，开始时为 $3U_{CC}/2$，不用时接一个 0.01 μF 电容后接地；D 端(7 端)为放电端，为内部放电三极管的集电极；$\overline{\text{RD}}$ (4 端)为复位端，只要在 $\overline{\text{RD}}$ 端加上低电平，输出端(3 端)就被置成低电平，不受其他输入端状态的影响，正常工作时应使 $\overline{\text{RD}}$ 端处于高电平。

555 定时器功能表如表 2.5.6 所示。定时器 CC7555 和 NE555 的特性参数如表 2.5.7 所示。

表 2.5.6　555 定时器功能表

输　入			输　出	
$\overline{\text{RD}}$	TH	$\overline{\text{TR}}$	OUT	D(T0 状态)
0	×	×	低	导通
1	$>2U_{CC}/3$	$>U_{CC}/3$	低	导通
1	$<2U_{CC}/3$	$>U_{CC}/3$	不变	不变
1	$<2U_{CC}/3$	$<U_{CC}/3$	高	截止
1	$>2U_{CC}/3$	$<U_{CC}/3$	高	截止

表 2.5.7　CC7555 和 NE555 的性能参数

参数名称	CC7555		NE555	
	参数值	测试条件	参数值	测试条件
电源电压范围	3～18 V		4.5～16 V	
静态电流	120 μA	$U_{CC}=18$ V	≤15	$U_{CC}=15$ V, $R_L=\infty$
时间误差	≤5%	$U_{CC}=5～15$ V	≤3%	$U_{CC}=5～15$ V
触发电压 U_{TR}			4.5～5.6 V	$U_{CC}=15$ V
触发电流 I_{TR}	50 PA	$U_{CC}=15$ V	≤2 μA	$U_{\text{TR}}=0$
复位电压 U_R	≤1.3 V	$U_{CC}=5～15$ V	≤1 V	$U_{CC}=5～15$ V
多位电流 I_R	0.1 μA	$U_{CC}=15$ V	0.4 mA	$U_R=0$, $U_{CC}=15$ V
控制电压 U_{CO}			9～11 V	$U_{CC}=15$ V
额定输出电流(输出)	1 mA	$U_{CC}=15$ V	200 mA	$U_{CC}=15$ V 散热
额定输出电流(吸收)	3.2 mA	$U_{CC}=15$ V	200 mA	$U_{CC}=15$ V 散热
低电平输出电压 U_{oL}	0.1 V	$U_{CC}=15$ V, $I_{\text{oL}}=3.2$ mA	≤0.75 V	$U_{CC}=15$ V, $I_{\text{oL}}=50$ mA
高电平输出电压 U_{oH}	14.8 V	$U_{CC}=5$ V, $I_{\text{oH}}=1$ mA	≤12.75 V	$U_{CC}=15$ V, $I_{\text{oH}}=100$ mA
输出上升(下降)时间	40 ns	$R_L=10$ mA, $C_L=10$ pA	100 ns	$C_L=15$ pF
最高振荡频率	≥500 kHz	多谐振荡器	≥500 kHz	多谐振荡器

5. 集成三端稳压器

集成三端稳压器是一种串联调整式稳压器,内部设有过热、过流和过压保护电路。它只有三个外引出端(输入端、输出端和公共地端),将整流滤波后的不稳定的直流电压接到集成三端稳压器输入端,经三端稳压器后在输出端得到某一值的稳定的直流电压。集成三端稳压器因其输出电压的形式、电流的不同而有不同的分类。

1) 分类

(1) 根据输出电压能否调整分类。

按输出电压能否调整分类,集成三端稳压器的输出电压有固定和可调输出之分。固定输出电压是由制造厂预先调整好的,输出为固定值。例如,7805 型集成三端稳压器的输出电压为固定的 +5 V。可调输出电压式稳压器输出电压可通过少数外接元件在较大范围内调整,当调节外接元件值时,可获得所需的输出电压。例如,CW317 型集成三端稳压器的输出电压可以在 12～37 V 范围内连续可调。

(2) 固定输出电压式时,可根据输出电压的正、负分类。

按输出电压的正、负分为输出正电压系列(78××)的集成稳压器和输出负电压系列(79××)的集成稳压器。

输出正电压系列(78××)的集成稳压器的电压分为 5～24 V 共 7 个挡。例如,7805、7806、7809 等,其中字头 78 表示输出电压为正值,后面数字表示输出电压的稳压值。输出电流为 15 A(带散热器)。

输出负电压系列(79××)的集成稳压器的电压分为 −5～−24 V 共 7 个挡。例如,7905、7906、7912 等,其中字头 79 表示输出电压为负值,后面数字表示输出电压的稳压值。输出电流为 15 A(带散热器)。

(3) 根据输出电流分挡。

三端集成稳压器的输出电流有大、中、小之分,并分别用不同符号表示。

输出为小电流,代号"L"。例如,78L××,最大输出电流为 0.1 A。

输出为中电流,代号"M"。例如,78M××,最大输出电流为 0.5 A。

输出为大电流,代号"S"。例如,78S××,最大输出电流为 2 A。

注意: 各厂家分挡符号不一,选购时要注意产品说明书。

2) 固定三端稳压器的外形图及主要参数

固定三端稳压器的封装形式有金属外壳封装(F-2)和塑料封装(S-7)。常见的塑料封装(S-7)外形图如图 2.5.6 所示。几种固定三端稳压器的参数如表 2.5.8 所示。

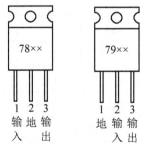

图 2.5.6　固定三端稳压器的外形图

表 2.5.8　几种固定三端稳压器的参数

参　　数	7805	7806	7815
输出电压范围/V	4.8～5.2	5.75～6.25	14.4～15.6
最大输入电压/V	35	35	35
最大输出电流/A	1.5	1.5	1.5
$\Delta I_o(U_o$ 变化引起)/mA	100($I_o=5$ mA～1.5 A)	100($I_o=5$m A～1.5 A)	150($I_o=5$ mA～1.5 A)
$\Delta U_o(U_i$ 变化引起)/mA	50($U_i=7$～25 V)	60($U_i=8$～25 V)	150($U_i=17$～30 V)
ΔU_o(温度变化引起)/(mV/℃)	±0.6($I_o=500$ mA)	±0.7($I_o=500$ mA)	±1.8($I_o=500$ mA)
器件压降(U_i-U_o)/V	2～2.5($I_o=1$ A)	2～2.5($I_o=1$ A)	2～2.5($I_o=1$ A)
偏置电流/mA	6	6	6
输出电阻/mΩ	17	17	19
输出噪声电压(10～100kHz)/μV	40	40	40

3) 固定三端稳压器的应用电路

固定三端稳压器的常见应用电路如图 2.5.7 所示。

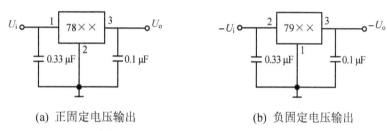

(a) 正固定电压输出　　　　　　　　(b) 负固定电压输出

图 2.5.7　固定三端稳压器的应用电路

为了保证稳压性能，使用三端稳压器时，输入电压与输出电压至少相差 2 V 以上，但也不能太大，太大则会增大器件本身的功耗以至于损坏器件。在输入端与公共端之间、输出端与公共端之间分别接了 0.1 μF 左右的电容，可以防止自激振荡。

2.5.3　集成电路的使用常识

集成电路是一种结构复杂，功能多，体积小，价格贵，安装与拆卸麻烦的电子器件，在选购、检测和使用中应十分小心。

(1) 集成电路在使用时，不允许超过极限参数。

(2) 集成电路内部包括几千甚至上万个 PN 结，因此它对工作温度很敏感，环境温度过高或过低都不利于其正常工作。

(3) 在手工焊接集成电路时不得使用功率大于 45 W 的电烙铁，连续焊接时间不应超过 10 s。

(4) MOS 集成电路要防止静电感应击穿。焊接时要保证电烙铁外壳可靠接地，若无接地线可将电烙铁拔下，利用余热进行焊接。

(5) 数字集成电路型号的互换。数字集成电路绝大部分有国际通用型，只要后面的阿拉伯数字对应相同即可互换。

(6) 数字集成电路注意事项。表 2.5.9 以 TTL 集成电路和 CMOS 集成电路为例，说明在使用它们的注意事项。

表 2.5.9　使用 TTL、CMOS 集成电路的注意事项

		TTL	CMOS
电源规则	范围	+4.75V＜U_{CC}＜+5.5 V	① U_{min}＜U_{DD}＜U_{max}，考虑到瞬态变化，应保持在绝对的最大极限电源电压范围内。例如，CC4000B 系列的电源电压范围为 3～18 V，而推荐使用的 U_{CC} 为 4～15 V。 ② 条件允许的话,CMOS 电路的电源较低为好。 ③ 避免使用大电阻值的电阻串入 U_{DD} 或 U_{SS} 端
	注意事项	① 电源和地的极性千万不能接错，否则过大的电流将造成器件损坏。 ② 电源接通时，不可移动、插入、拔出成焊接集成电路器件，否则会造成永久性损坏。 ③ 对 H-CMOS 器件，电源引脚的交流高、低频去耦要加强，几乎每个 H-CMOS 器件都要加上 0.01～0.1 μF 的电源去耦电容	
输入规则	幅度	−0.5 V≤U_1≤+5 V	U_{SS}≤U_1≤U_{DD}
	边沿	组合逻辑电路中，U_1 的边沿变化速度小于 100 V/ns；时序逻辑电路 U_1 边沿变化速度小于 50 V/ns	一般的 CMOS 器件：$t_r(t_f)$≤15 ns； H-CMOS 器件：$t_r(t_f)$≤0.5 ns
	多余输入端的处理	① 多余输入端最好不要悬空，根据逻辑关系的需要作处理。 ② 触发器的不使用端不得悬空，应按处理逻辑功能接入相应的电平	① 多余输入端绝对不可悬空，即使同一片未被使用但已接通电源的 CMOS 电路的所有输入端均不可以悬空，都应根据逻辑功能作处理。 ② 作振荡器或单稳态电路时,输入端必须串入电阻用以限流
输出规则		① 输出端不允许与电源或地短路。 ② 输出端不允许"线与"，即不允许输出端并联使用。只有 TTL 集成电路中三态或集电极开路输出结构的电路，可以并联使用。 ③ TTL 集电极开路的电路"线与"时，应在其公共输出端加接一个预先算好的上拉负载电阻到 U_{CC}	
操作规则	电路存放	存放在温度 10～40℃干燥通风的容器中，不允许有腐蚀性液体进入。存放 CMOS 电路要屏蔽，一般存放在金属容器内，也可用金属箱将引脚短路	
	电源和信号源的加入	开机时，先接通电路板电源，后开信号源；关机时，先关信号源，后关线路板电源。尤其是 CMOS 电路未接通电源时，不允许有输入信号加入	

2.6　电子电路的组装与调试

2.6.1　电子电路的组装

按系统具体电路图备好所需要的元器件后，如何将这些元器件按电路图组装起来，电

路各部分应放在什么位置，是用一块电路板还是用多块电路板组装，每块板上电路元件是如何布置的，等等，这些都属于电路安装布局的问题。

电子电路安装布局分电子装置整体结构布局和电路板上元器件安装布局两种。

1. 整体结构布局

这是一个空间布局的问题，应从全局出发决定电子装置各部分的空间位置。例如，电源变压器、电路板、执行机构、指示与显示部分、操作部分以及其他部分等，在空间尺寸不受限制的场合，这些都比较好布局。而在空间尺寸受到限制且组成部分多而复杂的场合中，布局十分艰难，常常要对多个布局方案进行比较，多次反复是常见的。

整体结构布局没有一个固定的模式，只有一些应遵循的原则。

(1) 注意电子装置的重心平衡与稳定。为此，变压器和大电容等比较重的器件应安装在装置的底部，以降低装置的重心，还应注意装置前后、左右的重量平衡。

(2) 注意发热部件的通风散热。为此，大功率管应加装散热片，并布置在靠近装置的外壳，且开凿通风孔，必要时加装小型排风扇。

(3) 注意发热部件的热干扰。为此，半导体器件、热敏器件、电解电容等应尽可能远离发热部件。

(4) 注意电磁干扰对电路正常工作的影响，容易受干扰的元器件(如高放大倍数放大器的第一级等)应尽可能远离干扰源(如变压器、高频振荡器、继电器、接触器等)。当远离有困难时，应采取屏蔽措施(即将干扰源屏蔽或将易受干扰的元器件屏蔽起来)。此外，输入级也应尽可能远离输出级。

(5) 注意电路板的分块与布置。如果电路规模不大或电路规模虽大但安装空间没有限制，则尽可能采用一块电路板，否则采用多块电路板。分块的原则是按电路功能分块，不一定一块一个功能，可以一块有几个功能。电路板的布置可以卧式，也可以立式，这要视具体空间而定。不管采用哪一种，都应考虑到安装、调试和检修的方便。此外，与指示和显示有关的电路板最好安装在面板附近。

(6) 注意连线的相互影响。强电流线与弱电流线应分开走线，输入级的输入线应与输出级的输出线分开走线。

(7) 操作按钮、调节按钮、指示器与显示器等都应安装在装置的面板上。

(8) 注意安装、调试和维修的方便，并尽可能注意整体布局的美观。前述七项布局的原则是从技术角度出发提出来的，在尽量满足这些原则的前提下，应特别注意安装、调试和维修方便，以及整体美观。否则不是一个好的整体布局，甚至是一个无法实现的整体布局。

2. 电路板结构布局

在一块板上按电路图把元器件组装成电路，其组装方式通常有两种：插接方式和焊接方式。插接方式在面包板上进行，电路元器件和连线均接插在面包板的孔中；焊接方式在印刷板上进行，电路元器件焊接在印刷板上，电路连线则为特制的印刷线。

不管是哪一种组装方式，首先必须考虑元器件在电路板上的结构布局问题。布局的优劣不仅影响到电路板的走线、调试、维修以及外观，也对电路板的电气性能有一定影响。

电路板结构布局也没有固定的模式，不同的设计者所进行的布局设计不同，这不足为奇，但一些供参考的原则如下：

(1) 布置主电路的集成块和晶体管的位置。其原则是按主电路信号流向的顺序布置各级的集成块和晶体管。当芯片多而板面有限时，则布成一个 U 字形，U 字形的口一般应尽量靠近电路板的引出线处，以利于第一级的输入线、末级的输出线与电路板引出线之间连线。此外，集成块之间的间距(即空余面积)应视其周围元器件的多少而定。

(2) 安排其他电路元器件(电阻、电容、二极管等)的位置。其原则是按级就近布置。换句话说，各级元器件围绕各级的集成块或晶体管布置。如果有发热量较大的元器件，则应注意它与集成块或晶体管之间的间距应足够大些。

(3) 连线布置。其原则是，第一级输入线与末级的输出线、强电流线与弱电流线、高频线与低频线等应分开走线，其间距离应足够大，以避免相互干扰。

对较简单的电路，按上面电源线，下面地线，左边输入及右边输出的原则布线。

为便于修正电路，更换器件，导线不能跨过集成电路、二极管、电阻等器件，导线之间尽量少交叉。

布线要按顺序进行，先连接电源线和地线，再连接固定使用的规则线(如固定接地或接高电平或接时钟脉冲的连线)，最后逐级连接信号线和控制线。

每一根导线都要插紧插牢，并尽量贴近面包板。

(4) 合理布置接地线。为避免各级电流通过地线时产生相互间的干扰，特别是末级电流通过地线对第一级的反馈干扰，以及数字电路部分电流通过地线对模拟电路产生干扰，通常采用地线割裂法使各级地线自成回路，然后再分别一点接地，如图 2.6.1(a)所示。换句话说，各级的地是割裂的，不直接相连，然后再分别接到公共的一点地上。

根据上述一点接地的原则，布置地线时应注意如下几点：

① 输出级与输入级不允许共用一条地线。

② 数字电路与模拟电路不允许共用一条地线。

③ 输入信号的地应就近接在输入级的地线上。

④ 输出信号的地应接公共地，而不是输出级的地。

⑤ 各种高频和低频退耦电容的接地端应远离第一级的地。

显然，上述单点接地的方法可以完全消除各级之间通过地线产生的相互影响，但接地方式比较麻烦，且接地线比较长，容易产生寄生振荡。因此，在印刷电路板的地线布置上常常采用另一种地线布置方式，即串联接地方式，如图 2.6.1(b)所示，各级地一级级直接相连后再接到公共的地上。

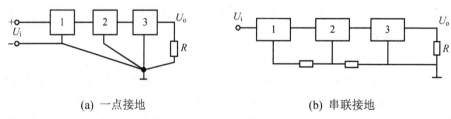

(a) 一点接地　　　　　　　　　　　　　　(b) 串联接地

图 2.6.1　地线布置

在这种接地方式中，各级地线可就近相连，接地比较简单，但因存在地线电阻(如图2.6.1(b)中虚线所示)，各级电流通过相应的地线电阻产生干扰电压，影响各级的工作。为了尽量抑制这种干扰，常常采用加粗和缩短地线的方法来减小地线电阻。

电路板的布局还应注意美观和检修方便。为此，集成块的安置方式应尽量一致，不要横的横，竖的竖，电阻、电容等元器件亦应如此。

2.6.2 电子电路的调试

电子电路的调试在电子工程中占有重要地位，是对设计电路的正确与否及性能指标的检测过程，也是初学者实践技能培养的重要环节。

调试过程是利用符合指标要求的各种电子测量仪器，如示波器、万用表、信号发生器、频率计、逻辑分析仪等，对安装好的电路或电子装置进行调整和测量，以保证电路或装置正常工作，同时判断别其性能的好坏、各项指标是否符合要求等。因此调试必须按一定的方法和步骤进行。

1. 调试的方法和步骤

(1) 不通电检查。电路安装完毕后，不要急于通电，应首先认真检查接线是否正确，包括多线、少线、错线等，尤其是电源线不能接错或接反，以免通电后烧坏电路或元器件。查线的方式有两种：一种是按照设计电路接线图检查安装电路，在安装好的电路中按电路图一一对照检查连线；另一种方法是按实际线路，对照电路原理图按两个元件接线端之间的连线去向检查。不管哪种方法，在检查中都要对已经检查过的连线做标记，使用万用表检查连线很有帮助。

(2) 直观检查。连线检查完毕后，直观检查电源、地线、信号线、元器件接线端之间有无短路，连线处有无接触不良，二极管、三极管、电解电容等有极性元器件引线端有无错接、反接，集成块是否插对。

(3) 通电检查。将经过准确测量的电源电压加入电路，但暂不接入信号源信号。电源接通之后不要急于测量数据和观察结果，首先要观察有无异常现象，包括有无冒烟、有无异常气味、触摸元件是否有发烫现象、电源是否短路等。如果出现异常，应立即切断电源，排除故障后方可重新通电。

(4) 分块调试，包括测试和调整两个方面。测试是在安装后对电路的参数及工作状态进行测量；调整则是在测试的基础上对电路的结构或参数进行修正，使之满足设计要求。

为了使测试能够顺利进行，设计的电路图上应标出各点的电位值，相应的波形以及其他参考数值。

调试方法有两种：第一种是边安装边调试，也就是把复杂的电路按原理图上的功能分块进行调试，在分块调试的基础上逐步扩大调试的范围，最后完成整机调试，这种方法称为分块调试。采用这种方法能及时发现问题和解决问题，这是常用的方法，对于新设计的电路更为有效。另一种是整个电路安装完毕后，实行一次性调试，这种方法适用于简单电路或定型产品。这里仅介绍分块调试。

分块调试是把电路按功能分成不同的部分，把每个部分看成一个模块进行调试。比较理想的调试程序是按信号的流向进行，这样可以把前面调试过的输出信号作为后一级的输入信号，为最后的联调创造条件。分块调试分为静态调试和动态调试。

静态调试一般指在没有外加信号的条件下测试电路各点的电位。例如，测试模拟电路的静态工作点，电子电路的各输入、输出电平及逻辑关系等，将测试获得的数据与设计值进行比较，若超出指标范围，应分析原因并进行处理。

动态调试可以利用前级的输出信号作为后级的输入信号，也可利用自身的信号来检查电路功能和各种指标是否满足设计要求，包括信号幅值、波形形状、相位关系、频率、放大倍数、输出动态范围等。模拟电路比较复杂，而对数字电路来说，由于集成度比较高，一般调试工作量不大，只要元器件选择合适，直流工作点状态正常，逻辑关系就不会有太大问题。一般是测试电平的转换和工作速度等。

把静态和动态的测试结果与设计的指标进行比较，经进一步分析后对电路参数实施合理的修正。

(5) 整机联调。对于复杂的电子电路系统，在分块调试的过程中，由于是逐步扩大调试范围，故实际上已完成了某些局部联调工作。只要做好各功能块之间接口电路的调试工作，再把全部电路接通，就可以实现整机联调。整机联调只需要观察动态结果，即把各种测量仪器及系统本身显示部分提供的信息与设计指标逐一比较，找出问题，然后进一步修改电路参数，直到完全符合设计要求为止。

调试过程中不能单凭感觉和印象，要始终借助仪器观察。使用示波器时，最好把示波器的信号输入方式置于"DC"挡，它是直流耦合方式，同时可以观察被测信号的交、直流成分。被测信号的频率应处在示波器能够稳定显示的频率范围内，如果频率太低，观察不到稳定波形时，应改变电路参数后测量。

2. 调试注意事项

(1) 测试之前要熟悉各种仪器的使用方法，并仔细检查，避免由于仪器使用不当或出现故障而做出错误判断。

(2) 测试仪器和被测电路应具有良好的公共地，只有使仪器和电路之间建立一个公共地参考点，测试的结果才准确。

(3) 调试过程中，发现器件或接线有问题需要更换或修改时，应关断电源，待更换完毕认真检查后方可重新通电。

(4) 调试过程中，不但要认真观察和检测，还要认真记录。包括记录观察的现象，测量的数据、波形及相位关系，必要时在记录中应附加说明，尤其是那些和设计不符合的现象更是记录的重点。依据记录的数据才能把实际观察的现象和理论预计的结果加以定量比较，从中发现问题，加以改进，最终完善设计方案。通过收集第一手资料可以帮助自己积累实际经验，切不可低估记录的重要作用。

(5) 安装和调试自始至终要有严谨的科学作风，不能抱有侥幸心理。出现故障时，不要手忙脚乱，马虎从事，要认真查找故障原因，仔细作出判断，切不可一遇到故障解决不了时就拆线重新安装。因为重新安装的线路仍然存在各种问题，况且原理上的问题也不是重新安装电路就能解决的。

3. 故障分析与处理

在实际训练过程中，电路故障常常不可避免。分析故障现象，解决故障问题，可以提高实践和动手能力。分析和排除故障的过程，就是从故障现象出发，通过反复测试，作出分析判断，逐步找出问题的过程。首先要通过对原理图的分析，把系统分成不同功能的电路模块，通过逐一测量找出故障所在区域，然后对故障模块区域内部加以测量并找出故障，即从一个系统或模块的预期功能出发，通过实际测量，确定其功能的实现是否正常来判断是否存在故障，然后逐步深入，进而找出故障并加以排除。

如果原来正常运行的电子电路使用一段时间出现故障，其原因可能是元器件损坏，或连线发生短路，也可能是使用条件的变化影响电子设备的正常运行。

1) 调试中常见的故障原因

(1) 实际电路与设计的原理图不符。

(2) 元器件使用不当。

(3) 设计的原理本身不满足要求。

(4) 误操作等。

2) 查找故障的方法

查找故障的通用方法是把合适的信号或某个模块的输出信号引到其他模块上，然后依次对每个模块进行测试，直到找到故障模块为止。查找的顺序可以从输入到输出，也可以从输出到输入。找到故障模块后，要对该模块产生故障的原因进行分析、检查。查找模块内部故障的步骤如下：

(1) 检查用于测量的仪器是否使用得当。

(2) 检查安装的线路与原理是否一致，包括连线、元件的极性及参数、集成电路的安装位置是否正确等。

(3) 测量元器件接线端的电源电压。使用接插板做实验出现故障时，应检查是否因接线端不良而导致元器件本身没有正常工作。

(4) 断开故障模块输出端所接的负载，可以判断故障是来自模块本身还是负载。

(5) 检查元器件使用是否得当或已经损坏。在实践中大量使用的是中规模集成电路，由于它的接线端比较多，使用时会将接线端接错，从而造成故障。在电路中，由于安装前经过调试，元器件损坏的可能性很小。如果怀疑某个元器件损坏，必须对该元器件进行单独测试，并更换已损坏的元器件。

(6) 反馈回路的故障判断是比较困难的，因为它是将输出信号的部分或全部以某种方式送到模块的输入端口，使系统形成一个闭环回路。在这个闭环回路中只要有一个模块出故障，则整个系统都存在故障现象。查找故障需要把反馈回路断开，接入一个合适的输入信号使系统成为一个开环系统，然后再逐一查找发生故障的模块及故障元器件等。

前面介绍的通用方法对一般电子电路都适用，但它具有一定的盲目性，效率也低。对于自己设计的系统或非常熟悉的电路，可以采用观察判断法，通过对仪器、仪表观察的结果直接判断故障发生的原因和部位，从而准确、迅速地找到故障并加以排除。

在电路中，当某个元器件静态正常而动态有问题时，往往会认为这个元器件本身有问题，其实有时并非如此，遇到这种情况不要急于更换器件。首先应检查电路本身的负载能力及提供输入信号的信号源的负载能力。把电路的输出端负载断开，检查是否工作正常，若电路空载时工作正常，说明电路负载能力差，需要调整电路。如断开负载电路仍不能正常工作，则要检查输入信号波形是否符合要求。

由于诸多因素的影响，原来的理论设计可能要作修改，选择的元器件需要调整或改变参数，有时可能还要增加一些电路或元器件，以保证电路能稳定地工作。因此调试之后很可能要对所确定的方案再作修改，最后完成实际的总体电路，制作出符合设计要求的电子设备。

2.7　电子电路的干扰及抑制

　　干扰会影响电子电路的稳定可靠工作，尤其是在工作条件恶劣、干扰源很强且复杂的场合中。因此，干扰和抗干扰成为电子电路设计者及使用者必然遇到的难题，它与具体电路和应用环境有着密切的关系。下面介绍电子电路中一些常见的干扰和抗干扰措施。

2.7.1　电子电路中常见的干扰

　　干扰都有源，干扰源可来自电子系统内部，亦可来自电子系统外部。电子系统内的噪声信号，尤其是功率级内高频振荡电路和功率级开关电路所产生的噪声信号是构成系统内部干扰的主要干扰源。电子系统周围的大功率电子设备(如大功率电机、电焊机、高频炉、负荷开关、大功率发射设备等)的启停，以及自然雷电所产生的干扰信号等等，是电子系统外部干扰的主要干扰源。

　　抗干扰技术主要是在干扰进入电子系统的通道上采取抑制措施。根据干扰传播通道，干扰主要分为四种：① 来自电网的干扰；② 来自地线的干扰；③ 来自信号通道的干扰；④ 来自空间电磁辐射的干扰。

　　上述四种干扰，危害性最大的是来自电网的干扰和来自地线的干扰，其次为来自信号通道的干扰，而来自空间辐射的干扰一般不太严重，只要电子系统与干扰源保持一定距离或采取适当的屏蔽措施(如加屏蔽罩、屏蔽线等)，就可以基本解决。因此，下面只重点介绍前面三种干扰及其抗干扰措施。

2.7.2　电子电路中常见的抗干扰措施

1. 干扰源抑制

1) 抑制杂散电磁干扰源

　　当杂散电磁场分布在放大电路周围时，不稳定的磁场和电场会对放大电路的重要元器件和输入电路形成电压干扰。当放大器和干扰源的输入电路间出现了杂散电容时，就会形成较强的干扰电流回路。干扰电流经过放大器的输入电阻就会形成干扰电压。当干扰电场较大时，强烈的干扰电压就会影响放大器的安全运行。

　　杂散电磁干扰源的抗干扰技术如下：

　　(1) 屏蔽。可采用磁屏蔽和静电屏蔽两种屏蔽方法来降低外界干扰。屏蔽结构可采用屏蔽罩对受干扰元件或干扰源进行屏蔽，并注意采用金属套屏蔽线对多级放大器的第一级输入线进行屏蔽，同时要做好屏蔽线外套的接地。

　　(2) 恰当布线。要分开布置交流电源线和放大器的输入线与输出线，尽量避免采用平行走线。另外要控制输入走线长度，输入走线的长度越短，其受到干扰的可能性就越小。

　　(3) 布局合理。在进行放大器的结构布线时，要注意将电源变压器，尤其是某些含有强漏散磁场的铁磁稳压器尽可能与放大器的一级输入电路进行远距离隔离。在变压器安装过程中要注意对安装位置的选择，尽量选择不易对放大器产生干扰的位置。如果安装含有输入变压器的放大器，安装时应当保证输入变压器的线圈垂直于干扰磁场，以使感应干扰电压尽可能减小。

2) 抑制地线干扰源

信号地是指逻辑电路、控制电路和信号电路的地线。通常为了防止各级电流在通过地线时相互之间形成干扰，尤其是数字电流对模拟电流形成干扰和末级电流对一级电流形成反馈干扰，会运用地线割裂法对地线回路进行设置。

地线干扰源的抗干扰技术如下：

(1) 多点接地。一般采用宽铜皮镀银作为接地母线，为了尽可能降低阻抗影响，会将全部电路的地线都连接到与之相近的接地母线上。此种接入方式在数字电路中比较常用。其系统一般会有多块印制板构成，利用机架上的接地母线将所有的地线连接在一起，然后将接地母线一端直接与直流电源连接，从而形成公共接地点。

(2) 单点接地。一般会将所有电路的地线都接入到一个点上，此种方法的显著优势是无地环流，且接地点只受到该电路的地阻抗和地电流的影响。其工作原理是当各电路拥有较小的电流时，地线中的电压也会相对较小，而相邻两电路利用单点接地方式，由于地线短、电位差小，因此线路会受到较小的干扰。

(3) 数字接地和模拟接地。通常情况下电子电路中会同时包含模拟信号和数字信号两种，而数字电路在开关状态工作中会形成较大的电流波动起伏，如果仍运用电耦合的方式进行信号之间的耦合，就会引起地线之间的干扰，使模数转换出现故障。若要避免此种干扰，应当采用两种整流电路分别对数字信号和模拟信号进行供给，并通过光耦合器对两信号进行耦合，如此可以实现地线间的隔离。

(4) 串联接地。将所有电路都接在一条公共地线上，各电路的电流之和即为公共地线的电流。各电路的地线电位都受到其他电位的影响，噪声会经过公共地线进行耦合。此种连接方法从避免噪声和干扰的角度来看是不恰当的，然而其接线方式简单方便，因此也被经常采用，尤其在印刷电路设计上比较常用。

2. 抑制传播通道干扰

1) 抑制电网干扰

通常大部分的电子电路直流电源都是利用变压器对电网交流电源进行变压、整流、滤波、稳压等过程，形成相应的直流电压。如果交流电网的负载出现突然变化时，地线和交流电源线将会形成高频段的干扰电压，其生成的高频电流会通过放大电路、稳压电源等由地线流回到电网。高频电路不仅会顺着导线进行流动，还会通过分布电容的通路进行流动，而受干扰最严重的部分便是变压器的分布电容处。

电网干扰的抗干扰技术有：

(1) 采用"浮地"接线方式。即隔离直流地线和交流地线，且仅将交流地线接入到大地中。此种方式能够有效降低交流干扰对公共地线串的影响。

(2) 利用双 T 滤波器。双 T 滤波器的主要特点是能够防止多固定频率的干扰信号侵入到电子电路中，主要用在整流电路的后部。

(3) 利用 $0.01\sim0.2\ \mu\mathrm{F}$ 无极性电容，并分别在集成块的电源引脚和直流稳压电源的输入端和输出端接入，从而将高频干扰过滤掉。

(4) 在稳压电源中，将屏蔽层添加到电源变压器中，对屏蔽层进行良好接地，就可以使分布电容值降低，从而防止高频信号进入到电源变压器中形成干扰。

2) 抑制信号通道干扰

在较远距离的通信、控制和测量中，如果使用了较长的电子系统的输入线和输出线，且线间距离较小，那么信号在传输过程就极可能受到干扰，从而引起信号的失常或畸变，阻碍电子电路的正常运行。长线信号传输过程中可能受到的干扰有长线信号地线干扰、附近空间磁场引起的感应干扰等。

信号通道干扰的抗干扰技术有：

(1) 使用光电耦合传输。

(2) 使用双绞线传输。

此两种方式都能够很好地防止信号地线干扰和空间电磁干扰。

第 3 章　Multisim 14 的安装及菜单栏

【教学提示】本章主要介绍 Multisim 14 的安装、基本界面、菜单栏和工具栏等基础内容。

【教学要求】初步掌握 Multisim 14 的安装，熟悉其基本界面、菜单栏和工具栏结构及功能。

【教学方法】教师指导与学生自学相结合，以学生实操为主。

Multisim 是美国国家仪器公司(National Instruments，NI)推出的一款优秀的电子仿真软件。它是以 Windows 为基础的仿真工具，适用于板级的模拟/数字电路板的设计工作，易学易用。它包含了电路原理图的图形输入、电路硬件描述语言输入方式，具有丰富的仿真分析能力。

Multisim 的主要功能如下：

(1) Multisim 是一个原理电路设计、电路功能测试的虚拟仿真软件。

(2) Multisim 的元器件库提供数千种电路元器件。基本器件库包含电阻、电容等多种元器件，且库中虚拟元器件的参数可以任意设置，非虚拟元器件的参数是固定的。

(3) Multisim 的虚拟测试仪器、仪表种类齐全，有通用仪器，如万用表、函数信号发生器、双踪示波器、直流电源等，还有专用仪器，如波特图仪、逻辑分析仪、逻辑转换器、失真仪、频谱分析仪和网络分析仪等。

(4) Multisim 有较为详细的电路分析功能，可以完成电路的瞬态和稳态、时域和频域、器件的线性和非线性、电路的噪声和失真、离散傅里叶、电路零-极点、交直流灵敏度等电路分析方法，以帮助设计人员分析电路的性能。

(5) Multisim 可以设计、测试和演示各种电子电路，包括模拟电路、数字电路、射频电路及微控制器和接口电路等。可以对被仿真电路中的元器件设置各种故障，如开路、短路和不同程度的漏电等，从而观察不同故障情况下的电路工作状况。在仿真时，还可以存储测试点的所有数据，列出被仿真电路的所有元器件清单，存储测试仪器的工作状态，显示波形和具体数据等。

Multisim 软件具有以下特点：① 设计与实验可以同步进行，即边设计边实验，修改调试方便；② 设计和实验用的元器件及测试仪器仪表齐全，可以完成各种类型的电路设计与实验；③ 可方便地对电路参数进行测试和分析；④ 可直接打印输出实验数据、测试参数、曲线和电路原理图；⑤ 实验中不消耗实际的元器件，实验所需元器件的种类和数量不受限制，实验成本低，速度快，效率高；⑥ 设计和实验成功的电路可以直接在产品中使用。

本章将以 Multisim 14 版本为例，介绍其安装方法及界面。

3.1　Multisim 14 的安装步骤

(1) 选中"Multisim 14.0"压缩包,鼠标右击选择"解压到'Multisim 14.0'",如图 3.1.1 所示。

(2) 鼠标双击打开解压后的"Multisim 14.0"文件夹,如图 3.1.2 所示。

　　　　图 3.1.1　解压文件夹　　　　　　　　　　　图 3.1.2　打开文件夹

(3) 在"Multisim 14.0"文件夹中找到"NI_Circuit_Design_Suite_14_0.exe",鼠标右击选择"以管理员身份运行",如图 3.1.3 所示。

图 3.1.3　打开安装包

(4) 在弹出的对话框中点击"确定"按钮,如图 3.1.4 所示。

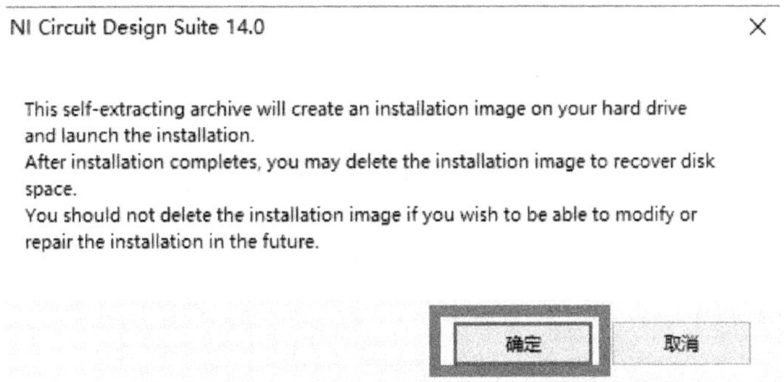

图 3.1.4　点击"确定"按钮

(5) 点击"Unzip"按钮,如图 3.1.5 所示。

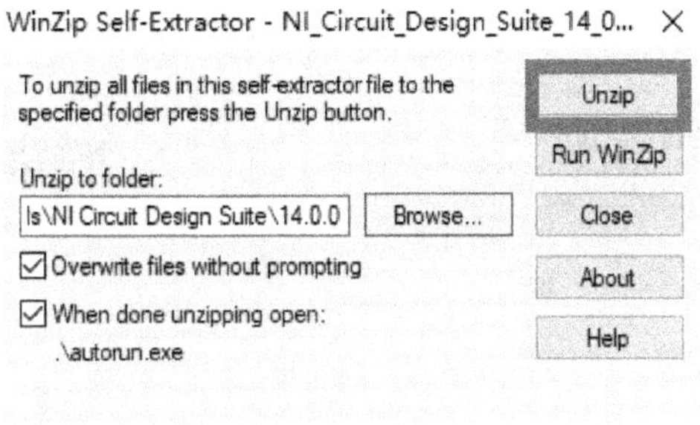

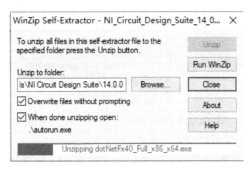

图 3.1.5　点击"Unzip"按钮

(6) 等待软件安装,如图 3.1.6 所示。

图 3.1.6　等待软件安装完成

(7) 点击"确定"按钮,如图 3.1.7 所示。

图 3.1.7　点击"确定"按钮

(8) 点击"Install NI Ci rcuit Design Suite 14.0"，如图 3.1.8 所示。

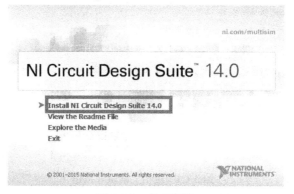

图 3.1.8 点击安装

(9) 填写对话框"Full Name"和"Organization"，然后点击"Next"按钮，如图 3.1.9 所示。

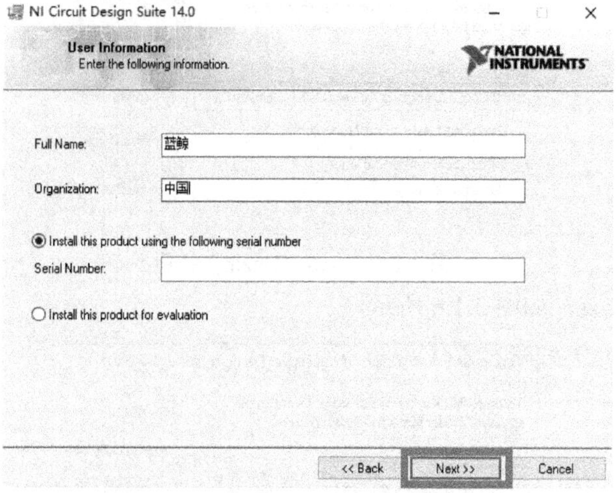

图 3.1.9 填写信息

(10) 点击"否"按钮，如图 3.1.10 所示。

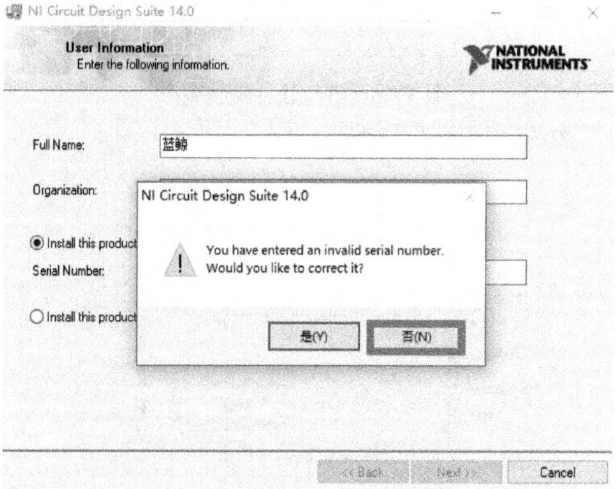

图 3.1.10 点击"否"按钮

(11) 点击"Browse"更改软件的安装目录，建议安装在除 C 盘之外的其他磁盘，可以在 D 盘或者其他盘新建一个"Multisim 14.0"文件夹，然后点击"Next"按钮，如图 3.1.11 所示。

图 3.1.11　选择安装位置

(12) 点击"Next"按钮，如图 3.1.12 所示。

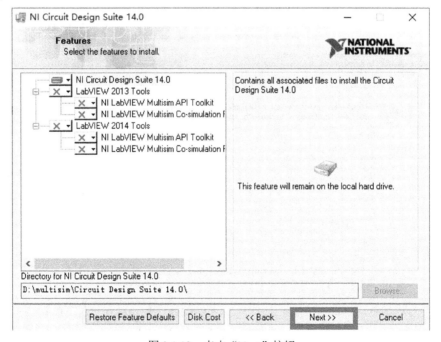

图 3.1.12　点击"Next"按钮

(13) 点击"Next"按钮，如图 3.1.13 所示。

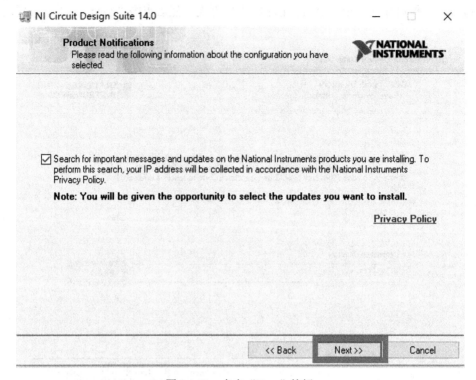

图 3.1.13　点击"Next"按钮

(14) 点击"Next"按钮，如图 3.1.14 所示。

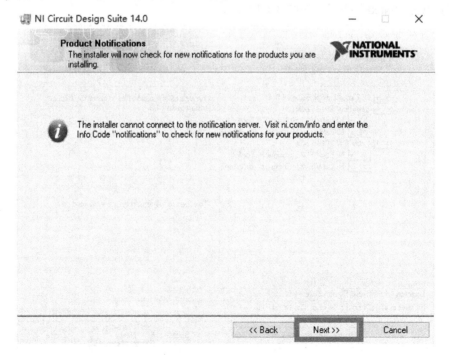

图 3.1.14　点击"Next"按钮

(15) 选择"I accept the above 2 License Agreement(s)."，然后点击"Next"按钮，如图 3.1.15 所示。

图 3.1.15　点击"Next"按钮

(16) 点击"Next"按钮，如图 3.1.16 所示。

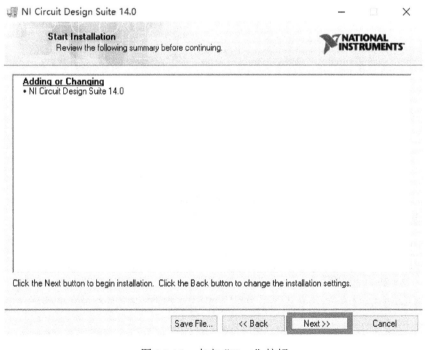

图 3.1.16　点击"Next"按钮

(17) 软件安装中，如图 3.1.17 所示。

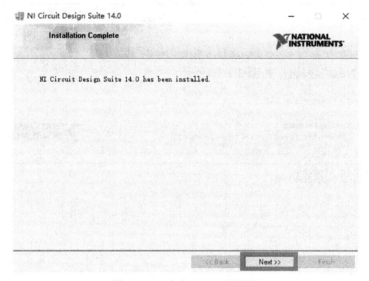

图 3.1.17 等待软件安装

(18) 点击"Next"按钮，如图 3.1.18 所示。

图 3.1.18 点击"Next"按钮

(19) 点击"No"按钮，如图 3.1.19 所示。

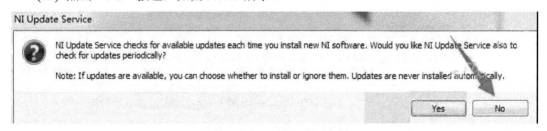

图 3.1.19 点击"No"按钮

(20) 点击"Restart Later"按钮，如图 3.1.20 所示。

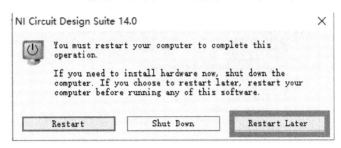

图 3.1.20　点击"Restart Later"按钮

(21) 在最开始解压的"Multisim 14.0"文件夹中，找到"NI License Activator v1.2"，鼠标右击选择"以管理员身份运行"，如图 3.1.21 所示。

图 3.1.21　运行软件

(22) 鼠标右击"Base Edition"，然后左键单击"Activate"，如图 3.1.22 所示。

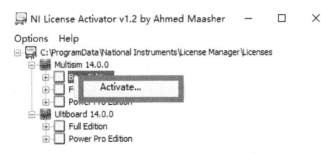

图 3.1.22　点击"Activate"

(23) 鼠标右击"Full Edition"，然后左键单击"Activate"，如图 3.1.23 所示。

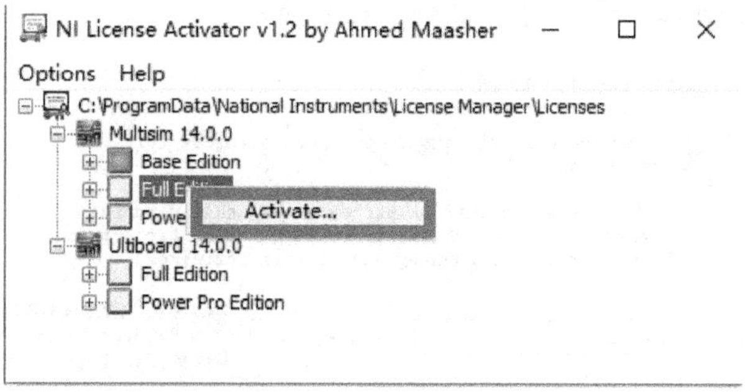

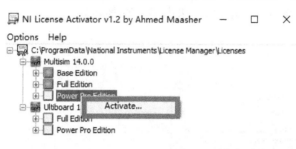

图 3.1.23　点击"Activate"

(24) 鼠标右击"Power ProEdition"，然后左键单击"Activate"，如图 3.1.24 所示。

图 3.1.24　点击"Activate"

(25) 鼠标右击"Full Edition"，然后左键单击"Activate"，如图 3.1.25 所示。

图 3.1.25　点击"Activate"

(26) 鼠标右击"Power ProEdition"，然后左键单击"Activate"，如图 3.1.26 所示。

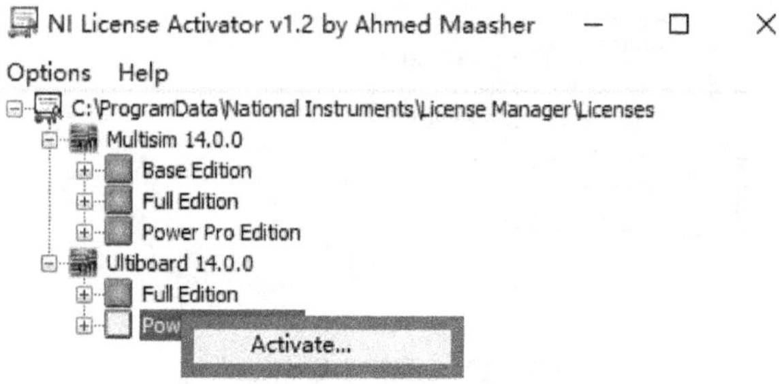

图 3.1.26　点击"Activate"

(27) 关闭"NI License Activator v1.2",如图 3.1.27 所示。

图 3.1.27 关闭"NI License Activator v1.2"

(28) 在最开始解压的"Multisim 14.0"文件夹中找到"Chinese-simplified"文件夹,点击鼠标右键,选择"复制"命令,如图 3.1.28 所示。

图 3.1.28 选择"复制"

(29) 在"开始"菜单"最近添加"下找到"Multisim 14.0",用鼠标将其拖到桌面即可创建快捷方式,如图 3.1.29 所示。

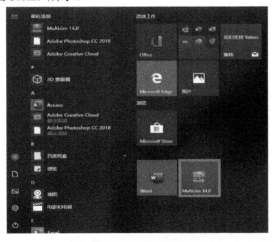

图 3.1.29 将图标拖至桌面

(30) 用鼠标右击快捷方式，选择"打开文件所在的位置"，如图 3.1.30 所示。

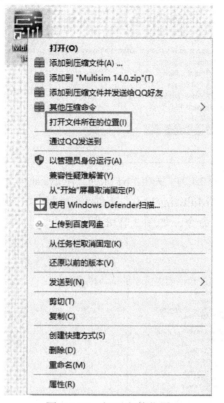

图 3.1.30　打开文件位置

(31) 找到"stringfiles"文件夹，双击打开，如图 3.1.31 所示。

图 3.1.31　打开指定文件夹

(32) 鼠标右击任意空白地方，选择"粘贴"命令，将复制的"Chinese-simplified"文件夹粘贴到"stringfiles"文件夹中，如图 3.1.32 所示。

图 3.1.32　复制到指定文件夹

(33) 在桌面双击打开"Multisim 14.0"，如图 3.1.33 所示。

图 3.1.33　打开 Multisim 14.0

(34) 安装完成，打开软件，其运行界面如图 3.1.34 所示。

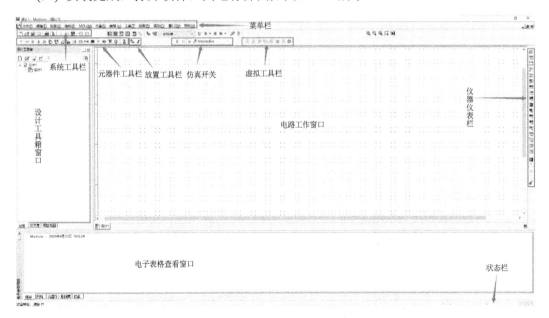

图 3.1.34　软件运行界面

3.2　Multisim 14 的菜单栏

3.2.1　Multisim 14 的主菜单栏

Multisim 14 的菜单栏有 12 个主菜单，如图 3.2.1 所示，菜单中提供了 Multisim 中的绝大部分功能命令。

📄 文件(F)　编辑(E)　视图(V)　绘制(P)　MCU(M)　仿真(S)　转移(n)　工具(T)　报告(R)　选项(O)　窗口(W)　帮助(H)

图 3.2.1　Multisim 14 的主菜单栏

1. "文件"菜单

"文件"菜单提供文件操作命令，如打开、保存和打印等。"文件"菜单中的命令及功能如图 3.2.2 所示。

2. "编辑"菜单

"编辑"菜单在电路绘制过程中提供对电路和元器件进行剪切、粘贴、旋转等操作命令，"编辑"菜单中的命令及功能如图 3.2.3 所示。

图 3.2.2　"文件"菜单

图 3.2.3　"编辑"菜单

3. "视图"菜单

"视图"菜单提供用于控制仿真界面显示的操作命令。"视图"菜单中的命令及功能如图 3.2.4 所示。

4. "绘制"菜单

"绘制"菜单提供在电路工作窗口内放置元器件、连接点、总线和文字等命令。"绘制"菜单中的命令及功能如图 3.2.5 所示。

图 3.2.4　"视图"菜单　　　　　图 3.2.5　"绘制"菜单

5. "MCU"菜单

"MCU"(微控制器)菜单提供在电路工作窗口内 MCU 的调试操作命令。"MCU"菜单中的命令及功能如图 3.2.6 所示。

图 3.2.6　"MCU"菜单

6. "仿真"菜单

"仿真"菜单提供电路仿真设置与操作命令。"仿真"菜单中的命令及功能如图3.2.7所示。

7. "转移"菜单

"转移"菜单提供传输命令。"转移"菜单中的命令及功能如图3.2.8所示。

图3.2.7 "仿真"菜单   图3.2.8 "转移"菜单

8. "工具"菜单

"工具"菜单提供元器件和电路编辑或管理命令。"工具"菜单中的命令及功能如图3.2.9所示。

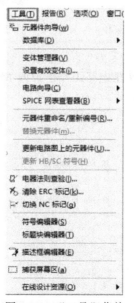

图3.2.9 "工具"菜单

9. "报告"菜单

"报告"菜单提供材料清单报告命令。"报告"菜单中的命令及功能如图 3.2.10 所示。

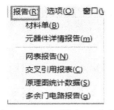

图 3.2.10　"报告"菜单

10. "选项"菜单

"选项"菜单可以设定电路的某些功能。"选项"菜单中的命令及功能如图 3.2.11 所示。

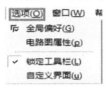

图 3.2.11　"选项"菜单

11. "窗口"菜单

"窗口"菜单提供窗口操作命令。"窗口"菜单的命令及功能如图 3.2.12 所示。

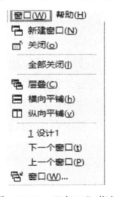

图 3.2.12　"窗口"菜单

12. "帮助"菜单

"帮助"菜单为用户提供在线技术帮助和使用指导。"帮助"菜单中的命令及功能如图 3.2.13 所示。

图 3.2.13　"帮助"菜单

3.2.2　Multisim 14 的"文件"菜单和"仿真"菜单

Multisim 14 常用的工具栏有"文件"菜单和"仿真"菜单，分别如图 3.2.14 和图 3.2.15 所示。

图 3.2.14　"文件"菜单用到的功能　　　图 3.2.15　"仿真"菜单用到的功能

在"文件"菜单中，点击"设计"按钮，可以进行电路的搭建。点击"打开"按钮，可以打开以前保存过的电路搭建图。点击"保存""另存为"或"全部保存"按钮，可以保存搭建好的电路图。其中，"保存"按钮用于将电路图保存到默认位置；"另存为"按钮用于将电路图保存到指定位置；"全部保存"按钮用于将搭建好的多个电路图一起保存到指定位置。点击"最近设计"和"最近项目"按钮，可以显示最近设计的电路图和最近建立的项目。点击"退出"按钮可以关闭软件。

实验电路搭建完毕，在"仿真"菜单中，点击"运行"按钮进行仿真。需要记录数据时，点击"暂停"按钮后观察和记录数据。全部实验都完成后，点击"停止"按钮可以停止实验。

第 4 章　Multisim 14 的元器件库

【教学提示】本章主要介绍 Multisim 14 的元器件库，涉及元器件工具栏、元器件的操作、元器件的调取或放置、导线操作等内容。

【教学要求】了解元器件库中可调取的元器件类型，熟练掌握元器件的调取方法，包括元器件属性和参数的修改等。

【教学方法】教师指导与学生自学相结合，以学生实操为主。

4.1　元器件工具栏

Multisim 14 提供了丰富的元器件库。元器件工具栏如图 4.1.1 所示。

图 4.1.1　元器件工具栏

工具栏图标名称如下：

- ＋：电源/信号源(Source)库
- ⋙：基本(Basic)元器件库
- ⊬：二极管(Diode)库
- ⟆：晶体管(Transistor)库
- ⟆：模拟元器件(Analog Component)库
- ⟆：TTL 数字集成电路库
- ⟆：CMOS 数字集成电路库
- ⟆：其他数字元器件(Misc Digital Component)库
- ⟆：数模混合元器件(Mixed Component)库
- ⊡：指示元器件(Indicators Component)库
- ⟆：功率(Power)元器件库
- MISC：其他(Misc)元器件库
- ⟆：高级外设(Advanced-peripheral)元器件库
- Ｙ：RF 元器件库
- ⟆：机电元器件(Electro-mechanical Component)库
- ⟆：NI 元器件库
- ⟆：接口(Connector)元器件库
- ⟆：微控制器(Mcu)库

点击元器件工具栏上的按钮就可以从元器件库里选取需要的元器件。以"基本(Basic)元器件库"为例，点击"⋙"按钮，出现如图 4.1.2 所示的对话框。在"系列"下拉菜单中选择所用的元器件，在"元器件"中选择所用元器件的参数或型号，选好之后点击"确认"按钮，将元器件放置到合适位置。实验电路中所用的元器件均可通过这种方式进行查找和添加。

图 4.1.2　添加元器件的对话框

4.2　元器件的基本操作

4.2.1　设置元器件标识、标称值、名称等字体

选择"选项"→"电路图属性"→"字体"命令，如图 4.2.1 所示，或者在电路窗口内单击鼠标右键选择"字体"选项，如图 4.2.2 所示，可以为电路中显示的各类文字设置大小和风格。

图 4.2.1　"字体"对话框

图 4.2.2　"字体"选项

4.2.2　元器件的搜索、报告与查看

1. "搜索" 按钮

在"选择一个元器件"界面有一个"搜索"按钮，如图 4.2.3 所示。本按钮的功能是搜索元器件，单击该按钮，系统弹出"元器件搜索"对话框，如图 4.2.4 所示。在文本框中输入元器件的相关信息即可查找到需要的元器件。

图 4.2.3　"搜索"按钮

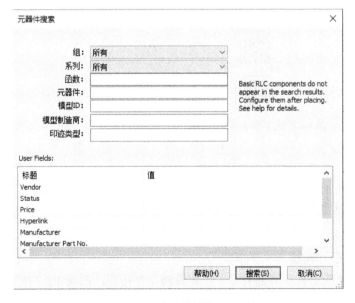

图 4.2.4　"元器件搜索"对话框

2. "详情报告" 按钮

在"选择一个元器件"界面有一个"详情报告"按钮,如图4.2.5所示。本按钮的功能是列出此元器件的详细列表,单击该按钮出现图4.2.6所示的"报告窗口"。

图 4.2.5　"详情报告" 按钮

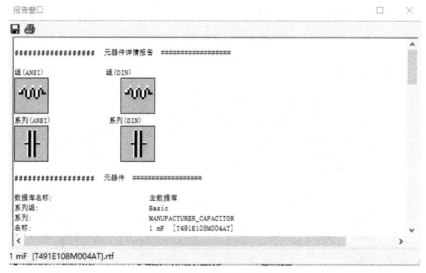

图 4.2.6　"报告窗口"

3. "查看模型" 按钮

在"选择一个元器件"界面有一个"查看模型"按钮,如图4.2.7所示。本按钮的功能是列出此元器件的性能指标,单击此按钮出现图4.2.8所示的"模型数据报告"窗口。

图 4.2.7　"查看模型"按钮

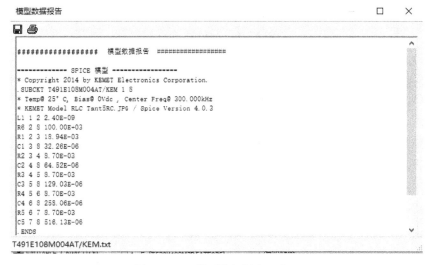

图 4.2.8　"模型数据报告"窗口

4.2.3　对选择的元器件进行操作

1. 移动一个已经放好的元器件

可以用下列方法之一将已经放好的元器件移到其他位置：

(1) 用鼠标拖动这个元器件。

(2) 选中元器件，按住键盘上的箭头键可以使元器件上下左右移动。

2. 复制/替换一个已经放置好的元器件

1) 复制已放好的元器件

选中此元器件，然后单击鼠标右键，从弹出的菜单中选择"复制"命令，如图 4.2.9 所示。被复制的元器件的影像跟随光标移动，在合适的位置单击鼠标放下元器件。一旦元器件被放下，还可以用鼠标把它拖到其他位置，或者通过快捷键来剪切(Ctrl + X)、复制(Ctrl + C)和粘贴(Ctrl + V)元器件。

图 4.2.9　"复制"命令

2) 替换已放好的元器件

选中此元器件，双击此元器件(Ctrl + M)，会出现相应的元器件属性对话框，如图 4.2.10 所示。使用窗口左下方的"替换"按钮可以很容易地替换已经放好的元器件。

图 4.2.10　"替换"命令

在图 4.2.10 所示属性对话框中，还可进行标签、显示、值、故障、管脚、变体、用户字段等多项设置。

3. 元器件的旋转与翻转

首先选中该元器件，然后单击鼠标右键或者选择菜单"编辑"→"方向"命令，再根据需要将所选择的元器件顺时针或逆时针旋转 90°，或进行水平翻转、垂直翻转等操作，如图 4.2.11 所示。

图 4.2.11　旋转与翻转命令

4. 设置元器件的颜色

打开菜单"选项"→"电路图属性"→"颜色"窗口对元器件的颜色和电路窗口的背景颜色进行设置。更改一个放好的元器件的颜色，在该元器件上单击鼠标右键，在弹出的菜单中选择"颜色"选项，从调色板中选择一种颜色，再单击"确认"按钮，元器件变成该颜色，如图 4.2.12 和图 4.2.13 所示。

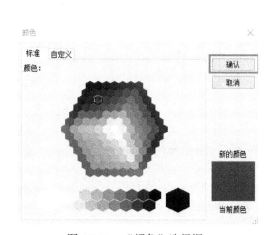

图 4.2.12　"颜色"命令　　　　　　图 4.2.13　"颜色"选择框

5. 从电路中寻找元器件

在电路窗口中快速查找元器件，可以选择菜单"编辑"→"查找"命令，如图 4.2.14 所示，系统弹出"查找"对话框，如图 4.2.15 所示。

图 4.2.14　"查找"命令　　　　　　　图 4.2.15　"查找"对话框

在对话框内输入要查找的元器件名称，单击"查找"按钮，查找结果将显示在电路窗口下方出现的扩展页栏中，如图 4.2.16 所示。在查找结果中双击查找结果，或单击鼠标右键选择"前往"选项，查找到的器件将在电路图中突出显示出来，而电路图其他部分则变为灰色显示，如图 4.2.17 所示。若需要电路图恢复正常显示状态，可在电路图中任意地方单击鼠标即可。

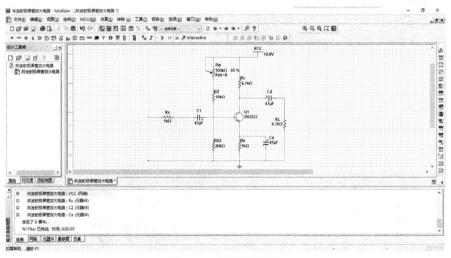

图 4.2.16　查找元器件

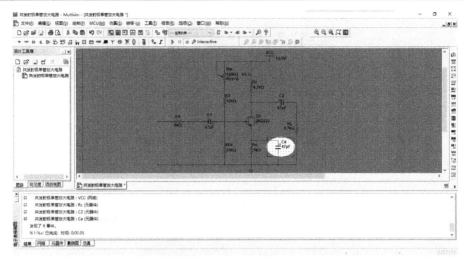

图 4.2.17　查找结果

在扩展栏的"元器件"选项卡中，当前电路中的元器件信息以表格的形式提供给用户，如图 4.2.18 所示。按下"Shift"键可以选择多个元器件，此时所有被选中的元器件在电路窗口中也将被选中。

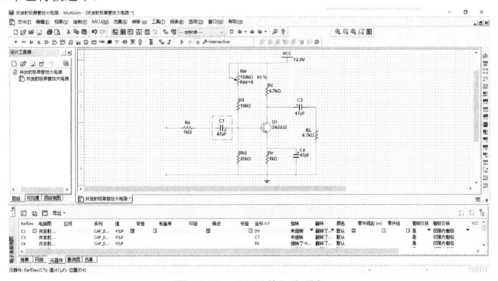

图 4.2.18　"元器件"选项卡

6. 元器件的标识

Multisim 14 为元器件、网络和引脚分配了标识，用户也可以更改、删除元器件或网络的标识。这些标识可在元器件编辑窗口中设置，还可以为标识选择字体风格和大小。

1) 更改元器件属性

对大多数的元器件来讲，标识和流水号由 Multisim 14 分配给元器件，也可以在元器件的"元器件属性"对话框的"标签"选项卡中指定。

为调用的元器件指定标识和流水号，双击元器件，出现元器件属性对话框后再单击"标签"选项卡，如图 4.2.19 所示。

图 4.2.19　"标签"对话框

可在"RefDes"文本框和"标签"文本框中输入或修改标识和流水号(只能由数字和字母构成,一律不允许有特殊字符或空格),可在"特性"列表框中输入或修改元器件的特性(可以进行任意命名和赋值)。例如,可以给元器件命名为制造商的名字,也可以是个有意义的名称。在"显示"复选框中可以选择需要显示的属性,相应的属性便和元器件一起显示出来。若退出修改,单击"取消"按钮;若保存修改,单击"确认"按钮。

2) 更改导线的网络编号

Multisim 14 自动为电路中的网络分配网络编号,用户也可以更改或移动这些网络编号。更改网络编号的方法为双击导线,出现"网络属性"对话框,如图 4.2.20 所示,可以在此对网络进行设置。若保留设置,单击"确认"按钮,否则单击"取消"按钮。

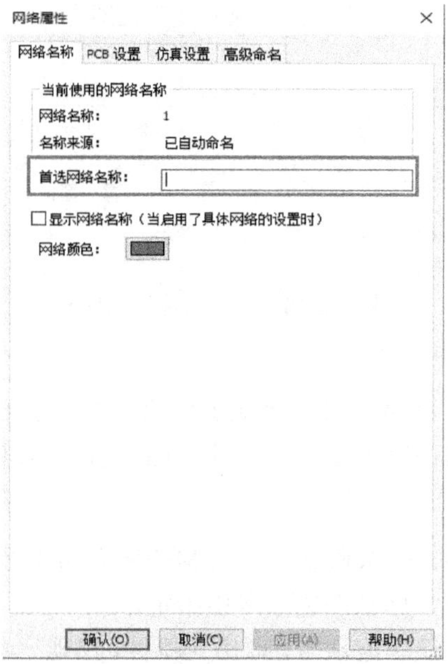

图 4.2.20　修改网络编号

3) 添加备注

Multisim 14 允许用户为电路添加备注，例如说明电路中的
某一特殊部分等。

添加备注的步骤为选择菜单"绘制"→"文本"命令，如
图 4.2.21 所示。单击想要放置文本的位置，出现光标，在该位
置输入文本，单击电路窗口的其他位置，结束文本输入。

4) 添加说明

除了给电路的特殊部分添加文字说明外，还可以为电路添加
一般性的说明内容，这些内容可以被编辑、移动或打印。所以在
一张电路图里可以按需要放置多处文字，而"说明"是独立存放
的文字，并不出现在电路图里，其功能是对整张电路图的说明，
所以在一张电路图里只有一个说明。添加说明的步骤如下：

(1) 选择菜单"工具"→"标题块编辑器"命令，出现添
加文字说明的对话框，如图 4.2.22 所示。

(2) 在对话框中直接输入文字。

(3) 输入完成后，单击关闭按钮退出文字说明编辑窗口，

图 4.2.21　"文本"命令

返回电路窗口。单击电路窗口页直接切换到电路窗口，无须关闭文字说明编辑窗口。

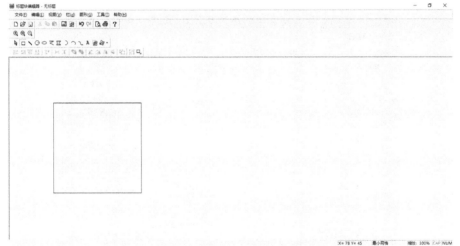

图 4.2.22　"标题块编辑器"对话框

4.3　放置元器件

4.3.1　放置电阻与电位器

1. 放置电阻

双击桌面的 Multisim 14 图标，出现如图 4.3.1 所示的界面。

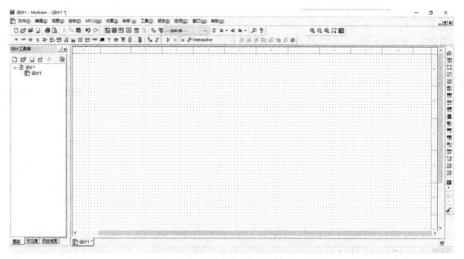

图 4.3.1　Multisim 14 的启动页面

单击元器件工具栏中的 ⚡ 按钮，弹出"选择一个元器件"对话框，如图 4.3.2 所示。在"系列"下拉菜单中选择"RESISTOR"系列，在"元器件"里选择"1k"，单击"确认"按钮，将电阻拖到电子平台上合适的位置。继续单击"确认"按钮，拖出电路所需要的所有固定电阻放置在平面上。也可采用调出一个电阻后，用"复制""粘贴"的方法放置其他电阻。

图 4.3.2　选择电阻

双击其中任一个电阻，弹出"电阻器"对话框，单击"电阻(R)"栏右侧的下拉箭头，拉动滚动条选取"10k"，或者将"1k"拖黑，直接修改为"10k"，单击对话框下方"确认"按钮退出，就可以将电阻 R 由原来的"1k"修改为"10k"，如图 4.3.3 所示。单击"标签"将参考标识"R1"修改为所要求的电阻名称,如"R2",如图 4.3.4 所示。

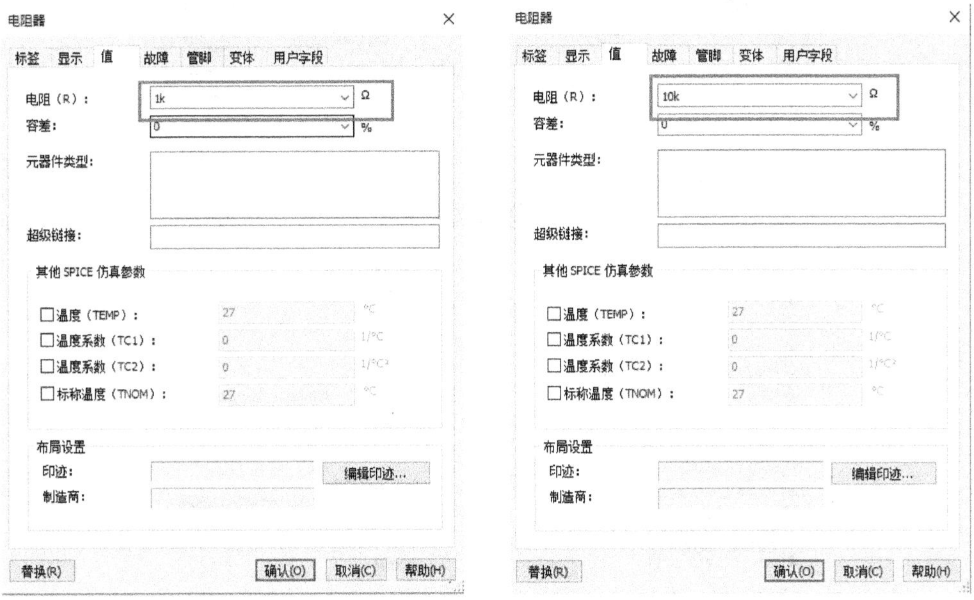

(a) 修改前　　　　　　　　　　　　　　(b) 修改后

图 4.3.3　修改电阻值

(a) 修改前　　　　　　　　　　　　　　(b) 修改后

图 4.3.4　修改电阻的标签

2. 放置电位器

单击元器件工具栏中的 按钮,弹出"选择一个元器件"对话框。在"系列"下拉菜单中选择"POTENTIOMETER"系列,在"元器件"里选择任意一个阻值,单击"确认"按钮,将电位器拖到电子平台上合适的位置,如图 4.3.5 所示。

图 4.3.5 选择电位器

双击电位器图标，弹出"电位器"对话框，修改电位器参数为"100k"，如图 4.3.6 所示。单击"标签"将参考标识"R1"修改为电路图中电位器的名称，如"Rw"，如图 4.3.7 所示。将鼠标移近电位器时将出现电位器的滑动槽和滑动块，如图 4.3.8 所示。按住鼠标左键使滑动块在滑动槽中左右移动，同时电位器的百分比也跟着变化，从而改变电位器的阻值(按键盘上的"A"键同样能改变电位器的百分比和阻值)。

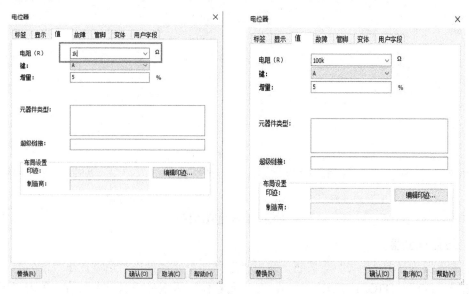

(a) 修改前　　　　　　　　　　(b) 修改后

图 4.3.6 修改电位器的参数值

(a) 修改前　　　　　　　　　　　(b) 修改后

图 4.3.7　修改电位器的标签

图 4.3.8　用鼠标控制电位器

4.3.2　放置电容与电感

1. 放置电容

单击元器件工具栏中的 ⟋⟍⟍ 按钮，弹出"选择一个元器件"对话框，如图 4.3.9 所示。在"系列"下拉菜单中选择"CAPACITOR"系列，在"元器件"里选择"1μ"，单击"确认"按钮，将电容拖到电子平台上合适的位置。双击电容弹出"电容器"对话框，在"电容(C)"栏将"1μ"修改为"47μ"，如图 4.3.10 所示。同时修改电容标签，如图 4.3.11 所示。

图 4.3.9　选择电容

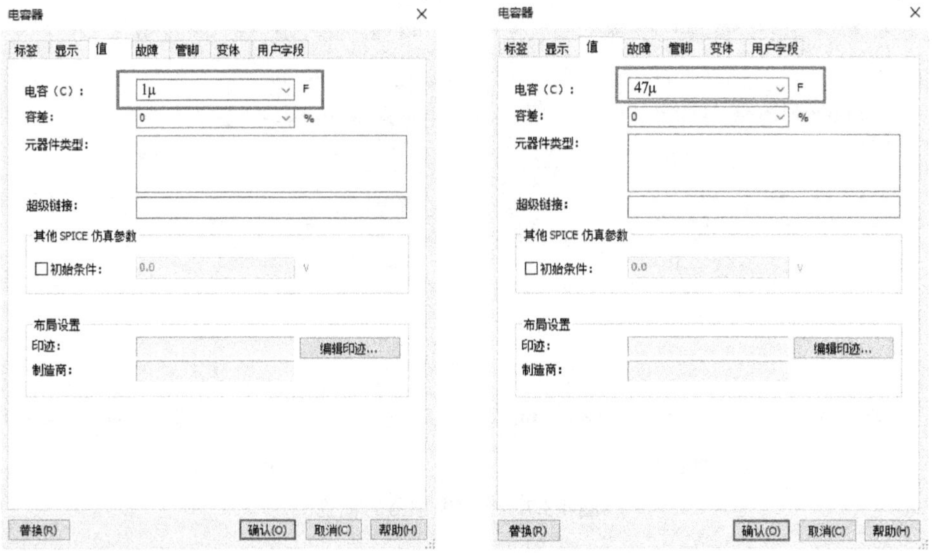

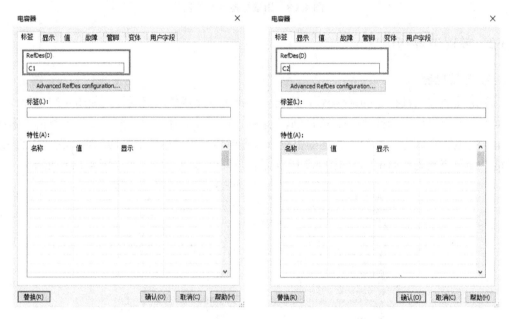

(a) 修改前　　　　　　　　　　　　(b) 修改后

图 4.3.10　修改电容的值

(a) 修改前　　　　　　　　　　　　(b) 修改后

图 4.3.11　修改电容的标签

2. 放置电感

单击元器件工具栏中的 ⌇ 按钮，弹出"选择一个元器件"对话框，如图 4.3.12 所示，在"系列"下拉菜单中选择"INDUCTOR"系列，在"元器件"里选择"1m"，单击"确认"按钮，将电感拖到电子平台上合适的位置。双击电感，弹出"电感器"对话框，在"电感(L)"栏中将"1 m"修改为"3.3 m"，如图 4.3.13 所示。

图 4.3.12　选择电感

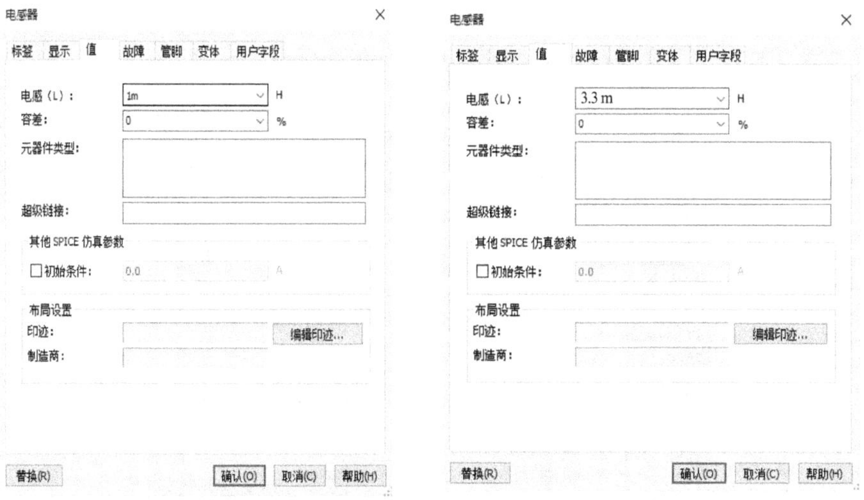

(a) 修改前　　　　　　　　　　　　(b) 修改后

图 4.3.13　修改电感的值

4.3.3　放置晶体管

1. 放置二极管

单击元器件工具栏中的 ⊬ 按钮，弹出"选择一个元器件"对话框，如图 4.3.14 所示。在"系列"下拉菜单中选择"DIODES_VIRTUAL"，在"元器件"里选择"DIODE"，单击"确认"按钮，将二极管拖到电子平台上合适的位置。

图 4.3.14　选择二极管

2. 放置双极结型晶体管

单击元器件工具栏中的 按钮，弹出"选择一个元器件"对话框，如图 4.3.15 所示。在"系列"下拉菜单中选择"BJT_NPN"，在"元器件"里选择"2N2222"，单击"确认"按钮，将晶体管拖到电子平台上合适的位置。

图 4.3.15　选择双极结型晶体管

3. 放置场效应管

单击元器件工具栏中的 按钮，弹出"选择一个元器件"对话框，如图 4.3.16 所示，在"系列"下拉菜单中选择"JFET_N"，在"元器件"里选择"2N3458"，单击"确认"按钮，将场效应管拖到电子平台上合适的位置。

图 4.3.16　选择场效应管

4.3.4　放置地线和电源

单击元器件工具栏中的 ╪ 按钮，弹出"选择一个元器件"对话框，如图 4.3.17 所示，在"系列"下拉菜单中选择"POWER_SOURCES"，在"元器件"里选择"GROUND"，单击"确认"按钮，将地线拖到电子平台上合适的位置。同样，可放置电源，单击电源图标，打开"Digital Power(VCC)"对话框，将"5.0"修改为"12.0"，如图 4.3.18 所示。

图 4.3.17　选择电源和地线

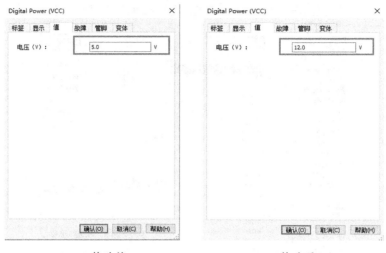

(a) 修改前　　　　　　　　　　　　(b) 修改后

图 4.3.18　修改电源的值

4.3.5　放置变压器

单击元器件工具栏中的 ～ 按钮，弹出"选择一个元器件"对话框，在"系列"下拉菜单中选择"TRANSFORMER"，在"元器件"中选择"1P1S"，如图 4.3.19 所示，单击"确认"按钮，将变压器拖到电子平台上合适的位置。

图 4.3.19　选择变压器

注意：在测试之前要修改变压器的参数。

双击变压器弹出变压器参数窗口，单击"匝数"选项卡，修改匝数比为 1∶4，如图 4.3.20 所示。单击"铁芯"选项卡，选择"非理想铁芯"，修改电感值为"1μ"，如图 4.3.21 所示。单击"漏电感"选项卡，选择"对称漏电感"，修改其值为"1μ"，如图 4.3.22 所示。

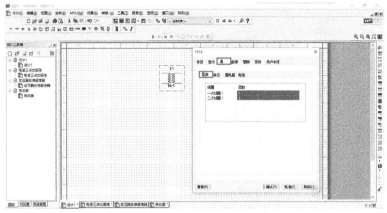

图 4.3.20　设置变压器的匝数

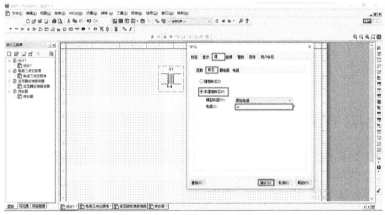

图 4.3.21　设置变压器的铁芯

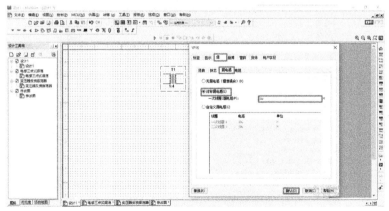

图 4.3.22　设置变压器的漏电感

4.3.6　放置整流桥

　　单击元器件工具栏中的 ⊁ 按钮，弹出"选择一个元器件"对话框，如图 4.3.23 所示。在"系列"下拉菜单中选择"FWB"，在"元器件"里选择"1B4B42"，点击"确认"按钮，将整流桥拖动到电子平台上合适的位置。

图 4.3.23　选择整流桥

4.3.7　放置电压比较器

单击元器件工具栏中的 ↓ 按钮，弹出"选择一个元器件"对话框，如图 4.3.24 所示，在"系列"下拉菜单中选择"OPAMP"，在"元器件"里选择"741"，单击"确认"按钮，将电压比较器拖到电子平台上合适的位置。

图 4.3.24　电压比较器

4.3.8　放置 LM324

单击元器件工具栏中的 ÷ 按钮，弹出"选择一个元器件"对话框，如图 4.3.25 所示。在"组"下拉菜单中选择"所有组"，在"系列"下拉菜单中选择"所有系列"，在"元器件"里搜索"LM324AM"，单击"确认"按钮，将 LM324AM 拖到电子平台上合适的位置。

图 4.3.25　搜索"LM324AM"

4.3.9　放置运算放大器

单击元器件工具栏中的 ÷ 按钮，弹出"选择一个元器件"对话框，如图 4.3.26 所示。在"组"下拉菜单中选择"所有组"，在"系列"下拉菜单中选择"所有系列"，在"元器件"里搜索"OPAMP_3T_VIRTUAL"，单击"确认"按钮，将 OPAMP_3T_VIRTUAL 拖到电子平台上合适的位置。

图 4.3.26　搜索"OPAMP_3T_VIRTUAL"

4.4　导　线　的　操　作

1. 导线的连接

在两个元器件之间，首先将鼠标指向一个元器件的端点，此时光标变成"+"符号，按下鼠标左键并拖曳出一根导线，拉住导线并指向另一个元器件的端点，使光标变成"+"符号，释放鼠标左键，则导线连接完成。连接完成后，导线将自动选择合适的走向，不会与其他元器件或仪器发生交叉。

2. 连线的删除

将鼠标指向元器件与导线的连接点，此时光标变成"+"符号，按下左键拖曳该圆点使导线离开元器件端点，释放左键，导线自动消失，完成连线的删除。删除一根连线的方法也可以选中该连线，然后按"Delete"键或者在连线上单击鼠标右键，再从弹出的菜单中选择"Delete"命令。

3. 修改连线路径

改变已经画好的连线的路径，先选中连线，在线上会出现一些拖动点；再把光标放在任一点上，按住鼠标左键拖动此点，就可以更改连线路径。或者在连线上移动鼠标箭头，当它变成双箭头时按住左键并拖动，也可以改变连线的路径。用户想要添加或移走拖动点以便更自由地控制导线的路径就可以按住"Ctrl"键，同时单击想要添加或去掉的拖动点的位置，如图 4.4.1 所示。

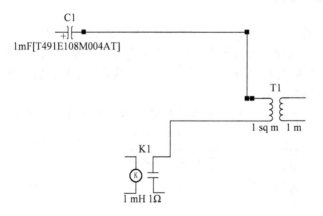

图 4.4.1　修改连线路径

4. 设置连线颜色

连线的默认颜色是在"选项"→"电路图属性"→"颜色"窗口中设置的。改变已设置好的连线颜色，可以在连线上单击鼠标右键，然后在弹出的菜单中选择"区段颜色"命令，从调色上选择颜色再单击"确认"按钮，如图 4.4.2 和图 4.2.13 所示。只改变当前电路的颜色配置(包括连线颜色)，在电路窗口单击鼠标右键，可以在弹出的菜单中更改颜色配置。

图 4.4.2　"区段颜色"命令

4.5　手动添加结点

如果从一个既不是元器件引脚也不是结点的地方连线，就需要添加一个新的结点。当两条线连接起来的时候，Multisim 14 会自动在连接处增加一个结点，以区分简单的连线交叉的情况。

手动添加一个结点的步骤如下：

(1) 选择菜单"绘制"→"结"命令，鼠标箭头的变化表明准备添加一个结点，如图 4.5.1 所示。

(2) 单击连线上想要放置结点的位置，在该位置出现一个结点。

(3) 要与新的结点建立连接，可以把光标移近结点，直到它变为"+"形状。单击鼠标，就可以从结点到希望的位置画出一条连线。

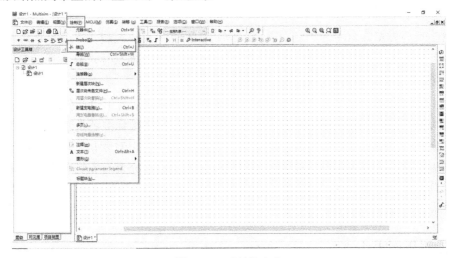

图 4.5.1　"结"命令

第5章　Multisim 14 创建电路原理图的基本操作

【教学提示】本章主要内容涉及电路窗口创建、电路连接、总线放置、子电路与层次电路设计等内容。

【教学要求】熟练掌握电路窗口创建、电路连接、总线放置的操作过程，了解子电路与层次电路的设计方法与过程。

【教学方法】教师指导与学生自学相结合，以学生实操为主。

5.1　创建电路窗口

运行 Multisim 14 软件，自动打开一个空白的电路窗口。电路窗口是用户放置元器件、创建电路的工作区域，用户也可以通过单击工具栏中的 ☐ 按钮(或按"Ctrl"+"N"组合键)，新建一个空白的电路窗口。

注意：可利用工具栏中的缩放工具 🔍 🔍 🔍 🔍 ▣ 在不同比例模式下查看电路窗口，鼠标滑轮也可实现电路窗口的缩放；按住("Ctrl")键的同时滚动鼠标滑轮，可以实现电路窗口的上下滚动。

Multisim 14 软件允许用户创建符合自己要求的电路窗口，其中包括界面的大小，网格、页数、页边框、纸张边界及标题框是否可见，符号标准是美国标准还是欧洲标准，等等。

初次创建一个电路窗口时，使用的是默认选项。用户可以对默认选项进行修改，新的设置会与电路文件一起保存，这就可以保证用户的每一个电路都有不同的设置。如果在保存新的设置时设定了优先权，那么当前的设置不仅会应用于正在设计的电路，还会应用于此后将要设计的系列电路。

5.1.1　设置界面大小

(1) 选择菜单"选项"→"电路图属性"，如图 5.1.1 所示。或者在电路窗口内单击鼠标右键选择"属性"，如图 5.1.2 所示。在系统弹出的"电路图属性"对话框中选择"工作区"选项卡，弹出如图 5.1.3 所示的"工作区"对话框。

(2) 从"电路图页面大小"下拉列表框中选择界面尺寸。这里提供了几种常用型号的图纸供用户选择。选定下拉框中的纸张型号后，与其相关的宽度、高度将显示在右侧"自定义大小"选项组中。

图 5.1.1 "电路图属性"　　图 5.1.2 "属性"命令　　图 5.1.3 "工作区"对话框

(3) 若想自定义界面的尺寸，可在"自定义大小"选项组内设置界面的宽度和高度值，单位根据用户习惯可选择英寸或厘米；另外，在"方向"选项组内，可设置纸张放置的方向为横向或者竖向。

(4) 设置完毕后单击"确认"按钮，若取消设置则单击"取消"按钮。选中"保存为默认值"复选框，可将当前设置保存为默认设置。

5.1.2 显示/隐藏表格、标题框和页边框

Multisim14 的电路窗口中可以显示或隐藏背景网格、页面边界和边框。更改了设置的电路窗口的示意图显示在选项左侧的"显示"选项组中。选择菜单"选项"→"电路图属性"→"工作区"命令，如图 5.1.4 所示。

图 5.1.4 "显示"对话框

(1) 选中"显示网格"选项，电路窗口中将显示背景网格，用户可以根据背景网格对元器件进行定位。

(2) 选中"显示页面边界"选项，电路窗口中将显示纸张边界，纸张边界决定了界面的大小，为电路图的绘制限制了一个范围。

(3) 选中"显示边界"选项，电路窗口中将显示电路图边框，该边框为电路图提供了一个标尺。

5.1.3　选择电路颜色

选择"选项"→"电路图属性"→"颜色"命令，系统弹出"电路图属性"对话框，如图 5.1.5 所示。用户可以在"颜色方案"的下拉列表框中选取一种预设的颜色配置方案，也可以在下拉列表框中选择"自定义"选项，自定义一种自己喜欢的颜色配置。

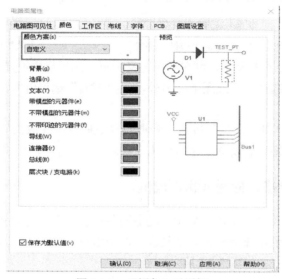

图 5.1.5　"颜色"对话框

5.2　电路的连接

5.2.1　元器件的连接

任何元器件引脚上都可以引出一条连接电路，并且这条电线也一定能连接到另外一条电线上。如果一个元器件的引脚靠近另外一条电线或者另外一个元器件的引脚，连接会自动产生。

元器件的连接步骤如下：

(1) 用鼠标左键单击欲连接的元器件，拖动并靠近被连接的元器件引脚或被连接的电线。

(2) 当两个元器件的引脚相接处或者引脚与电线相接处出现一个小红圆点时，释放左键，小红点消失。

(3) 按下鼠标左键，将元器件拖离至适当位置，连接线自动出现。

元器件的连接也可执行如下步骤：

(1) 将鼠标指向某元器件的一个端点，鼠标消失，在元器件端点处出现一个带十字花的小圆黑点。

(2) 单击鼠标左键，移动鼠标，会沿网格引出一条黑色的虚直线或折线。

(3) 将鼠标拉向另一元器件的一个端点，并使其出现一个小红圆点。

(4) 再单击鼠标左键，虚线变为红色，实现这两个元器件之间的有效连接。

5.2.2　元器件间连线的删除与改动

元器件间连线的删除步骤如下：

(1) 用鼠标右键单击欲删除的连线，该连线被选中，在连接点及拐点处出现蓝色的小方点，并弹出连线处置对话框。元器件间连线的选中与处置对话框如图 5.2.1 所示。

(2) 左键单击"删除"命令，对话框及连接线消失。在删除原来的连线后重新进行元器件间的连接。

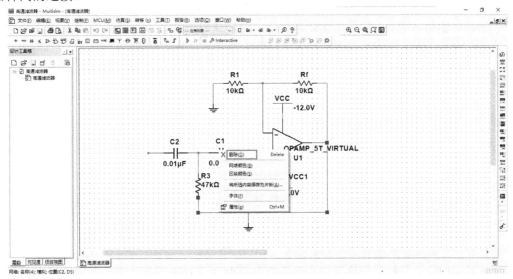

图 5.2.1　元器件间连线的"删除"命令

5.2.3　元器件连接点的作用

(1) 将三个元器件连接在一起时，元器件连接处会自动出现一个小红圆点，表示两条线是相连的，如图 5.2.2 所示。

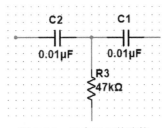

图 5.2.2　三个元器件连接

(2) 四个元器件两两相连，两条线相互交叉但并不连接，是绝缘的，如图 5.2.3 所示。

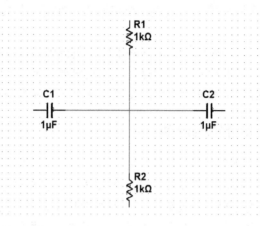

图 5.2.3　四个元器件两两连接

(3) 点击"绘制"菜单，在下拉菜单中单击"结"命令，就随鼠标拖出一个中间带花的黑色连接点(呈灰色)。拖至两线交叉点处，单击鼠标左键，元器件连接点被放下并变成红色。两条线变为相互连接的，如图 5.2.4 所示。

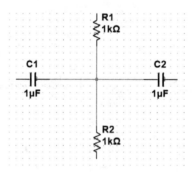

图 5.2.4　四个元器件连接

(4) 像图 5.2.2 那样，先将第三个元器件与前两个元器件连接，再将第四个元器件与前三个元器件的连接点相接。不用特意提取连接点，也可以实现四个元器件的连接。

(5) 每一个连接点最多只能与四个元器件连接。当五个以上元器件相接时，连接线上至少有两个连接点。

(6) 一条电线的任何位置都可以放置一个连接点，并引出支线。

5.2.4　改变导线的颜色

在复杂的电路中，将连接线设置为不同的颜色，有助于电路图的识别。将连接示波器或逻辑分析仪的连线设置为不同的颜色，可以使显示的波形呈不同的颜色，方便波形的对比和分析。

改变导线的颜色的步骤如下：

(1) 用鼠标右键单击欲改变设置的连线，打开如图 4.4.2 所示的菜单。

(2) 用鼠标左键单击"区段颜色"命令，打开"颜色"选择框，如图 4.2.13 所示。

(3) 在"颜色"对话框所列的颜色中选择任何一种颜色，点击"确认"按钮，导线颜色就会按要求改变。

5.3　放　置　总　线

在数字电路中常常有很多平行排列、功能相近的连接线。如果使用的集成电路数不止一个，或者规模较大，这些连接线的数量就会大大增加，使人眼花缭乱，难以分辨。使用总线，可以大大缩短和减少连接线，从而使电路图变得简洁明快。

5.3.1　总线的放置

总线可以在一张电路图中使用，也可以通过连接器连接多张图样。一张电路图中，可以有一条总线，也可以有多条。不是同一条总线，只要它们的名字相同，它们就是相通的，即使相距很远，也不必实际相连。

总线放置的具体操作步骤如下：

(1) 单击元器件工具栏中的 ♪ (Place Bus)按钮，或者点击"绘制"菜单→" ♪ 总线"，鼠标消失，出现一个带十字花的小圆黑点。

(2) 用鼠标将小圆黑点拖到总线起点位置，单击鼠标左键，该处出现一个虚线连接的小方点。

(3) 拖动鼠标，会引出一条虚线，到总线的第二个点时，单击鼠标左键，又出现一个小方点，直至画完整条总线。

(4) 双击鼠标左键结束画线，细的虚线变成一条粗黑线，如图 5.3.1 所示。

(5) 总线可以水平放置，也可以垂直放置，还可以 45°倾斜放置。总线可以是一条直线，也可以是有多个拐点的折线。

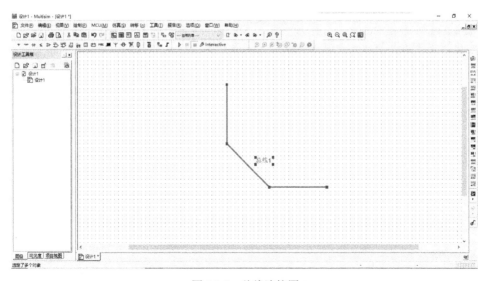

图 5.3.1　总线连接图

5.3.2　元器件与总线连接

元器件的接线端都可以与总线连接，连接步骤如下：

(1) 将鼠标指向元器件的端点，当在元器件端点处，鼠标箭头变成一个带十字花的小圆黑点时，按下鼠标左键。

(2) 拖动鼠标，移向总线。当靠近总线处出现折弯时，单击鼠标左键。

(3) 出现如图 5.3.2 所示的"总线入口连接"对话框，若有必要，修改引线编号，点击"确认"按钮。

(4) 引线与总线连接处的折弯，可有两个方向，既可以向上(或向左)，也可以向下(或向右)。为使图形规整，在连接时，保持方向一致，如图 5.3.3 所示。

(5) 将所有元器件的相关接线端逐一与总线连接，注意根据需要修改引线编号。

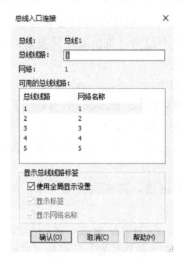

图 5.3.2　"总线入口连接"对话框

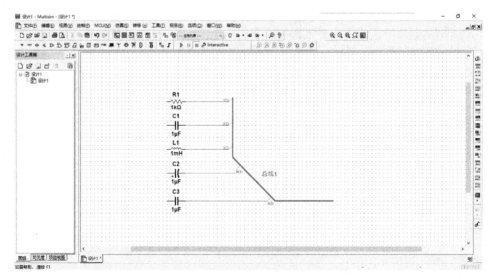

图 5.3.3　元器件与总线的连接

5.3.3 合并总线

在大型数字电路图中，为使图样整洁和连接方便，常将多条总线合并使用。具体做法是：

(1) 双击需要更名的总线，打开该线的属性对话框，"总线设置"对话框如图 5.3.4 所示。

图 5.3.4   "总线设置"对话框

(2) 修改总线名称为要合并的那根总线的名称，按"确认"按钮，弹出如图 5.3.5 所示的"解决总线名称重复的问题"对话框，选择"虚拟连接总线"，点击"确认"按钮，两条总线就合并为一条总线。合并完成的总线如图 5.3.6 所示。

(3) 根据需要将应该合并的多条总线逐条合并。

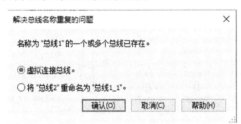

图 5.3.5   "解决总线名称重复的问题"对话框

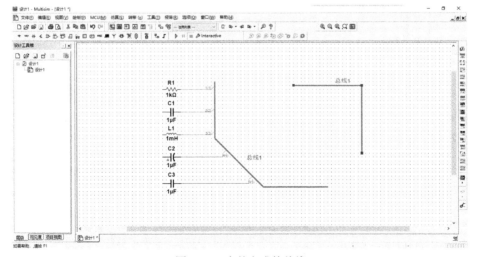

图 5.3.6   合并完成的总线

5.4 子电路和层次设计

在电路图创建过程中经常会碰到这样两种情形：一是电路规模很大，全部在屏幕上显示不方便，设计者可先将电路的某一部分用一个方框图加上适当的引脚来表示；二是电路的某一部分在一个电路或多个电路中多次使用，若将其用方框圈成一个子电路，以一个元器件图标的形式显示在主电路中，就像一个元器件一样，则将给电路的编辑带来方便。在 Multisim 中支持这种层次型的电路图，方框图就是一个子电路。

5.4.1 创建子电路

创建子电路的步骤如下：

(1) 先创建原始电路，或直接打开原有电路。

(2) 为了便于子电路的连接，需要对子电路添加输入/输出(I/O)端口。方法是：点击"绘制"菜单→"连接器"→"Input Connector/Output Connector"(输入端添加"Input Connector"，输出端添加"Output Connector")，提取端口图标并与电路连接，如图 5.4.1 所示。

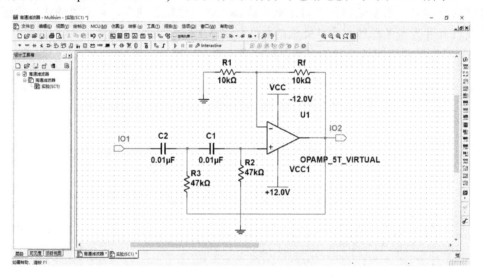

图 5.4.1 添加输入/输出端口

(3) 用鼠标将电路图圈起，单击鼠标右键，选择"用支电路替换"（或点击"绘制"菜单，再点击"用支电路替换"），弹出如图 5.4.2 所示的"支电路名称"对话框，输入名称，点击"确认"按钮。子电路即出现在工作区，创建的子电路如图 5.4.3 所示。

图 5.4.2 "支电路名称"对话框

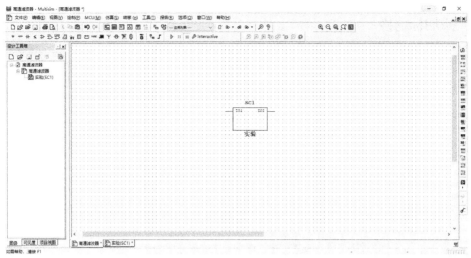

图 5.4.3　创建完成的子电路

5.4.2　子电路的复制和修改

　　选中已经创建完成的子电路，点击"复制"按钮，然后打开应用子电路的新窗口，点击"粘贴"按钮。再在打开的对话框中填入子电路的名字，子电路就以其命名，以一个元器件的形式显示在新电路窗口中，进而与其他元器件连接，组成更大规模的电路。如对子电路属性进行修改，可用鼠标左键双击其图标，即出现如图 5.4.4 所示的"层次块/支电路"对话框。点击"打开子电路图"按钮，就打开如图 5.4.1 所示的原始电路，可对其电路参数进行修改。

图 5.4.4　子电路属性对话框

5.5　添加文本说明

　　用户常常需要对设计文件添加标题栏，对某些局部电路或器件添加文字说明等。

5.5.1　添加标题栏

添加标题栏的步骤如下：

(1) 点击"绘制"菜单→"标题块"，打开如图 5.5.1 所示的标题样本文件夹。

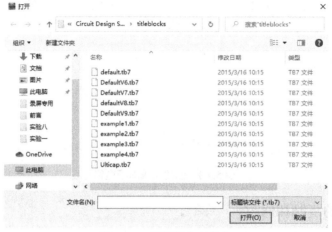

图 5.5.1　标题样本文件夹

(2) 从所列模式中任选其一，点击"打开"按钮，所选标题栏即随鼠标移动，通常置于工作区的左上方位置，按鼠标左键释放，默认的标题栏如图 5.5.2 所示。

图 5.5.2　添加标题栏

(3) 若要添加或修改标题信息，可用鼠标右键单击标题栏，即打开如图 5.5.3 所示的标题处置对话框。

图 5.5.3　标题处置对话框

(4) 用鼠标左键双击标题块，即打开如图 5.5.4 所示的"标题块"编辑对话框。

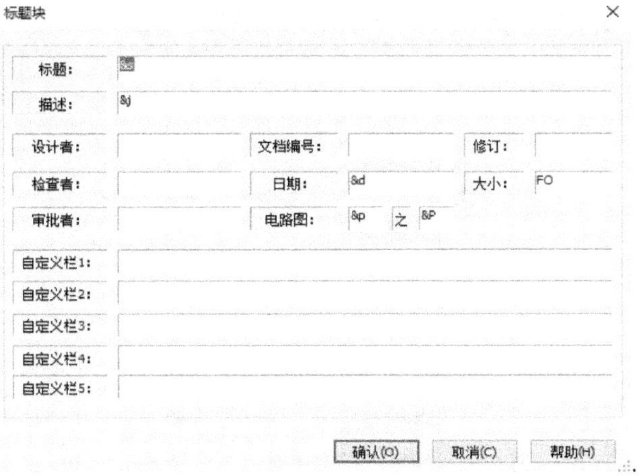

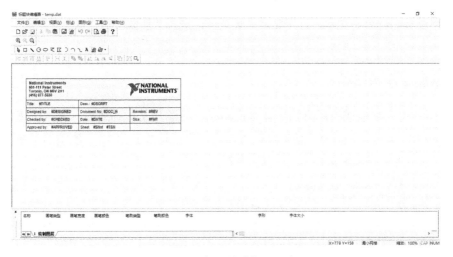

图 5.5.4　"标题块"编辑对话框

(5) 在"标题块"对话框中输入标题、描述、设计者、日期、文档编号、审批者等信息，然后按"确认"按钮确认。

(6) 若要对标题信息进行加工，再用鼠标右键单击标题栏，单击"编辑标题块"命令，即打开"标题块编辑器"窗口，如图 5.5.5 所示。

图 5.5.5　"标题块编辑器"窗口

(7) 在标题块编辑窗口中可以对标题栏中的信息进行字体、字型、颜色、字号等的设定。

5.5.2　添加文本说明

添加文本说明的步骤如下：

(1) 点击"绘制"菜单→"文本"，然后单击放置文本的位置，在该处即出现一个文本放置块(如果电路工作区里无网格，则文本块是不可见的)。

(2) 在文本块中输入所要放置的文字，文本块会随字数的多少自动缩放。输入完成后，单击空白区，文本块消失仅留下输入的文本。

(3) 若需改变文字的颜色，用鼠标右键单击文本，打开如图 5.5.6 所示的文本处置菜单，单击"画笔颜色"命令，弹出如图 4.2.13 所示的"颜色"选择框。

图 5.5.6　文本处置菜单

(4) 选定所要求的颜色，点击"确认"按钮，文字的颜色即发生相应变化。

(5) 文本字型和字号的变更操作，与改变颜色的操作类似。

(6) 用鼠标左键按住文本，可将其移动到任何位置。

(7) 用鼠标右键单击文本，打开文本处置菜单，选择"删除"或"Delete"键，可删除该文本。

5.5.3　添加文本阐述栏

当需要对电路功能或使用方法作详尽说明时，可添加文本描述栏。文本描述栏的操作很简单，点击"工具"菜单→"描述框编辑器"，即可打开如图 5.5.7 所示的电路描述编辑窗口。将描述的文字输入完毕后，关闭该窗口即可。

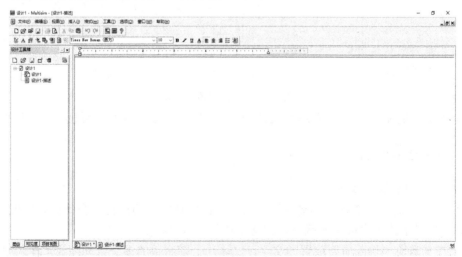

图 5.5.7　文本描述编辑窗口

5.6　打 印 电 路

　　Multisim 14 允许用户控制打印的一些具体方面，包括是彩色输出还是黑白输出，是否有打印边框，打印的时候是否包括背景，设置电路图比例使之适合打印输出，等等。

　　选择菜单"文件"→"打印选项"→"电路图打印设置"命令，为电路设置打印环境。"电路图打印设置"对话框如图 5.6.1 所示。

图 5.6.1　"电路图打印设置"对话框

　　选择菜单"文件"→"打印选项"→"打印仪器"命令，可以选中当前窗口中的仪表并打印出来，打印输出结果为仪表面板。电路运行后，打印输出的仪表面板将显示仿真结果。

　　选择菜单"文件"→"打印"命令，为打印设置具体的环境。要想预览打印文件，选择菜单"文件"→"打印预览"命令，电路出现在预览窗口中，在预览窗口中可以随意缩放，逐页翻看，或发送给打印机。

第 6 章　Multisim 14 的虚拟仪表库

【教学提示】本章主要介绍 Multisim 14 仪器仪表库，涉及虚拟仪器工具栏，元器件的调取、放置和使用，属性设置等操作内容。

【教学要求】了解仪器仪表库中可调取的仪器仪表类型，熟练掌握仪器仪表调取方法，包括仪器仪表属性设置等。

【教学方法】可以课内、课外相结合，教师指导与学生自学相结合，以学生实操为主。尽管本章介绍的是虚拟仪器仪表，但教学中教师要特别强调在使用虚拟仪器仪表时，应按照真实仪器仪表的规范使用，包括正确接入电路(地线也需接入)、正确操作等环节，还要注意是否有与实物相对应的虚拟仪器仪表。

6.1　概　　述

Multisim 14 提供了很多虚拟仪器仪表，可用来测量电路参数或观测图形图像。这些仪器的设置、使用和数据读取都与真实仪器一样，面板、按钮和开关也与真实仪器相同。

在仪器库中，虚拟仪器有万用表、函数发生器、瓦特计、示波器、4 通道示波器、波特测试仪、频率计数器、字发生器、逻辑分析仪、逻辑变换器、IV 分析仪、失真分析仪、光谱分析仪、网络分析仪、Agilent 函数发生器、Agilent 万用表、Agilent 示波器、LabVIEW 仪器、NI ELVISmx 仪器、Tektronix 示波器和电流探针等。

虚拟仪器仪表栏如图 6.1.1 所示。它是进行虚拟电子实验和电子设计仿真的最快捷、形象的特殊工具。仪表的功能名称如下：

: 万用表　　: 函数发生器
: 瓦特计　　: 示波器 
: 4 通道示波器　　: 波特测试仪 
: 频率计数器　　: 字发生器 
: 逻辑变换器　　: 逻辑分析仪 
: IV 分析仪　　: 失真分析仪 
: 光谱分析仪　　: 网络分析仪 

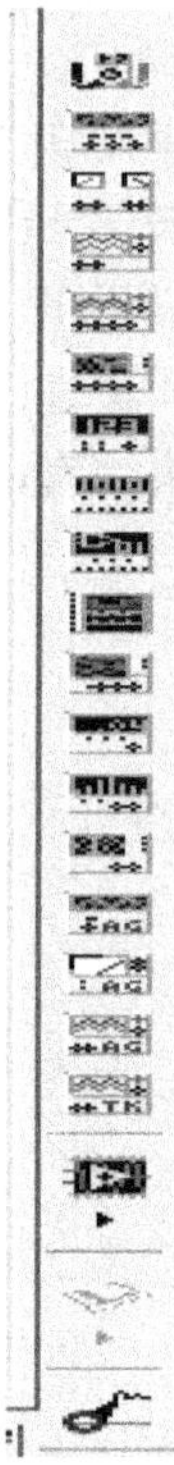

图 6.1.1　虚拟仪器仪表栏

：Agilent 函数发生器　　　　　：Agilent 万用表

：Agilent 示波器　　　　　　　：Tektronix 示波器

：电流探针

仪表的功能名称与仿真菜单下的虚拟仪表相同。

6.2　万　用　表

　　万用表也称多用表或三用表，是一种多功能、多量程的测量仪表。一般万用表可测量直流电流、直流电压、交流电流、交流电压、电阻和音频电平等，有的还可以测电容量、电感量及半导体的某些参数(如 β)等。由于万用表结构简单，功能多，量程广，使用方便，因此它是维修和调试电路中常用的测量仪表。

　　万用表按显示方式分为指针万用表和数字万用表。与指针万用表相比，数字万用表精度高，速度快，输入阻抗大，数字显示，读数准确，抗干扰能力强，测量自动化程度高。本节介绍 Multisim 14 的虚拟万用表。

　　Multisim 14 提供的虚拟万用表，其外观和操作方法与实际万用表相似。从仪器栏中调出虚拟万用表，如图 6.2.1 所示，其图标和面板如图 6.2.2 所示。图标上"+"和"-"两个引线端接被测端点，连接电路的方法与实际万用表一样，测电压和电阻并联，测电流串联。双击打开面板，可进行测量内容选择和参数设置。

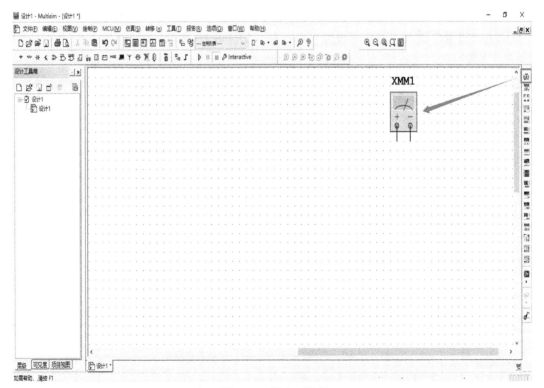

图 6.2.1　调出万用表

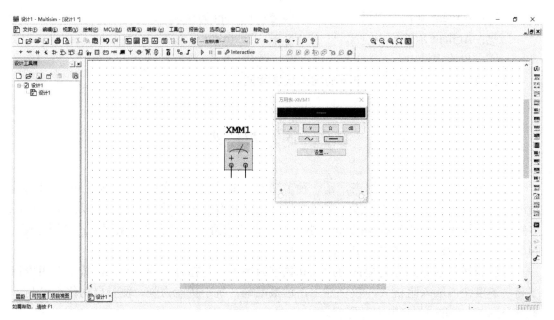

图 6.2.2　虚拟万用表的图标和面板

1. 测量内容选择

单击按钮"～"或"－"可测交流或直流信号，单击按钮"A""V""Ω"或"dB"可分别测电流、电压、电阻或分贝值。

2. 参数设置

单击"设置"进入"万用表设置"对话框，如图 6.2.3 所示。

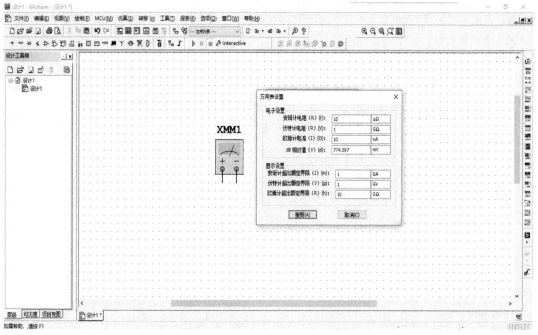

图 6.2.3　"万用表设置"对话框

1) "电子设置"区域

(1) 安培计电阻(R)：用于设置电流表内阻，其大小影响电流的测量精度，值越小，精度越高，默认值为 10 μΩ。

(2) 伏特计电阻(R)：用于设置电压表内阻，其大小影响电压的测量精度，值越大，精度越高，默认值为 1 GΩ。

(3) 欧姆计电流(I)：用于设置流过欧姆表的电流，默认值为 10 nA。

(4) dB 相对值(V)：用来测量电路中两点之间的电压增益或损耗，默认值是 774.597 mV。

2) "显示设置"区域

(1) 安培计超出额定界限(I)：设置电流表量程，默认值为 1 GA。

(2) 伏特计超出额定界限(V)：设置电压表量程，默认值为 1 GV。

(3) 欧姆计超出额定界限(R)：设置电阻挡量程，默认值为 10 GΩ。

6.3 函数发生器

凡是产生测试信号的仪器统称为信号发生器。信号发生器用于产生被测电路所需特定参数(如频率波形、输出电压或功率等)的电测试信号，且能在一定范围内进行精确调整，有很好的稳定性。函数发生器的种类很多，按输出信号波形可分为正弦信号、函数信号、脉冲信号和随机信号发生器。

函数发生器又称波形发生器，是一种能产生正弦波、方波、三角波、锯齿波等特定周期性时间函数波形信号的通用仪器。Multisim 14 中的虚拟函数发生器可以产生正弦波、三角波和矩形波。从仪器栏中调出虚拟函数发生器，如图 6.3.1 所示。其图标和面板如图 6.3.2 所示。

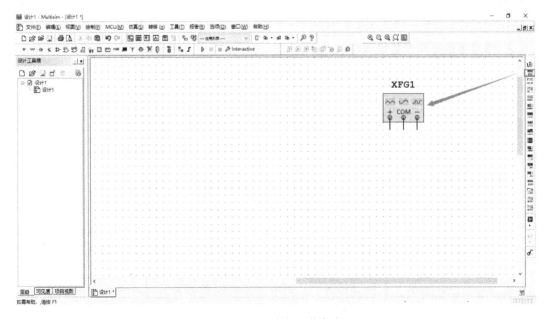

图 6.3.1　调出虚拟函数发生器

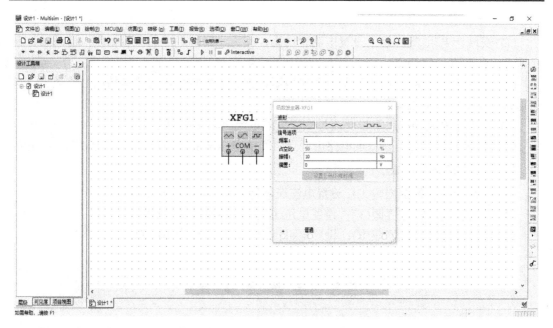

图 6.3.2　虚拟函数发生器的图标和面板

1. 引线端子

图标上有 "+" "COM" 和 "−" 三个引线端子, 与外电路相连输出电压信号。其连接规则是:

(1) 连接 "+" 和 "COM" 端子, 输出信号为正极性信号, 幅值等于信号发生器的峰值。

(2) 连接 "COM" 和 "−" 端子, 输出信号为负极性信号, 幅值等于信号发生器的峰值。

(3) 连接 "+" 和 "−" 端子, 输出信号的幅值等于信号发生器峰值的两倍。

(4) 同时连接 "+" "COM" 和 "−" 端子, 且把 "COM" 端子与地(Ground)符号相连, 则输出两个幅度相等、极性相反的信号。

2. 信号源选择和参数设置

双击图标打开 "函数发生器" 面板, 可进行信号源选择和参数设置。

1) "波形" 区

输出信号的波形有正弦波、三角波和方波三种(均为周期性信号)。

2) "信号选项" 区

对 "波形" 区中选取的信号进行相关参数的设置。

"频率": 设置所要产生信号的频率, 范围为 1 fHz～999 THz, 默认值为 1 Hz。

"占空比": 设置所要产生信号的占空比, 设定范围为 1%～99%, 默认值为 50%。

"振幅": 设置所要产生信号的最大值(电压), 可选范围为 1 fV～999 TV, 默认值为 10 V。

"偏置": 设置信号源输出偏移值, 可选范围为 1 V～999 TV, 默认值为 0 V。

"设置上升/下降时间" 按钮: 设置所要产生信号的上升时间与下降时间。该按钮只有在产生方波的时候有效。单击该按钮后, 栏中以指数格式设置上升时间(下降时间), 再单击 "确认" 按钮即可; 如单击 "默认", 则恢复默认值 10 ns。

6.4　瓦　特　计

瓦特计用来测量电路的交流、直流功率。功率的大小是流过电路的电流和电压差的乘积，量纲为瓦特。所以瓦特计有四个引线端：电压正极和负极，电流正极和负极。瓦特计中有两组端子，左边两个端子为电压输入端子，与所要测试的电路并联；右边两个端子为电流输入端子，与所要测试的电路串联。瓦特计也能测量功率因数。功率因数是电压和电流相位差角的余弦值。从仪器栏中调出虚拟瓦特计，如图 6.4.1 所示，其图标和面板如图 6.4.2 所示。

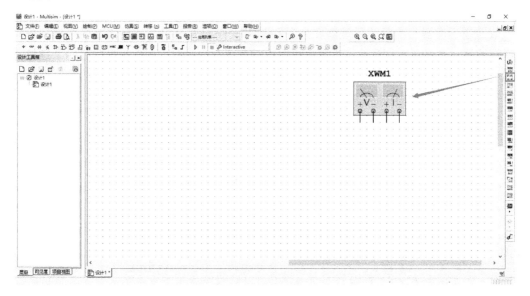

图 6.4.1　调出虚拟瓦特计

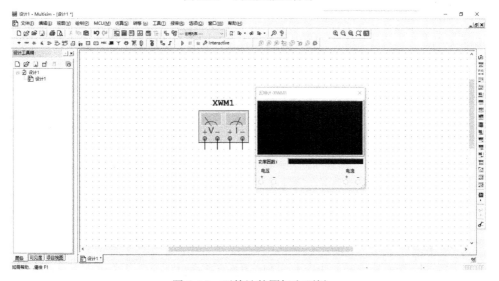

图 6.4.2　瓦特计的图标和面板

6.5　示　波　器

　　示波器是一种用途十分广泛的能直接观察和真实显示实测信号的综合性电子测量仪器，它不仅能定性观察电路的动态过程，如电压、电流或经过转换的非电量等的变化过程，还可以定量测量各种电参数，如被测信号的幅度、周期、频率等。

　　示波器根据对信号的处理方式分为模拟示波器和数字示波器；根据用途分为通用示波器和专用示波器；根据信号通道分为单踪、双踪、四踪、八踪示波器。Multisim 14 中虚拟示波器有双通道示波器和 4 通道示波器。

1. 双通道示波器

　　双通道示波器与实际的示波器在外观和基本操作上大致相同，从仪器栏中调出虚拟双通道示波器，如图 6.5.1 所示，其图标和面板如图 6.5.2 所示。示波器图标有四个连接点：A 通道输入、B 通道输入、外触发端 T 和接地端 G。双击图标打开示波器的控制面板，可进行参数设置和读取输出信号值。

　　1)　"时基"设置区

　　(1) 标度。标度用于设置波形的 X 轴时间基准，相当于实际示波器的时间挡位调整。

　　(2) X 轴位移。X 轴位移用于设置 X 轴的起始位置，相当于实际示波器的水平位移调整。

　　(3) 显示方式选择。Y/T：X 轴显示时间，Y 轴显示 A、B 通道的输入信号；添加：X 轴显示时间，Y 轴显示 A 通道和 B 通道电压之和；B/A：Y 轴显示 B 通道，X 轴显示 A 通道。A/B 与 B/A 相反。

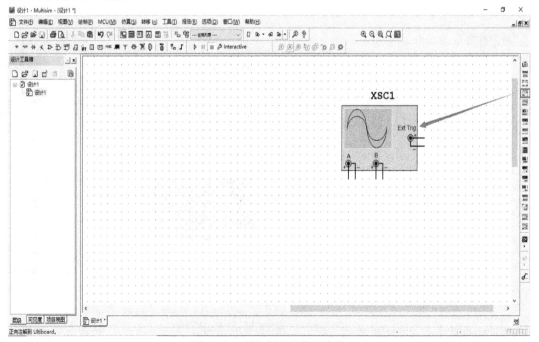

图 6.5.1　调出虚拟双通示波器

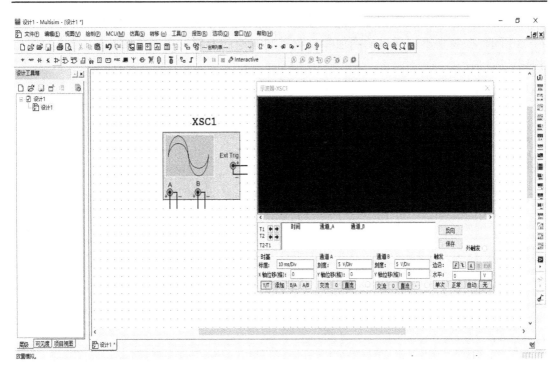

图 6.5.2　双通道示波器的图标及面板

2) "通道 A"设置区

(1) 刻度。刻度用于设置通道 A 的 Y 轴电压，相当于实际示波器的垂直挡位调整。

(2) Y 轴位移。Y 轴位移用于设置 Y 轴的起始点位置，起始点为 0 表明 Y 轴和 X 轴重合，起始点为正值表明 Y 轴原点位置向上移，否则向下移。Y 轴位移相当于实际示波器的垂直位移调整。

(3) 耦合方式选择。AC(交流耦合)、0(接地)或 DC(直流耦合)，交流耦合只显示交流分量，直流耦合显示直流和交流之和，0 耦合是在 Y 轴设置的原点处显示一条直线。

3) "通道 B"设置区

"通道 B"中各项的设置同"通道 A"中各项的设置。

4) "触发"设置区

(1) 边沿。边沿用于设置被测信号开始的边沿，设置是先显示上升沿还是先显示下降沿。

(2) 水平。水平用于设置触发信号的电平，使触发信号在某一电平时启动扫描，信号幅度达到触发电平时示波器才扫描。

(3) 信号触发方式。有"单次""正常""自动"和"无"四个触发类型供选择。一般选择自动。

2．4 通道示波器

4 通道示波器与双通道示波器的使用方法和参数调整方式完全一样，只是多了一个通道控制器旋钮，当旋钮拨到某个通道位置时，才能对该通道的 Y 轴进行调整。

4 通道示波器的设置同双通道示波器，从仪器栏中调出虚拟 4 通道示波器，如图 6.5.3 所示。在观察不同通道的图像和设置不同通道的参数时需调节图 6.5.4 所示的调挡按钮。

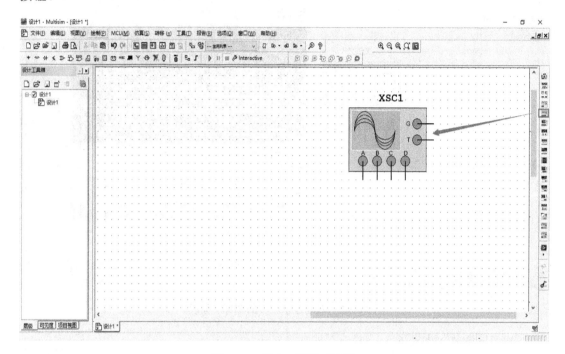

图 6.5.3　调出 4 通道示波器

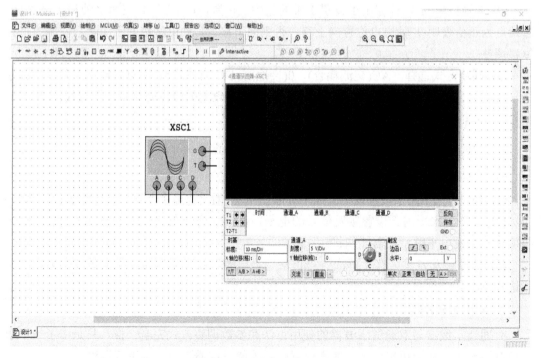

图 6.5.4　4 通道示波器对话框

6.6　波 特 测 试 仪

波特测试仪能产生一个频率范围很宽的扫描信号,用以测量电路幅频特性和相频特性。从仪器栏中调出虚拟波特测试仪,如图 6.6.1 所示。波特测试仪的图标与测量面板如图 6.6.2 所示。

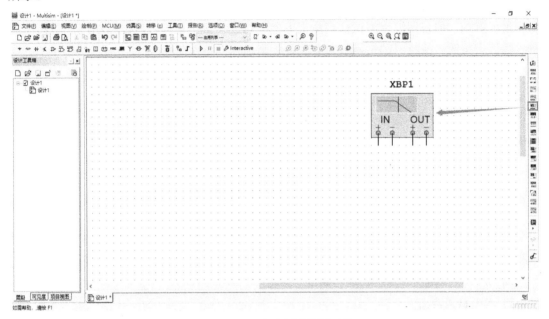

图 6.6.1　调出虚拟波特测试仪

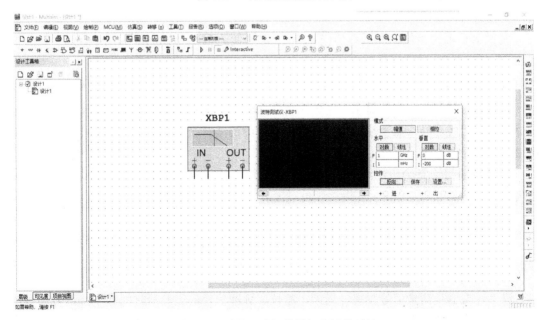

图 6.6.2　波特测试仪的图标和测量面板

1. 模式选择

1) 幅频特性测量

幅频特性是指在一定的频带内，两测试点(如电路输入 IN、电路输出 OUT 两测试点)间的幅度比率随频率变化的特性。例如，放大器电压增益在一定频带内并非一致，为了了解在一个频带段内放大器各频率点的电压增益，就要对放大器的电压增益幅频特性进行测量。测量的一般方法是：保持输入信号在各频率点上的幅度值(如电压)一定，测量输出信号在各频率点上的幅度值(如电压)，然后把输出信号幅度值作图，求得幅频响应曲线。这个测量很麻烦，但使用波特测试仪测量很方便。将波特测试仪与被测电路相连，用鼠标单击"幅值"按钮，波特测试仪显示屏上就会绘制出幅频特性曲线。

2) 相频特性测量

相频特性曲线是指在一定的频带段内，两测试点(如电路输入 IN、电路输出 OUT 两测试点)间的相位差值，以度表示。与测量幅频特性一样，用鼠标单击"相位"按钮，相频特性曲线就会绘制出来。

幅频比率和相位差都是频率的函数。

2. 水平轴与垂直轴的设置

1) 基本设置

当比值或增益有较大变化范围时，坐标轴一般设置为对数的方式，这时频率通常也用对数表示。

当刻度由对数形式变为线性形式时，可以不必重新仿真。

2) 水平轴刻度

水平轴(X轴)显示的是频率。它的刻度由横轴的初始值和最终值决定。当要分析的频率范围比较大时，使用对数刻度。

设置水平轴初始值(I)和最终值(F)时，一定要使 $I<F$。Multisim 14 不允许 $I>F$ 的情况出现。

3) 纵轴刻度

测量电压增益时，纵轴显示电路输出电压与输入电压的比率，使用对数坐标时，单位是分贝。使用线性时，显示输出电压与输入电压的比率。当测量相频响应曲线时，纵轴刻度显示相位角的差值，单位为度。

设置纵轴初始值(I)和最终值(F)时，一定要使 $I<F$。Multismi 14 不允许 $I>F$ 的情况出现。

6.7　频率计数器

频率计数器是测量信号频率、周期、相位、脉冲信号的上升沿时间和下降沿时间等的仪器。使用方法也是将接线符号接到电路中，打开仪器面板进行测量。从仪器栏中调出虚拟频率计数器，如图 6.7.1 所示，频率计数器的图标和测量面板如图 6.7.2 所示。使用过程中应注意根据输入信号的幅值调整频率计数器的灵敏度和触发电平。

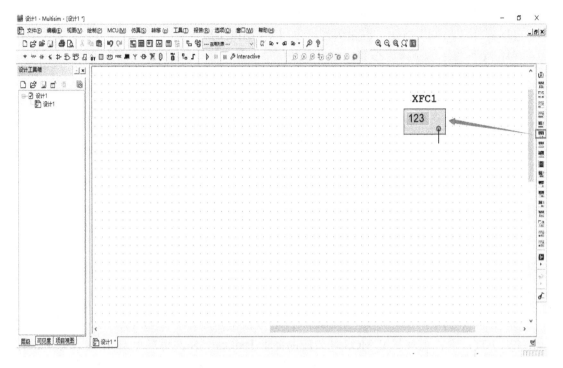

图 6.7.1　调出虚拟频率计数仪

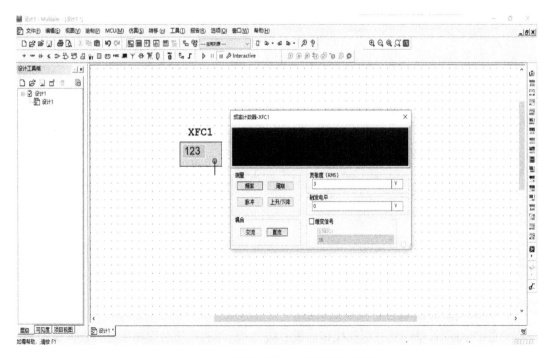

图 6.7.2　频率计数器的图标和测量面板

1) 测量

(1) 按下"频率"按钮，测量频率。

(2) 按下"脉冲"按钮，测量正负脉冲宽度。

(3) 按下"周期"按钮，测量信号一个周期所用时间。

(4) 按下"上升/下降"按钮，测量脉冲信号上升沿和下降沿所占用的时间。

2) 耦合模式选择

(1) 按下"交流"按钮，仅显示信号中的交流成分。

(2) 按下"直流"按钮，显示信号交流加直流成分。

3) 电压灵敏度设置

设置合适的灵敏度来得到想要的波形。

4) 触发电平

输入波形的电平达到并超过触发电平设置数值时，才会显示波形。

6.8　IV 分 析 仪

IV 分析仪专用于测量二极管(Diode)、PNP 双极型晶体管(PNP BJT)、NPN 双极型晶体管(NPN BJT)、P 沟道耗尽型 MOS 场效应晶体管(PMOS)、N 沟道耗尽型 MOS 场效应晶体管(NMOS)等器件的 $I\text{-}U$ 特性。从仪器栏中调出虚拟 IV 分析仪，如图 6.8.1 所示。

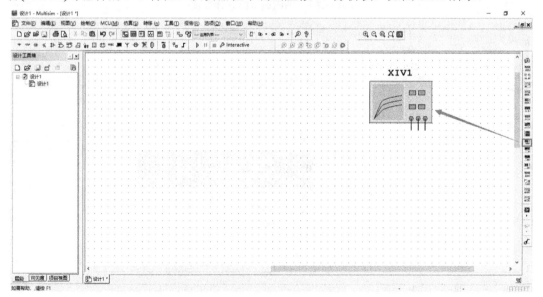

图 6.8.1　调出 IV 分析仪

1. Diode(二极管)器件仿真参数设定

测量 Diode 时，从 IV 分析仪操作面板右边的"元器件"下拉菜单中选择要测试的器件类别，这里选取的是"Diode"器件类，同时在面板右边的下方有一个该类别器件的电路接

线符号的映像。单击"仿真参数"按钮,系统弹出 Diode"仿真参数"设置对话框,如图
6.8.2 所示。

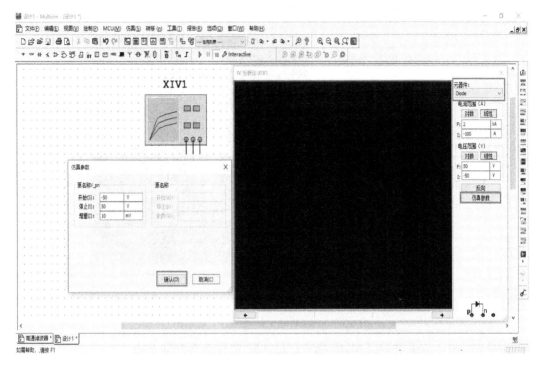

图 6.8.2　Diode"仿真参数"对话框

因为选择的是二极管,所以只用"仿真参数"对话框中的一半。

(1) "开始":输入扫描 V_pn 的起始电压,量纲单位在其右边选择。

(2) "停止":输入扫描 V_pn 的终止电压,量纲单位在其右边选择。

(3) "增量":扫描输入的增量,或者说设置步长长度。步长大小决定了图像曲线上
测点的疏密。

2. BJT PNP 器件仿真参数设定

调出 BJT PNP 器件仿真参数设定对话框,如图 6.8.3 所示。若改变 V_ce(集电极与发射
极之间)电压,则在左边"源名称 V_ce"对话框中输入数值。

(1) "开始":输入扫描 V_ce 的起始电压,量纲单位在其右边选择。

(2) "停止":输入扫描 V_ce 的终止电压,量纲单位在其右边选择。

(3) "增量":扫描输入的增量,或者说设置步长。

若改变 I_b(基电极)电流,则在右边"源名称 I_b"对话框中输入数值。

(1) "开始":输入扫描 I_b 的起始电流,量纲单位在其右边选择。

(2) "停止":输入扫描 I_b 的终止电流,量纲单位在其右边选择。

(3) "步数":输入多少步,或者说设置多少根曲线。图像中每一根曲线对应着一个
I_b 值。若"使数据标准化"复选框被选中,表示伏安特性曲线在 X 轴的正值范围内,反
之则在负值范围内。

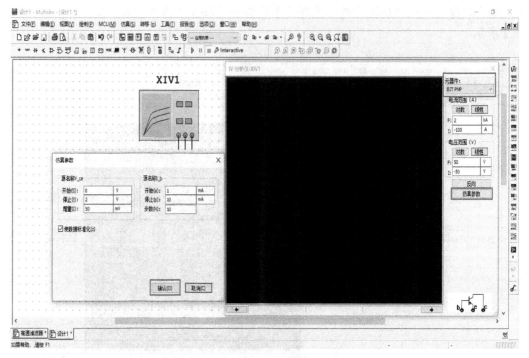

图 6.8.3　BJT PNP "仿真参数" 对话框

3. PMOS(P 沟道耗尽型 MOS 场效应晶体管)器件仿真参数设定

如图 6.8.4 所示，若改变 V_ds 电压(P 沟道耗尽型 MOS 场效应晶体管的漏-源之间的电压)，则在左边 "源名称 V_ds" 对话框中输入数值。

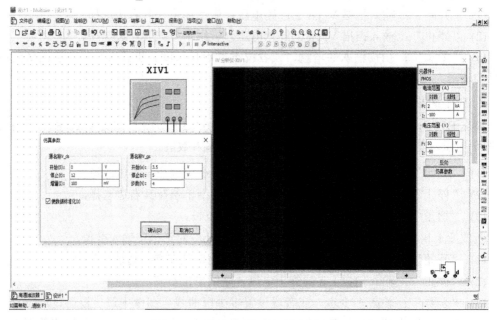

图 6.8.4　PMOS "仿真参数" 对话框

(1) "开始"：输入扫描 V_ds 的起始电压，量纲单位在其右边选择。

(2) "停止"：输入扫描 V_ds 的终止电压，量纲单位在其右边选择。

(3) "增量"：横轴扫描输入增量，或者说设置扫描步长。步长大小决定了图像曲线上测点的疏密。

若改变 V_gs 电压(P 沟道耗尽型 MOS 场效应晶体管的栅-源之间的电压)，则在右边"源名称 V_gs"对话框中输入数值。

(1) "开始"：输入扫描 V_gs 的起始电压，量纲单位在其右边选择。

(2) "停止"：输入扫描 V_gs 的中止电压，量纲单位在其右边选择。

(3) "步数"：纵轴扫描输入增量，或者说设置多少根曲线。图像中每一根曲线对应着一个 V_gs 值。

若"使数据标准化"复选框被选中，则表示伏安特性曲线在 X 轴的正值范围内，反之则在负值范围内。

说明：在伏安特性图示仪的面板上，纵轴表示电流坐标轴，横轴表示电压坐标轴。坐标轴坐标有两种表示方法：一种是对数型，另一种是线性型。

其他 NPN 双极型晶体管(BJT NPN)和 N 沟道耗尽型 MOS 场效应晶体管(NMOS)器件的仿真参数设定对话框不再重复。

6.9 字发生器

在 Multisim 14 中，字发生器是一个可编辑的通用数字激励源，产生并提供 32 位二进制数，将之输入到要测试的数字电路中去。字发生器的功能与模拟仪器中函数发生器的功能相似。仪器面板左侧是控制部分，右侧是字发生器的字值显示窗口。控制面板上有控制件、显示、触发方式等可设置，也有频率可供选择。从仪器栏中调出虚拟字发生器，如图 6.9.1 所示。字发生器的图标和操作面板如图 6.9.2 所示。

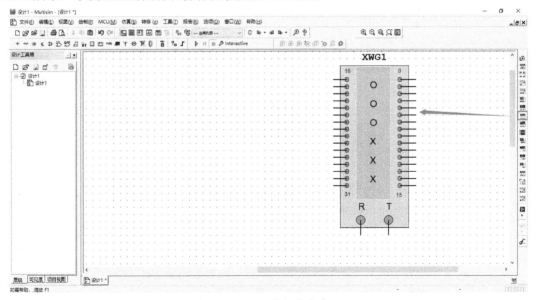

图 6.9.1 调出虚拟字发生器

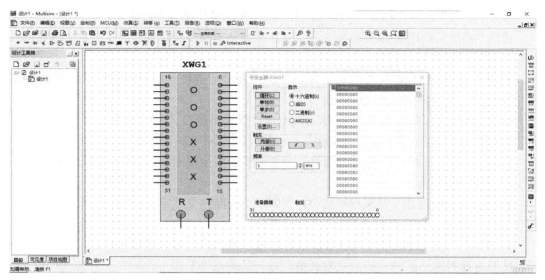

图 6.9.2　字发生器的图标和操作面板

1. 显示窗口的字值数制

字发生器面板的右边显示窗口共 1024 行(储存单元)，以卷轴的形式出现。每一行的字值可以以 8 位十六进制数显示，即从 00000000 到 FFFFFFFF；或以 10 位十进制数显示，即从 0 到 4 294 967 295；还可以以 32 位二进制数显示。

在显示区中，当选择了"十六进制"时，每一行的字值以 8 位十六进制数显示；同样当选择了"减"单选按钮时，以 10 位十进制数显示；当选择了"二进制"单选按钮时，以 32 位二进制数显示。字发生器处于仿真状态时，面板右边行的字值将一行行以并码方式相继传送到与之相对应的仪表底部的接线终端，由底部的接线终端接到数字电路中。

2. 输出方式设置

字值的输出方式设置如图 6.9.3 所示。

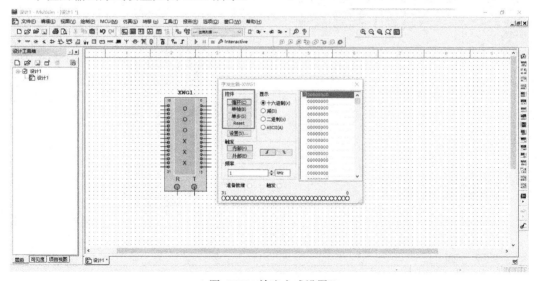

图 6.9.3　输出方式设置

把面板右边字符串值输到电路中，有以下三种方式。

(1) 单击"循环"按钮，行输出方式设为循环输出，即从被选择的起始行开始向电路输出字符串，一直到终止行为止。在完成一个周期后又重新跳回到起始行，重复上面的过程，周而复始，直到停止仿真。

(2) 单击"单帧"按钮，行的字值仅仅输出一次，即从被选择的起始行开始向电路输出字值，一直到终止行为止，只传输一次，不循环。

(3) 单击"单步"按钮，行输出方式是单步输出，即要使一个行的字值输入到电路中，必须单击一次"单步"按钮，若要再输出一个行的字值，就必须再单击一次"单步"按钮。单步输出往往在调试电路时使用。

3. 频率设置

将字符串传输到电路中的速度与频率区中的频率栏(见图 6.9.4)设置有关。

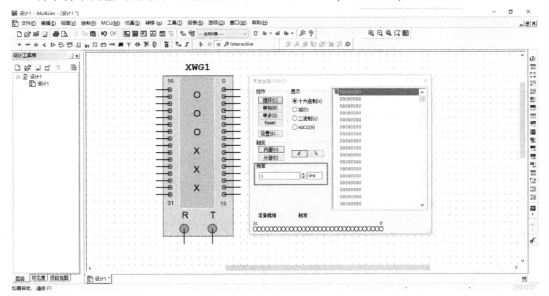

图 6.9.4　频率设置

4. 设置

单击"设置"按钮，系统弹出行的字值设置面板。在该面板中共有三项，如图 6.9.5 所示。

(1) "预设模式"行的字值选项。这些选项在图 6.9.5 左侧。其中"左移"或"右移"被选中时，其排列规则可按二进制值说明，每递增一行，二进制数向左或向右移动一位，即行的字值按 2 的几何级数递增或递减。有规律的字值是预先以文件形式保存的。当输入行的字值排列有规律时，往往调用已保存在文件中行的字值，从而省去人工输入的麻烦。

(2) "显示类型"选项。该项用于设置"缓冲区大小"和"初始模式"选项用什么进制数来表示。

图 6.9.5　行的字值设置面板

(3)"缓冲区大小"和"初始模式"选项。"缓冲区大小"设置卷轴上的第几行。"初始模式"设置卷轴上的起始行。仅在"左移""右移"被选中后,才需要对其设定。

5. 触发控制

触发控制(如图 6.9.6 所示)用于设置信号的触发方式,即设置行的字值输出到电路中采用何种触发方式,是用字发生器内部信号还是外部信号触发,则用信号的上升沿还是用下降沿触发。单击"内部"按钮,则用字发生器的内部时钟控制触发;单击"外部"按钮,则依靠外部信号控制触发;使用 $\boxed{\textit{f}}$ 或 $\boxed{\textbf{t}}$ 按钮,则用信号的上升沿或下降沿触发。

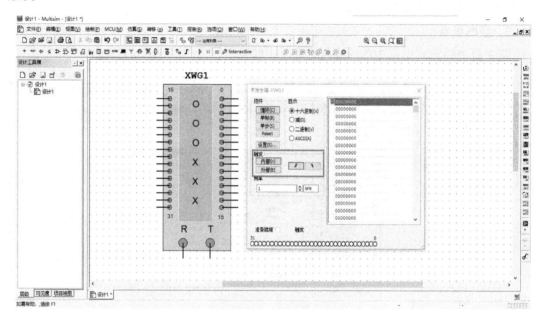

图 6.9.6　触发控制

6.10　逻辑分析仪

逻辑分析仪作为数据域测试仪器中最有用、最有代表性的一种仪器,其性能与功能日益完善,已成为调试与研制复杂数字系统,尤其是计算机系统的强有力工具。Multisim 14 中的逻辑分析仪可同时显示 16 个逻辑通道信号。从仪器栏中调出虚拟逻辑分析仪,如图 6.10.1 所示。逻辑分析仪的图标和操作面板如图 6.10.2 所示。

接线符号显示逻辑分析仪有 16 路逻辑通道输入端口、外接时钟输入端口"C"、时钟限制输入端口"Q"、触发输入端口"T"。

图 6.10.2 所示接线符号左边的 16 个接线端口对应仪器面板上的 16 个接线柱。当接线符号的接线端口与电路中某一点相连时,面板左边的接线柱圆环中间就会显示一个黑点,并同时显示出此连线的编号。此编号是按连线的时间先后顺序排列的。若接线符号接线端口没有与电路相连,则接线柱圆环中间没有黑点。

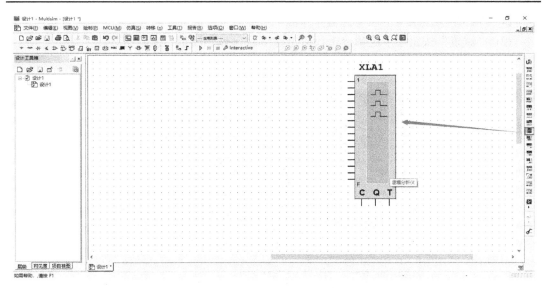

图 6.10.1　调出虚拟逻辑分析仪

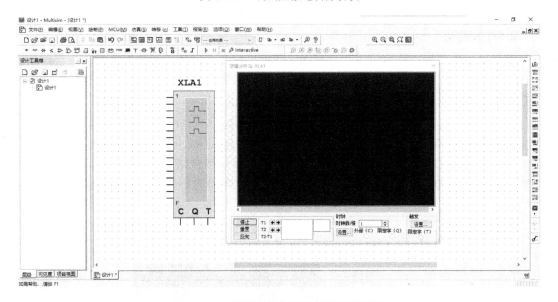

图 6.10.2　逻辑分析仪的图标和操作面板

当电路开始仿真时，逻辑分析仪记录的由接线柱输入的数字量，随时间以脉冲波的形式在逻辑分析仪上显示，其效果与模拟仪器中示波器的作用相似。与示波器不同的是，逻辑分析仪显示的信号电平是"1"与"0"。最顶端的一行显示 1 通道的信号(一般是数字逻辑信号的第一位)，下一行显示的是 2 通道的数据(也就是逻辑信号的第二位)，以此类推。显示屏上脉冲波形的颜色与接线的颜色一致，接线的颜色可以任意设定。

仿真时间在信号显示屏上部显示。显示屏同时显示内部时钟信号、外部时钟信号和触发信号。

1. 屏幕显示控制

图 6.10.3 所示的控制框内有"停止""重置""反向"三个按钮。

(1) "停止"按钮用于停止仿真。

(2) "重置"按钮用于逻辑分析仪复位并清除已显示波形，重新仿真。

(3) "反向"按钮用于改变逻辑分析仪的背景色。

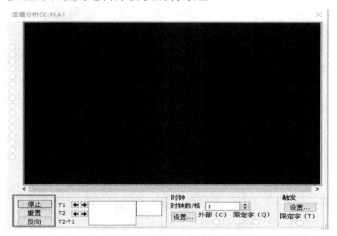

图 6.10.3　逻辑分析仪操作框

2. 时钟设置

逻辑分析仪在采样特殊信号时，需做一些特殊设置。例如，在触发信号到达前，往往对信号先采样并存储，直到有触发信号来为止。有触发信号以后，再开始采样触发后信号的数据，这样可以分析触发信号前后的信息变化情况。

触发信号到来前，如果采样的信息量已达到并超过设置存储数量，而触发信号没有来，那么以先进先出为原则，由新的数据去替代旧数据，如此周而复始，直到有触发信号为止。

根据需要指定逻辑分析仪触发前和触发后的信号采样存储数量，可单击"时钟"选项组中的"设置"按钮，如图 6.10.4 所示，在系统弹出的，时钟设置对话框中进行设定。

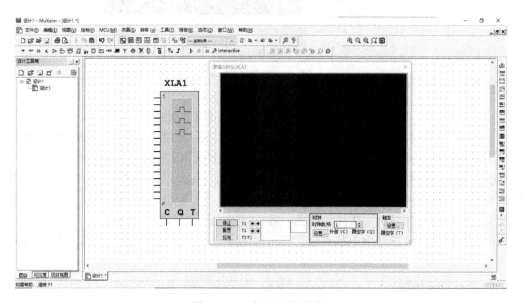

图 6.10.4　时钟设置操作框

(1) 时钟源。读取输入信号时，必须有时钟脉冲，根据需要可采用内部或外部时钟脉冲。选择内部时钟脉冲的模式与示波器的自动扫描相仿，选择外部时钟脉冲的模式与示波器外接扫描信号相仿。

(2) 时钟频率。该项用于设置内部信号的扫描频率。

(3) 时钟脉冲限制器。该项用于对输入时钟信号设置门槛限制。如果设置为"×"，则限制就不启动，只要有时钟信号，采样就开始。如果设置门槛限制为"1"或"0"，则时钟信号只有符合限制设置时，采样才开始。

(4) 采样设置。该项用于设置触发前有多少数据被采样储存，采样设置触发后就有多少数据被采样存储。如果设置被采纳，则单击"接受"按钮，否则单击"取消"按钮。

3. 触发方式

用逻辑分析仪观察数据流中感兴趣的一段数据，其方法是：设置特定的观察起点、终点或与被分析数据有一定关系的某一个参考点。这个特定的点在数据流中一旦出现，便形成一次触发事件，相应地把数据存入存储器。这个特定的参考点可能是一个数据字，也可能是字或事件的序列，总之是一个多通道的逻辑组合，这个数据字被称为触发字。

在触发控制区域中，单击"设置"按钮，系统将弹出触发设置对话框，如图 6.10.5 所示。该对话框用于选择数据流窗口的数据字，即逻辑分析仪采集数据前必须比较输入与设定触发字是否一致，若一致，则逻辑分析仪开始采集数据，否则不予采集。

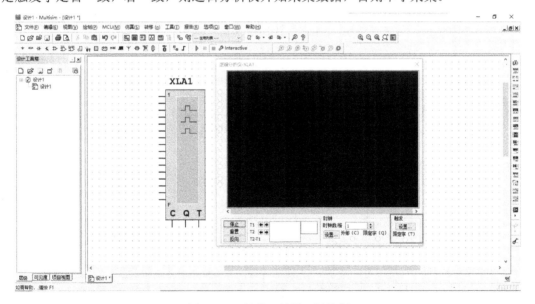

图 6.10.5　触发"设置"操作框

(1) 选择时钟信号触发边沿条件。若选择"正"按钮，则设置正脉冲触发；若选择"负"按钮，则设置负脉冲触发；若选择"两者"按钮，则既可以正脉冲作为触发条件，又可以负脉冲作为触发条件。

(2) 触发模式。触发模式用于选择对触发的限制。如果设置的是"×"，则限制不起作用；如果设置为"1"或"0"，则触发有限制。

(3) 触发模式中的三个触发字。触发模式中的三个触发字分别是模式 A、模式 B 和模式 C。这三个触发字可分别对其进行触发设定，或逻辑组合设定。组合逻辑设定可从下拉菜单"触发组合"中选择。

6.11　逻辑变换器

Multisim 14 中的逻辑变换器没有真实仪器与其对应。逻辑变换器是完成各种逻辑表达形式之间变换的装置。它能把数字电路变换成相应的真值表或布尔表达式，也能把真值表或布尔表达式变换成相应的数字电路。从仪器栏中调出虚拟逻辑变换器，如图 6.11.1 所示。逻辑变换器的图标和操作面板如图 6.11.2 所示。

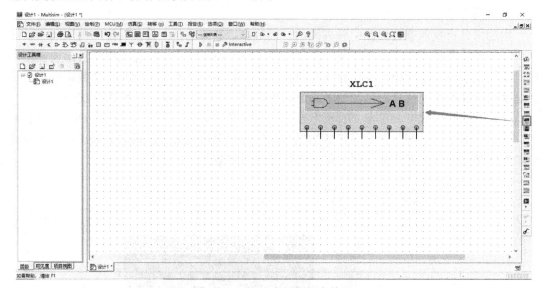

图 6.11.1　调出虚拟逻辑变换器

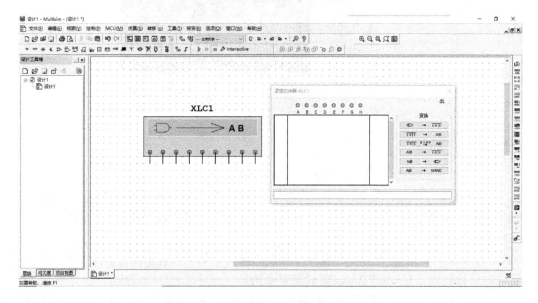

图 6.11.2　逻辑变换器的图标和操作面板

1. 从逻辑电路得到真值表

(1) 将电路的输入端连接到逻辑变换器的 8 个输入端口。

(2) 将电路的输出端与逻辑变换器的输出接线柱相连。

(3) 单击 $\boxed{\rightarrow\text{1011}}$ 按钮，完成电路图到真值表的转换。

2. 真值表的输入和转化

(1) 建立真值表。位于逻辑变换器面板上方的是逻辑变量的输入通道，其标号为 A、B、C、D、E、F、G、H。若用 3 个变量，则单击标号 A、B、C 上方的小圆点，真值表中出现了 3 个输入逻辑变量的完全逻辑组合。此时，输出框默认值为 "？"。根据逻辑输出要求，在输出框的相应位置输入 "1" "0" 或 "×"(×表示 1 或 0 都可以接受)。

(2) 将真值表转化为布尔表达式。单击 $\boxed{\text{1011}\rightarrow\text{A1B}}$ 按钮。布尔表达式会出现在逻辑变换器的底部。要将真值表转化成简化的布尔表达式，则单击 $\boxed{\text{1011}\text{SIMP}\text{A1B}}$ 按钮。

3. 布尔表达式的输入和转化

布尔表达式直接以 "与" "或" 的形式输入到逻辑变换器底部的方框内。若要将布尔表达式转换为真值表，则单击 $\boxed{\text{A1B}\rightarrow\text{1011}}$ 按钮即可；若要将布尔表达式转换成电路图，则单击 $\boxed{\text{A1B}\rightarrow}$ 按钮即可。满足布尔表达式的逻辑电路以 "与" 门的形式出现在 Multisim 14 的窗口中，也可用 "与非" 门表示(单击 $\boxed{\text{A1B}\rightarrow\text{NAND}}$ 按钮即可)。

6.12　失真分析仪

失真分析仪是测量电路总谐波失真和信噪比的一种仪器。

虚拟失真分析仪的图标只有一个接线端，使用时与输出端相连。从仪器栏中调出虚拟失真分析仪，如图 6.12.1 所示。失真分析仪的图标和操作面板如图 6.12.2 所示。

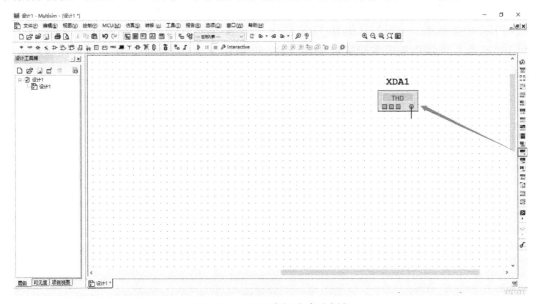

图 6.12.1　调出虚拟失真分析仪

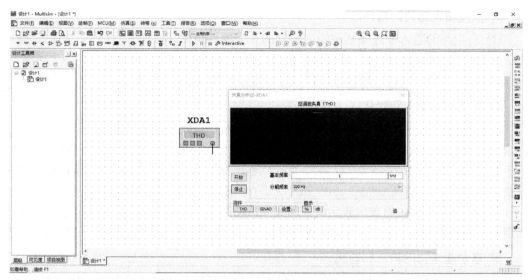

图 6.12.2 失真分析仪的图标和控制面板

(1) 将失真分析仪接到电路的输出端，点击"开始"按钮，失真分析仪开始工作；点击"停止"按钮，失真分析仪停止工作。

(2) 在"基本频率"中设置测量频率，测量频率必须与输入信号频率相同。

(3) 仪器开始运行后，点击控件中的"THD"按钮，总谐波失真显示屏显示总谐波失真的程度；点击"SINAD"按钮，总谐波失真显示屏显示信噪比。

(4) 在"THD"状态下，在"显示"中点击"%"，总谐波失真显示屏中总谐波失真程度以百分数的形式输出；点击"dB"，总谐波失真显示屏中总谐波失真程度以分贝的形式输出。在"SINAD"状态下，只能选择"dB"按钮，总谐波失真显示屏中信噪比以分贝的形式输出。

(5) 点击"设置"按钮后，弹出如图 6.12.3 所示的控制面板。其中"THD 界定"选项中的"IEEE"按钮表示电器与电子工程师协会标准，"ANSI/IEC"按钮表示美国国家标准/国际电工协会标准，一般默认选择"IEEE"；"谐波阶次"选项用来设置所需的谐波阶次；"FFT 点数"选项用来设置傅里叶变换点数，一般情况选择默认值即可。设置完成后点击"接受"按钮保存设置，点击"取消"按钮退出设置。

图 6.12.3 "设置"控制面板

第 7 章　Multisim 14 的基本分析方法

【教学提示】本章主要内容为仿真分析方法,涉及仿真分析的基本界面及 13 种分析方法。
【教学要求】了解每一种分析方法的分析步骤和流程。
【教学方法】可以课内、课外相结合,教师指导与学生自学相结合,以学生实操为主。

当运用 Multisim 14 完成了电路设计之后,需要解决的问题是确定电路的性能是否达到了设计要求。为此,可以采用 Multisim 14 提供的虚拟仪器对电路的特征参数进行测量。虽然这些虚拟仪器能完成电压、电流、波形和频率等测量,但在反映电路的全面特性方面却存在着一定的局限性。例如,当需要了解“元器件精度对电路性能指标的影响”“元器件参数变化对电路性能指标的影响”“温度变化对电路性能指标的影响”等情况时,仅靠实验测量将是十分费时费力的。此时,Multisim 14 提供的仿真分析功能将会发挥独特的作用。利用 Multisim 14 强大的仿真分析功能,不仅可以完成电压、电流、波形和频率等测量,而且能够完成电路动态特性和参数的全面描述。因此,本章将介绍 Multisim 14 的基本分析方法。

7.1　仿真分析的基本界面

Multisim 14 仿真分析的基本界面包括仿真分析主菜单、分析设置对话框和输出结果图形显示窗口。

7.1.1　仿真分析主菜单

在 Multisim 14 的基本界面上,通过点击“仿真”菜单中的“Analyses and simulation”按钮可打开 Multisim 14 仿真分析的主菜单,如图 7.1.1 所示。或工具栏中的“Interactive”按钮也可打开 Multisim 14 仿真分析的主菜单,如图 7.1.2 所示。

Multisim 14 提供了 19 种仿真分析,分别为直流工作点分析、交流分析、瞬态分析、直流扫描分析、单频交流分析、参数扫描分析、噪声分析、蒙特卡罗分析、傅里叶分析、温度扫描分析、失真分析、灵敏度分析、最坏情况分析、噪声因数分析、极-零分析、传递函数

图 7.1.1　打开仿真分析主菜单

分析、光迹宽度分析、Batched 分析、用户自定义分析等，如图 7.1.3 所示。

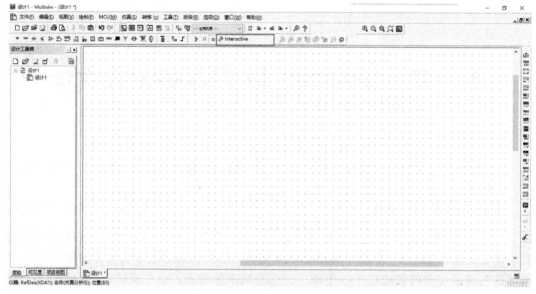

图 7.1.2　打开仿真分析主界面

图 7.1.3　仿真分析的 19 种方法

7.1.2　分析设置对话框

当在仿真分析主菜单中选择任意一种分析命令后，系统会弹出相应的分析设置对话框，由用户设置相关的分析变量、分析参数和分析结点等。对话框最多由五个选项卡组成，分别是"分析参数""频率参数""输出""分析选项""求和"，如图 7.1.4 所示。不同的分析命令对应的选项卡数目不同，例如，噪声分析的对话框有五个选项卡组成，而传递函数分析的对话框只有三个选项卡。

图 7.1.4　分析设置对话框

(1) "分析参数"选项卡用于为所选分析设置相关参数。例如，为瞬态分析设置起始和终止的时间，为噪声分析设置输入噪声参考源和参考结点等。

(2) "频率参数"选项卡用于为所选分析设置与频率相关的参数。例如，为交流分析设置信号源频率的变化范围和扫描方式，为傅里叶分析设置基波频率和需要分析的谐波次数等。

(3) "输出"选项卡用于为所选分析设置需要分析的结点。

(4) "分析选项"选项卡用于为仿真分析选择模型，Multisim 14 默认设置如图 7.1.5 所示的 "SPICE 选项"，特殊需要时用户也可通过选项卡自行设置。

(5) "求和"选项卡用于对所选分析设置参数的汇总确认。一般情况下，用户不必对"分析选项"选项卡和"求和"选项卡进行操作，选择默认设置即可。

图 7.1.5　Multisim 14 的默认设置

7.1.3　输出结果显示窗口

在选择了需要的分析命令并进行了相关设置后，仿真分析的结果会以图表方式显示在图 7.1.7 所示的"图示仪视图"窗口中。通过图 7.1.6 所示的操作可得到图 7.1.7 所示的结果(以分析高通滤波器电流为例)。

图 7.1.6　仿真分析的操作步骤

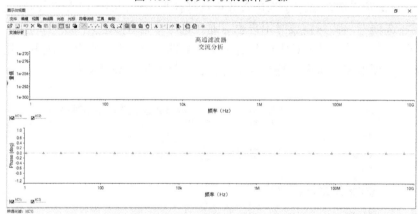

图 7.1.7　"图示仪视图"窗口

7.2　直流工作点分析

直流工作点分析用于确定电路的静态工作点。在仿真分析中，电容被视为开路，电感被视为短路，交流电源输出为零，电路处于稳态。直流工作点的分析结果可用于瞬态分析、交流分析和参数扫描分析等。

现以高通滤波器为例说明直流工作点分析的方法与步骤，电路如图 7.2.1 所示。

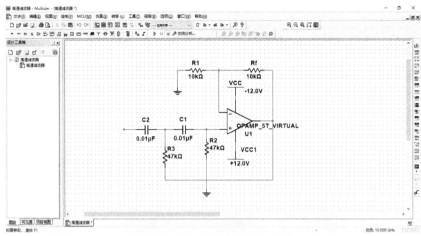

图 7.2.1 高通滤波器的电路图

点击"编辑"→"属性",在弹出的对话框中选择"电路图可见性"→"网络名称"→"全部显示",再点击"确认"按钮,即可得到带有结点序号的电路图,如图 7.2.2、图 7.2.3、图 7.2.4 所示。

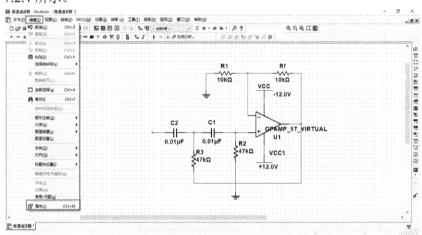

图 7.2.2 选择"属性"

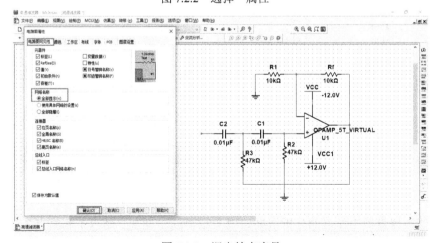

图 7.2.3 调出结点序号

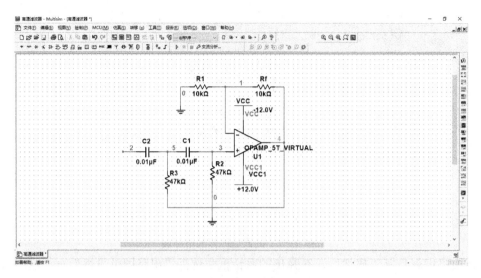

图 7.2.4 带有结点序号的电路图

选择"直流工作点"选项后，系统会弹出如图 7.2.5 所示的"直流工作点"设置对话框。直流工作点分析的设置非常简单，只需在"输出"选项卡的左侧备选栏已罗列的电路结点和变量中选择需要分析的结点或变量，点击"添加"按钮添加到右侧的分析栏中即可。

当系统自动选中的电路变量不能满足用户要求时，用户可通过"输出"选项卡中的其他选项添加或删除需要的变量。完成相关分析设置后单击 ▷ Run 按钮即可进行仿真分析。

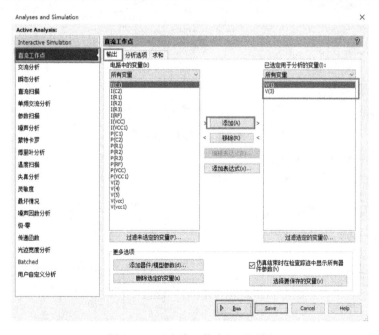

图 7.2.5 "直流工作点"对话框

高通滤波器直流工作点的分析结果如图 7.2.6 所示。可见，结点 1 和结点 3 的静态工作点电压分别为 -4.22992 mV 和 -4.23000 mV。

图 7.2.6　V(1)和 V(3)的工作电压

7.3　交 流 分 析

交流分析用于确定电路的频率响应，分析的结果是电路的幅频特性和相频特性。在交流分析中，系统将所有直流电源置零，电容和电感采用交流模型，非线性元器件(如二极管、晶体管、场效应晶体管等)使用交流小信号模型。无论用户在电路的输入端输入何种信号，交流分析时系统默认的输入都是正弦波，并且以用户设置的频率范围扫描。

现仍以高通滤波器为例说明交流分析的方法与步骤，电路如图 7.2.4 所示。选择"交流分析"选项后，系统弹出如图 7.3.1 所示的"交流分析"设置对话框。

图 7.3.1　"交流分析"设置对话框

本例在"频率参数"选项卡中，参数的设置采用系统的默认值：起始频率为 1 Hz；终止频率为 10 GHz；扫描类型为十倍频程；每十倍频程点数为 10；表明每十倍频率的取样点数为 10 垂直刻度(纵坐标)取对数刻度。完成"频率参数"选项卡的设置后，仿真前还需在"输出"选项卡上选定需要分析的结点，有关"输出"选项卡的设置方法已在直流工作点分析中介绍，不再赘述。选择 4 号结点作为分析结点，单击 ▷ ⒽⓊⓃ 按钮后，得到的分析结果如图 7.3.2 所示。

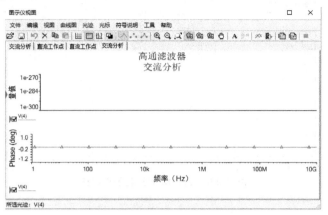

图 7.3.2　交流分析的运行结果

在图 7.3.2 中，上面的曲线是幅频特性，下面的曲线是相频特性。

7.4　瞬　态　分　析

瞬态分析用于分析电路的时域响应，分析的结果是电路中指定变量与时间的函数关系。在瞬态分析中，系统将直流电源视为常量，交流电源按时间函数输出，电容和电感采用储能模型。

仍以高通滤波器为例说明瞬态分析的方法与步骤，电路如图 7.2.4 所示。

选择"瞬态分析"后，系统弹出如图 7.4.1 所示的"瞬态分析"设置对话框。

图 7.4.1　"瞬态分析"设置对话框

本例在"分析参数"选项卡中，只将分析结束时间设置为 0.01 s，其余全部采用系统的默认设置。同时，在"输出"选项卡中选定需要分析的结点(设置方法见直流工作点分析)，选择 4 号结点作为分析结点。单击 ▷ ⒽⓊⓃ 按钮后，得到的分析结果如图 7.4.2 所示。

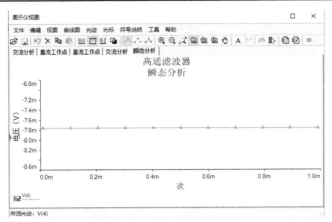

图 7.4.2　瞬态分析的运行结果

7.5　傅里叶分析

傅里叶分析可将非正弦周期信号分解成直流、基波和各次谐波分量之和，即

$$f(t) = A_0 + \sum_{k=1}^{\infty} A_{km} \cos(k\omega_1 t + \phi_k)$$

式中，A_0 为信号的直流分量；A_{km} 为信号各次谐波分量的幅值；ϕ_k 为信号各次谐波分量的初相位；$\omega_1 = 2\pi f_1$ 为信号的基波角频率。

傅里叶分析将信号从时间域变换到频率域，工程上常采用长度与各次谐波幅值或初相位对应的线段，按频率高低依次排列得到幅度频谱($A \sim \omega$)或相位频谱($A \sim \phi$)，直观表示各次谐波幅值或初相位与频率的关系。傅里叶分析的结果是幅度频谱和相位频谱。

仍以高通滤波器为例说明傅里叶分析的方法与步骤，电路如图 7.2.4 所示，选择"傅里叶分析"选项后，系统弹出如图 7.5.1 所示的"傅里叶分析"设置对话框。

图 7.5.1　"傅里叶分析"设置对话框

在"分析参数"选项卡中，将基本频率设置为 10 Hz、谐波数量设置为 30，取样的停

止时间设置为 0.01 s，其余均采用系统的默认设置。同时，在"输出"选项卡中选定需要分析的结点(设置方法见直流工作点分析)，选择的分析结点为 4 号结点。单击 ▷ Run 按钮后，得到的分析结果如图 7.5.2 所示。

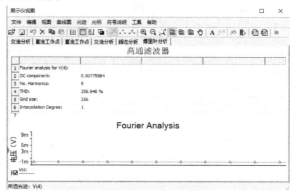

图 7.5.2　傅里叶分析的运行结果

7.6　噪　声　分　析

噪声分析用于研究噪声对电路性能的影响。Multisim 14 提供了 3 种噪声模型：热噪声、散弹噪声和闪烁噪声。其中，热噪声主要由温度变化产生；散弹噪声主要由电流在半导体中流动产生，是半导体器件的主要噪声；而晶体管在 1 kHz 以下常见的噪声是闪烁噪声。噪声分析的结果是每个指定电路元器件对指定输出结点的噪声贡献，用噪声谱密度函数表示。

仍以高通滤波器为例说明噪声分析的方法与步骤，电路如图 7.2.4 所示。

选择"噪声分析"选项后，系统弹出如图 7.6.1 所示的"噪声分析"设置对话框。而"频率参数"的设置与交流分析的设置基本一致，如图 7.6.2 所示。同时，在图 7.6.3 所示的"输出"选项卡中选择提供噪声的元器件，具体设置方法与直流工作点分析的设置方法一致。点击 ▷ Run 按钮可得如图 7.6.4 所示的分析结果。

图 7.6.1　"噪声分析"设置对话框

图 7.6.2　"频率参数"的设置

图 7.6.3　选择噪声元器件

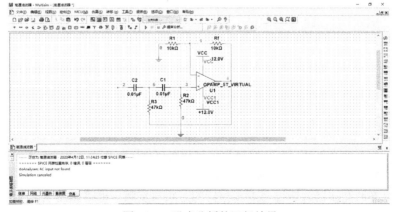

图 7.6.4　噪声分析的运行结果

7.7　噪声因数分析

噪声因数分析用于衡量电路输入/输出信噪比的变化程度。噪声因数的定义为

$$NF = 10 \lg F$$

式中，$F = \dfrac{SNR_{input}}{SNR_{output}}$，其中 SNR_{input} 为输入信号的信噪比，SNR_{output} 为输出信号的信噪比。

仍以高通滤波器为例说明噪声因数分析的方法与步骤，电路如图 7.2.4 所示。

选择"噪声因数分析"选项后，系统弹出如图 7.7.1 所示的"噪声因数分析"设置对话框。选择信号源 VCC 为输入噪声，选择 4 号节点为输出结点，点击 ▷ Run 按钮得到仿真结果。

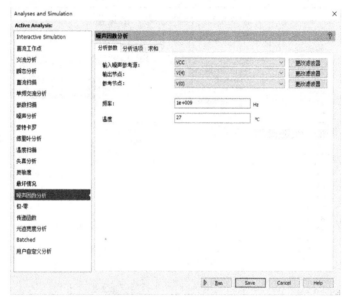

图 7.7.1　"噪声因数分析"设置对话框

7.8　失　真　分　析

电路的非线性会导致电路的谐波失真和互调失真。失真分析能够给出电路谐波失真和互调失真的响应，对瞬态分析波形中不易观察的微小失真比较有效。当电路中只有一个频率为 F_1 的交流信号源时，失真分析的结果是电路中指定结点的二次和三次谐波响应；而当电路中有两个频率分别为 F_1 和 F_2 的交流信号源时(假设 F_1 大于 F_2)，失真分析的结果是频率 $(F_1 + F_2)$、$(F_1 - F_2)$ 和 $(2F_1 - F_2)$ 相对 F_1 的互调失真。

下面仍以高通滤波器为例说明失真分析的方法与步骤，电路如图 7.2.4 所示。

选择"失真分析"选项后，系统弹出如图 7.8.1 所示的"失真分析"设置对话框。

图 7.8.1　"失真分析"设置对话框

参数设置全部采用系统的默认设置。同时，在"输出"选项卡中选定 4 号结点为需要分析的结点。单击 ▷ Run 按钮后，得到的分析结果如图 7.8.2 所示。其中，上面和下面的曲线分别是 4 号结点上三次谐波的幅频响应和相频响应曲线。

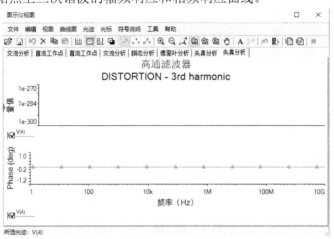

图 7.8.2　三次谐波失真的运行结果

7.9　直流扫描分析

直流扫描分析能给出指定结点的直流工作状态随电路中一个或两个直流电源变化的情况。当只考虑一个直流电源对指定结点直流状态的影响时，直流扫描分析的过程相当于每改变一次直流电源的数值就计算一次指定结点的直流状态，其结果是一条指定结点直流状态与直流电源参数间的关系曲线；当考虑两个直流电源对指定结点直流状态的影响时，直流扫描分析的过程相当于每改变一次第二个直流电源的数值，确定一次指定结点直流状态与第一个直流电源的关系，其结果是一组指定结点直流状态与直流电源参数间的关系曲线。曲线的个数为第二个直流电源被扫描的点数，每条曲线对应了一个在第二个直流电源取某个扫描值时，指定结点直流状态与第一个直流电源参数间的函数关系。

仍以高通滤波器为例说明直流扫描分析的方法与步骤，电路如图 7.2.4 所示。选择"直流扫描"选项后，系统弹出如图 7.9.1 所示的"直流扫描"设置对话框。

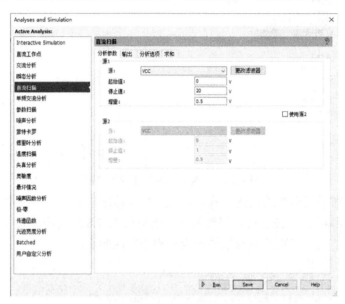

图 7.9.1   "直流扫描"设置对话框

选择直流电源 VCC，在"分析参数"选项卡中，设置直流电源扫描的开始数值为 0 V，结束数值为 20 V，扫描电压增量为 0.5 V。同时，在"输出"选项卡中选定 3 号结点为需要分析的结点(设置方法见直流工作点分析)。单击 ▷ Run 按钮后，分析结果如图 7.9.2 所示。由此可清晰直观地看到晶体管集电极电位随直流电压变化的情况。

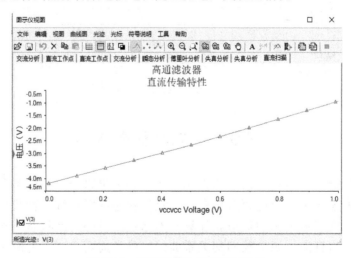

图 7.9.2   直流扫描分析的运行结果

7.10　灵敏度分析

　　灵敏度分析研究的是电路中指定元器件参数的变化对电路直流工作点和交流频率响应特性影响的程度，灵敏度高表明指定元器件的参数变化对电路响应的影响大，反之则影响小。

　　Multisim 14 提供的灵敏度分析分为"直流灵敏度"分析和"交流灵敏度"分析两种。直流灵敏度分析的结果是指定结点电压或支路电流对指定元器件参数的偏导数，反映了指定元器件参数的变化对指定结点电压或支路电流的影响程度，用表格形式显示；交流灵敏度分析的结果是指定元器件参数变化时指定结点的交流频率响应，用幅频特性和相频特性曲线表示。

　　仍以高通滤波器为例说明灵敏度分析的方法与步骤，电路如图 7.2.4 所示。

　　选择"灵敏度"选项后，系统会弹出如图 7.10.1 所示的"灵敏度"设置对话框。

图 7.10.1　"灵敏度"设置对话框

7.10.1　直流灵敏度分析

　　在"分析参数"选项卡中选择直流灵敏度分析，选择 3 号结点为分析结点，地为参考结点，选择绝对灵敏度为结果类型。同时，在"输出"选项卡中选定电阻 rr1、rr2、rr3(见图 7.10.2)和 VCC。单击 ▷ Run 按钮后，得到的分析结果如图 7.10.3 所示。

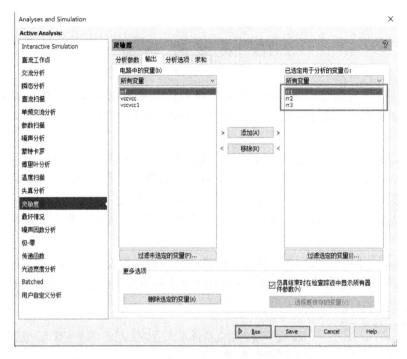

图 7.10.2 "输出"的设置

图 7.10.3 直流灵敏度分析的运行结果

7.10.2 交流灵敏度分析

在"分析参数"选项卡中选择"交流灵敏度"分析并设置相应的交流分析参数,本例采用系统的默认值,如图 7.10.4 所示。同时,选择 4 号结点为分析结点,地为参考结点,选择绝对灵敏度为结果类型。在"输出"选项卡中选定电阻 rr1、rr2、rr3 为灵敏度分析指定元件。单击 ▷ Run 按钮后,得到的交流灵敏度分析结果如图 7.10.5 所示。

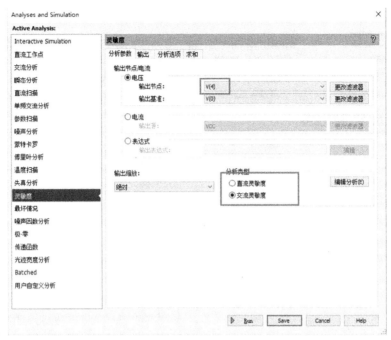

图 7.10.4　"灵敏度"设置对话框

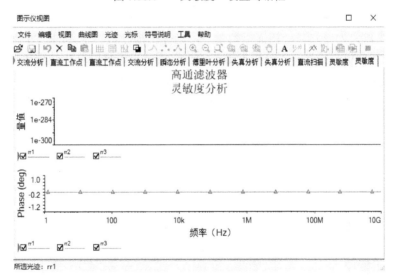

图 7.10.5　交流灵敏度分析的运行结果

7.11　参数扫描分析

　　参数扫描分析是指在规定范围内改变指定元器件参数，对电路的指定结点进行直流工作点分析、瞬态分析和交流频率特性分析等。该分析可用于电路性能的优化。

　　仍以高通滤波器为例说明参数扫描分析的方法与步骤，电路如图 7.2.4 所示。

　　选择"参数扫描"选项后，系统弹出如图 7.11.1 所示的"参数扫描"设置对话框。

图 7.11.1　"参数扫描"设置对话框

　　本例在"分析参数"选项卡中选择偏置电阻 R1 为扫描元件，设置 R1 扫描的开始数值为 1 kΩ，结束数值为 20 kΩ、扫描点数为 4，选择扫描分析类型为瞬态分析，如图 7.11.2 所示。在"瞬态分析扫描"→"分析参数"的设置中，设置瞬时分析结束时间为 0.01 s，其余采用默认设置，如图 7.11.3 所示。同时，在"输出"选项卡中选定结点 4 作为需要分析的结点(设置方法见直流工作点分析)。单击 ▷ Run 按钮后，得到的分析结果如图 7.11.4 所示。

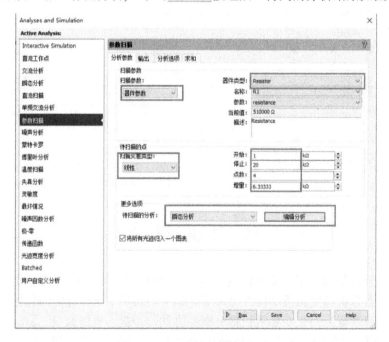

图 7.11.2　"分析参数"的设置

图 7.11.3　"瞬态分析扫描"参数设置　　　　图 7.11.4　参数扫描分析的运行结果

7.12　温度扫描分析

温度扫描分析是指在规定范围内改变电路的工作温度，对电路的指定结点进行直流工作点分析、瞬态分析和交流频率特性分析等。该分析相当于在不同的工作温度下多次仿真电路性能，可用于快速检测温度变化对电路性能的影响。

注意： 温度扫描分析只适用于半导体器件和虚拟电阻，并不对所有元器件有效。

仍以高通滤波器为例说明温度扫描分析的方法与步骤，电路如图 7.2.4 所示。

选择"温度扫描"选项后，系统弹出如图 7.12.1 所示的"温度扫描"设置对话框。

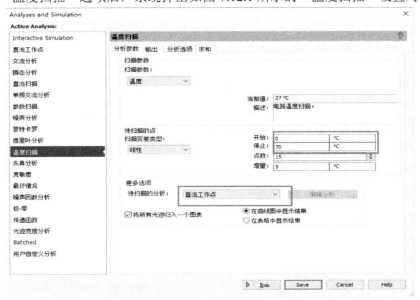

图 7.12.1　"温度扫描"设置对话框

本例在"分析参数"选项卡中选择扫描的开始温度为 0℃，结束温度为 70℃，扫描点数为 15。选择扫描分析类型为直流工作点分析。同时，在"输出"选项卡中选定结点 3 为需要分析的结点(设置方法见直流工作点分析)。单击 ▷ Run 按钮后，得到的分析结果如图 7.12.2 所示。

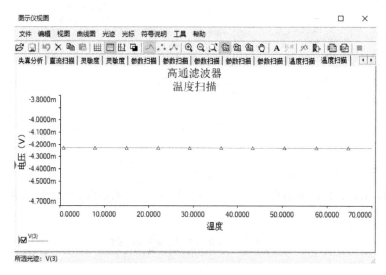

图 7.12.2　温度扫描分析的运行结果

7.13　极-零分析

极-零分析可以给出交流小信号电路传递函数的极点和零点，用于电路稳定性的判断。仍以高通滤波器为例说明极-零点分析的方法与步骤，电路如图 7.2.4 所示。

选择"极-零"选项后，系统弹出如图 7.13.1 所示的"极-零"设置对话框。

图 7.13.1　"极-零"设置对话框

本例在"分析参数"选项卡中选择"增益分析"。同时，选择结点 5 为正的输入结点，VCC 为负的输入结点；结点 4 为正的输出结点，VCC 为负的输出节点，并选择同时求出极点和零点的分析项目。单击 ▷ Run 按钮后，分析结果如图 7.13.2 所示。

图 7.13.2　极-零点分析的运行结果

7.14　传递函数分析

传递函数分析可以求出电路输入与输出间的关系的数，包括电压增益(输出电压与输入电压的比值)、电流增益(输出电流与输入电流的比值)、输入阻抗(输入电压与输入电流的比值)、输出阻抗(输出电压与输出电流的比值)、互阻抗(输出电压与输入电流的比值)等。

仍以高通滤波器为例说明传递函数分析的方法与步骤，电路如图 7.2.4 所示。

选择"传递函数"选项后，系统弹出如图 7.14.1 所示的"传递函数"设置对话框。

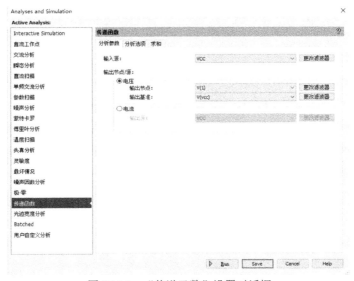

图 7.14.1　"传递函数"设置对话框

　　本例在"分析参数"选项卡中选择需要分析的输入源为 V(1)，选择输出变量为 1 号结点的电压，VCC 为输出基准。单击 ▷ Run 按钮后，得到的分析结果如图 7.14.2 所示。

图 7.14.2　传递函数分析的运行结果

第 8 章　模拟电子技术实验仿真

【教学提示】本章在介绍模拟电子技术实验原理的基础上，给出了利用 Multisim 14 软件进行实验仿真的方法、步骤和仿真结果，实验类型涉及基础性、设计性和综合性实验。实验内容包括实验的仿真测量和实验的仪器测量。

【教学要求】理解实验原理，掌握实验方法，会正确安装电路，正确使用仪器仪表，会进行数据处理及误差分析，具有电路故障分析与检查能力。

【教学方法】要求学生进行预习，可先进行实验仿真，再进行仪器实验。可课内、课外相结合，实验仿真在教师指导下课外进行，仪器实验在实验室由教师指导进行。

8.1　单管共射放大电路

❖ 预习内容

(1) 阅读有关单管放大电路的内容并估算实验电路的性能指标。假设在图 8.1.1 中，9013 的 β 值为 100，$R_{b1} = 20\ \text{k}\Omega$，$R_{b2} = 10\ \text{k}\Omega$，$R_c = 4.7\ \text{k}\Omega$，$R_L = 4.7\ \text{k}\Omega$。

(2) 能否用直流电压表直接测量晶体管的 U_{CE}？为什么实验中要采用先测量 U_B 和 U_E，再间接算出 U_{CE} 的方法？

(3) 当改变偏置电阻 R_{b1}，放大器输出波形出现饱和或截止失真时，晶体管压降 U_{CE} 怎样变化？

(4) 改变静态工作点对放大器的输入电阻 R_i 是否有影响？改变外接电阻 R_L 对输出电阻 R_o 是否有影响？

(5) 利用 Multisim 14 软件进行单管共射放大电路仿真。

1. 实验目的

(1) 掌握放大器静态工作点的调试和测量方法。

(2) 了解改变电路元器件参数对静态工作点及放大倍数的影响。

(3) 掌握放大器电压放大倍数、输入电阻、输出电阻的测量方法。

(4) 熟悉 Multisim 14 软件的使用方法，并能使用 Multisim 14 对单管共射放大电路进行仿真。

2. 实验器材

序号	器材名称	型号与规格	数量	备注
1	计算机与 Multisim 14 软件		1	
2	多功能电子技术实验平台		1	
3	信号发生器		1	
4	数字示波器		1	
5	交流毫伏表		1	
6	四位半万用表		1	
7	波特图示仪		1	虚拟

3. 实验原理

电阻分压式工作点稳定的单管放大器实验电路如图 8.1.1 所示。它的偏置电路采用 R_{b1} 和 R_{b2} 组成的分压电路，并在发射极中接有电阻 R_e，以稳定电路的静态工作点。当在放大器的输入端加输入信号 U_i 后，在放大器输出端便可得到一个与 U_i 相位相反、幅值放大的输出信号 U_o，从而实现了电压放大。

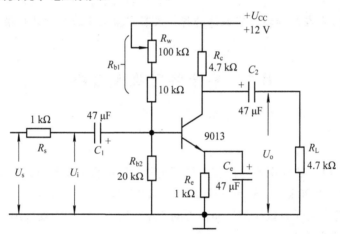

图 8.1.1　单管共射放大电路

在图 8.1.1 中，当流过偏置电阻 R_{b1} 和 R_{b2} 的电流远大于晶体管 9013 的基极电流 I_B (一般为 I_B 的 5～10 倍)时，静态工作点估算为

$$U_B \approx \frac{R_{b1}}{R_{b1}+R_{b2}} \cdot U_{CC} , \quad I_E = \frac{U_B - U_{BE}}{R_e} \approx I_C , \quad U_{CE} = U_{CC} - I_C(R_c + R_e)$$

交流电压放大倍数为 $A_u = -\beta \dfrac{R_c /\!/ R_L}{r_{be}}$，输入电阻为 $R_i = R_{b1} /\!/ R_{b2} /\!/ r_{be}$，输出电阻为 $R_o \approx R_c$。

由于电子元器件性能的离散性较大，因此在设计和制作晶体管放大电路时，离不开测量和调试技术。在设计前应测量所用元器件的参数，为电路设计提供必要的依据。在完成设计和连接以后，还必须测量和调试放大器的静态工作点。一个正常工作的放大器，必定是理论设计与实验相结合的产物。因此，除了学习放大器的理论知识和设计方法外，还必须掌握必要的测量和调试技术。

放大器的测量和调试一般包括放大器静态工作点的测量与调试、放大器动态指标的测量、输出电阻的测量等。

1) 放大器静态工作点的测量和调试

(1) 静态工作点的测量。

测量放大器的静态工作点，应在输入信号 $U_i = 0$ 时进行，即将放大器输入端对地短接，然后选用万用表量程合适的直流电流挡和直流电压挡，分别测量晶体管的集电极电流 I_C 以及各电极对地的电位 U_B、U_C 和 U_E。一般实验中，为了避免断开集电极，采用测量电压计算 I_C 的方法。例如，只要测量出 U_E，即可计算 $I_C \approx I_E = U_E/R_e$，同时也能计算 $U_{BE} = U_B - U_E$，$U_{CE} = U_C - U_E$。为了减小误差，提高测量精度，应选用内阻较高的直流电压表。

(2) 静态工作点的调试。

静态工作点是否合适，对放大器的性能和输出波形都有很大影响。如工作点偏高，则放大器在加入交流信号后易产生饱和失真，此时 U_o 的负半周将被削底，如图 8.1.2(a)所示；如工作点偏低，则易产生截止失真，即 U_o 的正半周被缩顶(一般截止失真不如饱和失真明显)，如图 8.1.2(b)所示。这些情况都不符合不失真放大的要求。所以在选定工作点后还必须进行动态调试，即在放大器的输入端加一定的 U_i，检查输出端电压 U_o 的大小和波形是否满足要求。若不满足，则应调节静态工作点的位置。

改变电路参数 U_{CC}、R_c、R_{b1}、R_{b2} 都会引起静态工作点的变化，如图 8.1.3 所示。但通常多采用调节偏置电阻 R_{b1} 的方法来改变电路的静态工作点。例如，减小 R_{b1} 就可提高静态工作点。

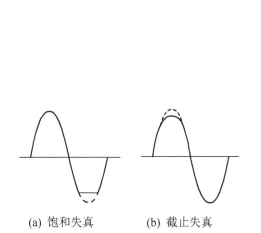

(a) 饱和失真　　　(b) 截止失真

图 8.1.2　静态工作点对 U_o 波形失真的影响

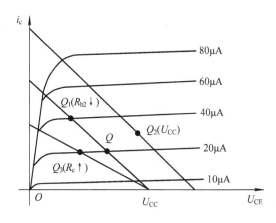

图 8.1.3　电路参数对静态工作点的影响

注意：上面所说的工作点"偏高"或"偏低"不是绝对的，而是相对于信号幅度而言的，如果信号幅度很小，则即使静态工作点较高或较低也不一定会出现失真。确切地说，产生波形失真是信号幅度与静态工作点设置不当所导致的。如果需满足较大的信号幅度要求，则静态工作点应尽量靠近交流负载线的中点。

2) 放大器动态指标的测量

放大器的动态指标有电压放大倍数、输入电阻、输出电阻、最大不失真输出电压(动态范围)和通频带等。

(1) 电压放大倍数 A_u 的测量。

调整放大器到合适的静态工作点,然后加输入电压 U_i,在输出电压 U_o 不失真的情况下,用交流毫伏表测量 U_i 和 U_o 的有效值, 则

$$A_u = \frac{U_o}{U_i}$$

(2) 输入电阻的测量。

放大器输入电阻的大小表示该放大器从信号源或前级放大器获取多少电流,为前级电路设计提供负载条件。可用串接电阻法测量 R_i,如图 8.1.4 所示。为了测量放大器的输入电阻,即在信号源与放大器输入端之间串接一个已知电阻 R_s,在放大器正常工作的情况下,用交流毫伏表测量 U_s 和 U_i。

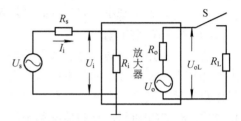

输入电阻为

$$R_i = \frac{U_i}{I_i} = \frac{U_i}{\dfrac{U_R}{R}} = \frac{U_i}{U_s - U_i} R_s$$

图 8.1.4　输入、输出电阻测量电路

注意:

(1) 由于电阻 R_s 两端没有电路公共接地点,而电压表一般测量的是对地的交流电压,因此当测量 R_s 两端的电压 U_R 时,必须分别测量 R_s 两端对地的电压 U_s 和 U_i,然后求 U_R。实际测量时,电阻 R_s 的数值不宜取得过大,否则容易引入干扰,但也不宜取得过小,否则测量误差较大。通常取 R_s 与 R_i 为同一数量级比较合适,本实验取 R_s 为 1 kΩ。

(2) 测量之前,交流毫伏表应该校零,U_s 和 U_i 最好用同一量程挡进行测量。

(3) 输出端应接上负载电阻 R_L,并用示波器监视输出波形,要求在波形不失真的条件下进行上述测量。

3) 输出电阻的测量

放大器输出电阻 R_o 的大小能够说明该放大器承受负载的能力。R_o 越小,放大器输出等效电路越接近于恒压源,带负载的能力越强。R_o 的测量也为后级电路设计提供了条件。按图 8.1.4 电路,在放大器正常工作的条件下,测量输出端不接负载 R_L 的输出电压 U_o 和接入负载 R_L 后的输出电压 U_{oL},根据 $U_{oL} = \dfrac{R_L}{R_o + R_L} U_o$,即可求得

$$R_o = \left(\frac{U_o}{U_{oL}} - 1\right) R_L$$

注意: 在测试中必须保持 R_L 接入前后输入信号大小不变。

4) 最大不失真输出电压 U_{opp} 的测量(最大动态范围)

如上所述,为了得到最大动态范围,应将静态工作点调在交流负载线的中点。为此,在放大器正常工作的情况下,逐步增大输入信号幅度,并同时调节 R_w (改变静态工作点),用示波器观察 U_o,当输出波形同时出现削底和缩顶现象时,说明静态工作点已调在交流负载线的中点。然后,反复调整输入信号,使输出波形幅度最大,且无明显失真时,用交流毫伏表测量 U_o (有效值),则动态范围等于 $2\sqrt{2}U_o$。或直接用示波器读出 U_{opp}。

5) 放大器幅频特性的测量

放大器的幅频特性是指放大器的电压放大倍数 A_u 与输入信号频率 f 之间的关系曲线。

单管阻容耦合放大电路的幅频特性曲线如图 8.1.5 所示。图中，A_{um} 为中频电压放大倍数，通常规定电压放大倍数随频率变化下降到中频放大倍数的 $1/\sqrt{2}$ 倍，即 $0.707A_{um}$ 所对应的频率分别称为上限频率 f_H 和下限频率 f_L，则通频带为

$$f_{BW} = f_H - f_L$$

测量放大器的幅率特性就是测量不同频率信号时的电压放大倍数 A_u。为此，可采用前述测量 A_u 的方法，每改变一个信号频率，测量其相应的电压放大倍数。

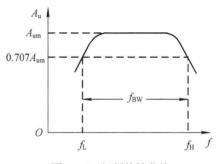

图 8.1.5　幅频特性曲线

注意：在测量时，取点要恰当，在低频段与高频段应多测几点，在中频段可以少测几点。此外，在改变频率时，要保持输入信号的幅度不变，且输出波形不得失真。

4. 单管共射放大电路的 Multisim 14 仿真实验

1) 组建单管共射放大电路

按 4.3 节放置元器件的方法在 Multisim 14 仿真平台上放置本实验所需元器件(电阻、电位器、电容、晶体管、电源和地线)，按图 8.1.1 连接得到如图 8.1.6 所示的仿真电路。

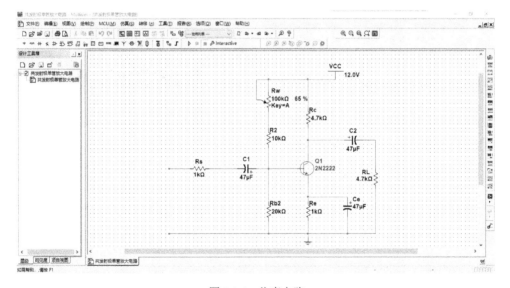

图 8.1.6　仿真电路

2) 静态工作点的仿真测量

按第 6 章调出虚拟仪器仪表的方法调出本实验所需的信号发生器、交流毫伏表、万用表、示波器、波特图示仪并接入仿真电路中。调节虚拟信号发生器，使 $U_i = 5$ mV(用虚拟万用表的交流电压挡测量)，$f = 1$ kHz。在 $R_L = \infty$ 时，用虚拟示波器观察输出端 U_o 的波形，反复调节 R_{b1} ($R_{b1} = 65$ kΩ)以改变静态工作点的位置，得到输出波形既无饱和失真又无截止

失真的最大不失真状态(饱和失真刚好消失),如图 8.1.7 所示。断开虚拟输入信号,用虚拟
万用表测量静态参数,如图 8.1.8 所示。测量数据如表 8.1.1 所示。

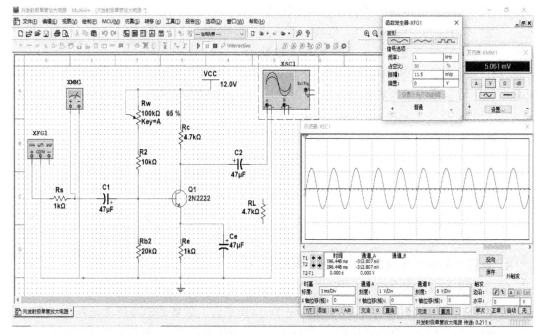

图 8.1.7　最大不失真参数设置

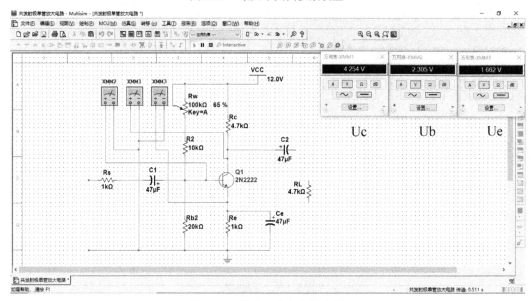

图 8.1.8　静态工作点各端电压

表 8.1.1　静态工作点的仿真测量

偏置电阻	仿真测量值			仿真测算值	
$R_{b1}/k\Omega$	U_{BE}/V	U_C/V	U_E/V	U_{CE}/V	I_C/mA
75	2.6	2.3	1.7	0.6	1.7

3) 电压放大倍数的仿真测量

在上述静态条件下，加虚拟输入信号 $U_i = 5\,\text{mA}$，$f = 1\,\text{kHz}$；在下述三种情况下，用虚拟交流毫伏表测量 U_o 和计算 A_u，如表 8.1.2 所示。同时，用虚拟数字示波器观察 U_i 和 A_u 的相位关系，如图 8.1.9、图 8.1.10、图 8.1.11 所示。

表 8.1.2　电压放大倍数仿真测量条件与仿真测得的数据

不同情况	仿真条件		仿真测量值	仿真测算值	理论值
	$R_c/\text{k}\Omega$	$R_L/\text{k}\Omega$	U_o/V	A_u	A_u
第一种情况	4.7	∞	0.76	152	
第二种情况	2.4	∞	0.69	138	
第三种情况	4.7	4.7	0.56	112	

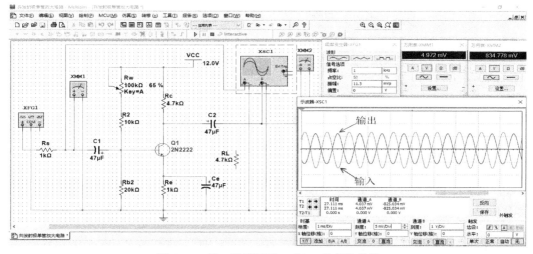

图 8.1.9　第一种情况下 U_i 和 U_o 的相位关系

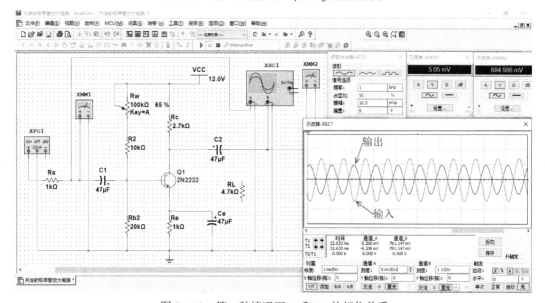

图 8.1.10　第二种情况下 U_i 和 U_o 的相位关系

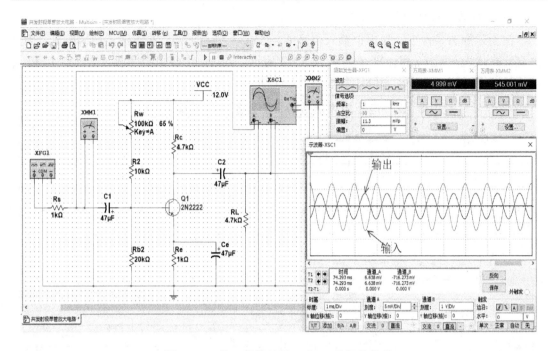

图 8.1.11　第三种情况下 U_i 和 U_o 的相位关系

4) 输入电阻和输出电阻的仿真测量

设置 $R_c = 4.7\ \mathrm{k\Omega}$，$R_L = 4.7\ \mathrm{k\Omega}$，调节虚拟信号源使其产生 $U_i = 5\ \mathrm{mV}$，$f = 1\ \mathrm{kHz}$ 的正弦信号，用虚拟交流毫伏表测量 U_s、U_i 和 U_{oL}。保持 U_i 不变，断开 R_L，测量输出电压 U_o，如图 8.1.12 和图 8.1.13 所示；仿真测量数据如表 8.1.3 所示，据此计算 R_i 和 R_o 的值。

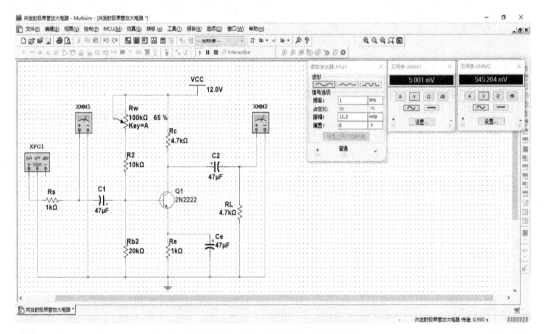

图 8.1.12　U_s、U_i 和 U_{oL} 的测量值

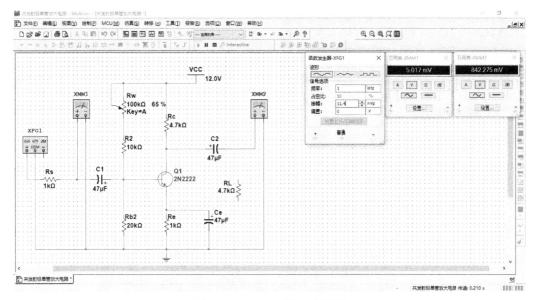

图 8.1.13　U_s、U_i 和 U_o 测量值

表 8.1.3　输入输出电阻的仿真测量与计算数据

仿真测量值		仿真测算值	仿真测量值		仿真测算值
U_s / mV	U_i / mV	R_i / kΩ	U_{oL} / V	U_o / V	R_o / kΩ
11.5	5	0.77	0.56	0.85	2.4

5) 最大不失真输出电压的仿真测量

设置 $R_c = 4.7 \text{ k}\Omega$，$R_L = 4.7 \text{ k}\Omega$，按照最大不失真输出电压测量的实验原理，同时调节电位器 R_{b1} 和虚拟输入信号的幅度，用虚拟示波器测量 U_{opp} 和 U_{om}，如图 8.1.14 和图 8.1.15 所示。将图 8.1.15 中的数据记录至表 8.1.4 中。

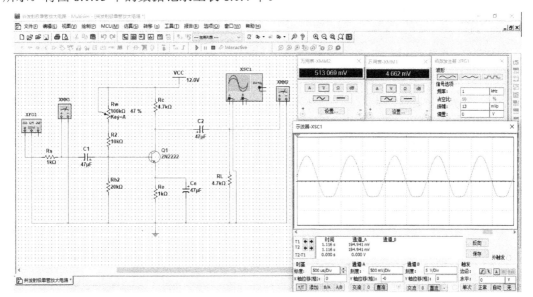

图 8.1.14　将静态工作点调至交流负载线的中点

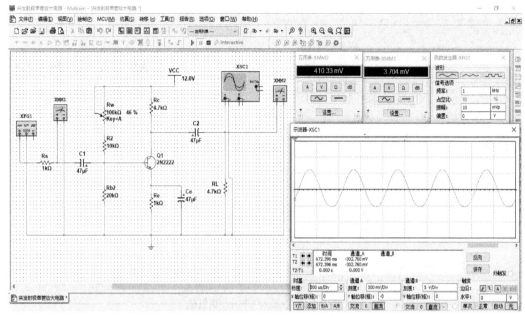

图 8.1.15　将输出波形调至不失真

表 8.1.4　最大不失真输出电压的仿真测量值

I_C/mA	U_{im}/mV	U_{om}/V	U_{opp}/V
2.35	3.7	0.57	0.41

6) 幅频特性曲线的仿真测量

设置 $R_c = 4.7\ \text{k}\Omega$，$R_L = 4.7\ \text{k}\Omega$，保持输入信号 $U_i = 5\ \text{mV}$ 幅度不变，连接虚拟波特测试仪，观察单管共射放大电路的幅频特征曲线。通过仿真测得的单管共射放大电路幅频特性曲线如图 8.1.16 所示。

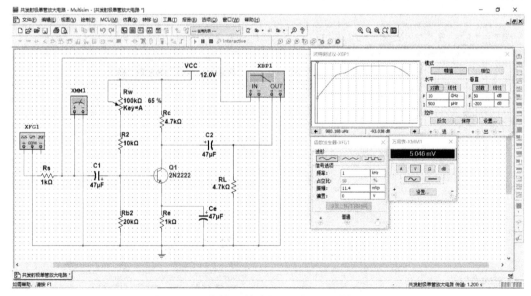

图 8.1.16　单管共射放大电路的幅频特性曲线

5．单管共射放大电路的仪器实验

按图 8.1.1 接好电路。将仪器和实验电路正确连接起来，如图 8.1.17 所示。为防止干扰，各仪器的地线必须连接在一起。

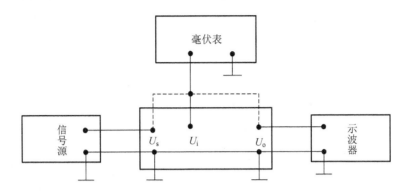

图 8.1.17　仪器连接图

1）静态工作点的实验测量

调节信号发生器，使 U_i =5 mA(用交流毫伏表测量)，f= 1 kHz，在 $R_L = \infty$ 时用示波器观察输出端 U_o 的波形，反复调节 R_{b1} 以改变工作点的位置，得到输出波形既无饱和失真又无截止失真的最大不失真状态(饱和失真刚好消失)。断开输入信号，用万用表测量静态参数，并记入表 8.1.5 中。

表 8.1.5　静态工作点的实验测量值

偏置电阻	测量值			测算值	
R_{b1}	U_{BE}/V	U_C/V	U_E/V	U_{CE}/V	I_C/mA

2）电压放大倍数的测量

在上述静态条件下，加输入信号 U_i = 5 mV，f= 1 kHz，在下述三种情况下，用交流毫伏表测量 U_o 的值并记入表 8.1.6 中。同时用数字示波器观察 U_i 和 U_o 的相位关系。

表 8.1.6　电压放大倍数的实验测量值

不同情况	实验条件		实验测量值	实验测算值	理论值
	R_c/kΩ	R_L/kΩ	U_o/V	A_u	A_u
第一种情况	4.7	∞			
第二种情况	2.4	∞			
第三种情况	4.7	4.7			

3）输入电阻和输出电阻的实验测量

设置 R_c = 4.7 kΩ，R_L = 4.7 kΩ，调节信号源使其产生 U_i = 5 mV，f= 1 kHz 的正弦信号，用交流毫伏表测出 U_s、U_i 和 U_{oL}，并记入表 8.1.7 中。保持 U_i 不变，断开 R_L，测量输出电压 U_o，并记入表 8.1.7 中，据此计算 R_i 和 R_o 的值。

表 8.1.7　输入/输出电阻的实验测算值

实验测量值		实验测算值	实验测量值		实验测算值
U_s/mV	U_i/mV	R_i/kΩ	U_{oL}/V	U_o/V	R_o/kΩ

4) 静态工作点对输出波形失真的影响

设置 R_c = 4.7 kΩ，R_L = 4.7 kΩ，U_i = 0，调节 R_{b1} 使 I_C = 1.5 mA，测出 U_{CE} 的值后逐步加大输入信号，使输出电压 U_o 足够大但不失真。然后保持输入信号不变，分别增大和减小 R_{b1}，使波形出现失真，绘出 U_o 波形，并测出失真情况下的 I_C 和 U_{CE} 值，把结果记入表 8.1.8 中。

注意：测量 I_C 和 U_{CE} 值时要将信号源断开。

表 8.1.8　R_{b1} 对静态工作点动态影响的实验结果

I_C/mV	U_{CE}	U_o 波形	失真情况	管子状态
1.5				

5) 最大不失真输出电压的测量

设置 R_c = 4.7 kΩ，R_L = 4.7 kΩ，按照最大不失真输出电压测量的实验原理，同时调节电位器 R_{b1} 和输入信号的幅度，用示波器测量 U_{opp} 和 U_o，并记入表 8.1.9 中。

表 8.1.9　最大不失真输出电压的测量

I_C/mA	U_{im}/mA	U_{om}/V	U_{opp}/V

6) 幅频特性曲线的测量

取 R_c = 4.7 kΩ，R_L = 4.7 kΩ，保持输入信号 U_i = 5 mV 幅度不变，改变信号源频率 f，逐点测出相应的输出电压 U_o，记入表 8.1.10 中。为了使信号源频率 f 的取值合适，可先粗测一下，找出中频范围，再仔细读数。

表 8.1.10　测量幅频特性的实验测量值

测量项目	f_L	f_0	f_H
f/kHz			
U_o/V			
A_u			

注意：表中 f_0 为输出电压最大时所对应的频率点。

6. 实验报告要求

(1) 写明实验目的。

(2) 写明实验仪器名称和型号。

(3) 写明实验步骤和过程。

(4) 整理实验数据，进行必要的计算，列出表格，画出必要的波形。

(5) 讨论问题：

① 讨论 R_{b1}、R_c 和 R_L 的变化对静态工作点、电压增益及电压波形的影响。

② 讨论为提高放大器电压增益，应采取哪些方法。

③ 讨论静态工作点对放大器输出波形的影响。

④ 比较仿真实验与仪器实验结果，并作出分析。

(6) 总结实验结果。

7. 共射放大电路设计实验

要求掌握共射放大电路元器件参数的计算与选择，会用 Multisim 14 软件和仪器调试并测试放大电路的各项性能指标。

1) 设计题目

图 8.1.18 为固定偏置的共射放大电路。已知 $U_{CC} = 12$ V，$C_1 = C_2 = C_e = 47$ μF，晶体管为 9013，$\beta = 100$，要求静态工作点 $I_{CQ} = 1$ mA，$U_{CEQ} \geqslant 4$ V，$A_u = 100$，$R_i = 1$ kΩ，$R_o = 5.1$ kΩ。

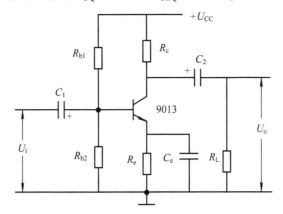

图 8.1.18 共射放大器设计电路

2) 设计内容及要求

(1) 根据设计要求确定 R_{b1}、R_{b2}、R_c 和 R_e 的值，并按图 8.1.18 连接好仿真与实验电路。

(2) 按设计要求调试放大电路的静态工作点并分析电路参数 U_{CC}、R_e、R_c、R_{b1} 和 R_{b2} 的变化对静态工作点的影响，总结其规律。

(3) 观察静态工作点变动时对输出波形和放大倍数的影响。

(4) 测量所设计电路的电压放大倍数、输入电阻、输出电阻、通频带和动态范围。

8.2 射极跟随器

❖ 预习内容

(1) 射极跟随器的工作原理及其特点。

(2) 根据图 8.2.1 估算射极跟随器的静态工作点、电压放大倍数及输入/输出电阻。

(3) 利用 Multisim 14 软件进行射极跟随器仿真。

1. 实验目的

(1) 掌握射极跟随器的特性及测试方法。

(2) 进一步掌握放大电路各参数的测试方法。

(3) 进一步熟悉用 Multisim 14 软件进行射极跟随器仿真的方法。

2. 实验器材

序号	器材名称	型号	数量	备注
1	计算机与 Multisim 14 软件		1	
2	多功能电子技术实验平台		1	
3	信号发生器		1	
4	数字示波器		1	
5	交流毫伏表		1	
6	普通万用表或四位半万用表		1	

3. 实验原理

射极跟随器实验电路如图 8.2.1 所示。由交流通路可见，三极管的负载接在发射极，其输入电压加在基极和地之间，而输出电压取自于发射极和地之间(集电极为交流地)，所以集电极为输入/输出信号的公共端。

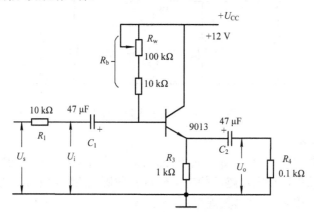

图 8.2.1　射极跟随器实验电路

射极输出器是一个电压串联负反馈放大电路，具有输入阻抗高，输出阻抗低，输出电压能够在较大范围内跟随输入电压作线性变化以及输入/输出信号同相等特点。

1) 电压放大倍数 A_u

电压放大倍数 A_u 为

$$A_u = \frac{U_o}{U_i} = \frac{(1+\beta)(R_e /\!/ R_L)}{r_{be} + (1+\beta)(R_e /\!/ R_L)}$$

一般 $(1+\beta)(R_e /\!/ R_L) \gg r_{be}$，故射极跟随器的电压放大倍数接近 1 而略小于 1，这是深度电压负反馈的结果。但它的射极电流仍比基极电流大 β 倍，所以它具有一定的电流和功率放大作用。射极跟随器的输出电压和输入电压同相，具有良好的跟随特性。

2) 输入电阻 R_i

由图 8.2.1 得

$$R_i = r_{be} + (1+\beta)R_e$$

如果考虑偏置电阻 R_b 和 R_L 负载的影响，则

$$R_i = R_b // [r_{be} + (1+\beta)(R_e // R_L)]$$

上式表明，射极跟随器的输入电阻 R_i 比共射极单管放大器的输入电阻要高得多。输入电阻的测试方法与 8.1 节输入电阻的测试方法相同。

3) 输出电阻 R_o

在图 8.2.1 中，输出电阻为

$$R_o = \frac{r_{be}}{1+\beta} // R_e \approx \frac{r_{be}}{1+\beta}$$

如果考虑信号源内阻 R_s 和偏置电阻 R_b，则

$$R_o = \frac{r_{be} + (R_s // R_b)}{1+\beta} // R_e \approx \frac{r_{be} + (R_s // R_b)}{1+\beta}$$

上式表明，射极跟随器的输出电阻 R_o 比共射极单管放大器的输出电阻 $R_o \approx R_c$ 小得多。输出电阻的测试方法同 8.1 的测试方法。

由于射极输出器的输入电阻大，因而被广泛用于测量仪器的输入级，以减小对被测电路的影响；它的输出电阻小，因而常用于多级放大器的输出级，以增强末级带负载的能力；利用其输入电阻大而输出电阻小的特点，又常用它作为中间缓冲级，以达到级间阻抗变换的目的。

4. 射极跟随器的 Multisim 14 仿真实验

1) 组建射极跟随器仿真电路

按 4.3 节放置元器件的方法，在 Multisim 14 仿真平台上放置本实验仿真所需的电阻、电位器、三极管、电容、电源和地线等元器件，按图 8.2.1 搭建如图 8.2.2 所示的仿真电路。

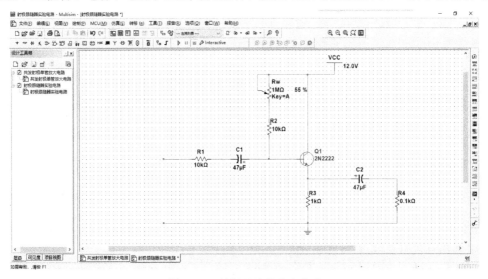

图 8.2.2　射极跟随器仿真电路

2) 静态工作点的仿真测量

调节虚拟信号发生器，使 $U_i = 0.1$ V(用虚拟万用表的电压挡测量)，$f = 1$ kHz，接上负载 R_4，调节 $R_w(R_w = 550$ kΩ)，输出端用虚拟示波器观察不失真波形，如图 8.2.3 所示。然后置 $U_i = 0$，用虚拟万用表直流电压挡测量静态工作点，如图 8.2.4 所示。仿真测量与测算结果如表 8.2.1 所示。在整个测试过程中，保持 R_b 值不变(I_E 不变)。

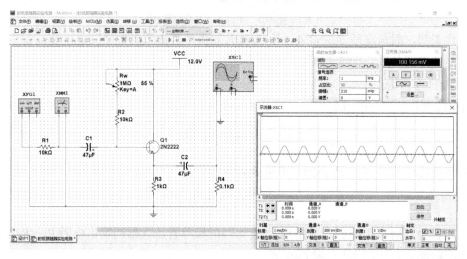

图 8.2.3　调节静态工作点

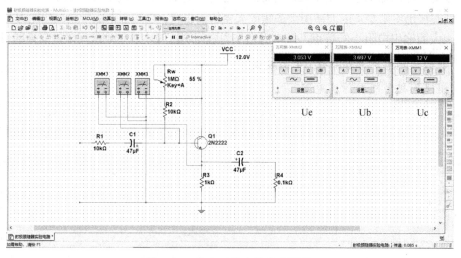

图 8.2.4　静态工作点的仿真测量

表 8.2.1　静态工作点的仿真测量值

仿真测量值				仿真测算值	
U_{BE}/V	U_C/V	U_E/V	U_B/V	$I_C \approx (U_E/R_E)/mA$	U_{CE}/V
0.644	12	3.053	8.3	3.053	9

3) 电压放大倍数 A_u 的仿真测量

在上述静态条件下，调节虚拟信号源使 $U_i = 0.1$ V(用虚拟万用表的电压挡测量)，$f = 1$ kHz，

接上负载 R_4，用虚拟交流毫伏表测 U_{oL}，如图 8.2.5 所示。仿真测量与测算结果，如表 8.2.2 所示。

表 8.2.2　电压放大倍数的仿真数据

仿真测量值		仿真测算值
$U_{\mathrm{i}} / \mathrm{V}$	$U_{\mathrm{oL}} / \mathrm{V}$	$A_{\mathrm{u}} = U_{\mathrm{oL}}/U_{\mathrm{i}}$
0.1	0.091	0.91

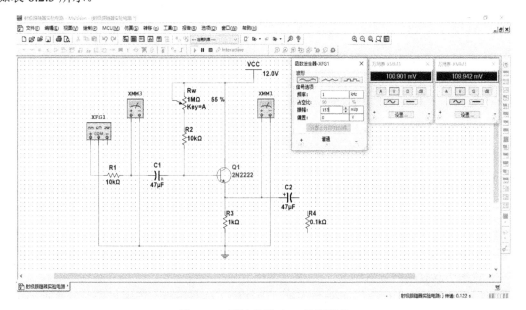

图 8.2.5　接入负载时 U_{oL} 的测量值

4) 输出电阻 R_{o} 的仿真测量

在上述条件下，断开负载 R_4，用虚拟毫伏表测量 U_{o}，如图 8.2.6 所示。测量与测算值如表 8.2.3 所示。

图 8.2.6　不接负载时 U_{o} 的测量值

表 8.2.3　输出电阻的仿真数据

仿真测量值		仿真测算值
U_i / V	U_o / V	$R_o = (U_o / U_{oL} - 1)R_4$
0.1	0.1	8.7 Ω

5) 输入电阻 R_i 的仿真测量

将虚拟信号源接入 U_s，调节信号源幅度，使 $U_i = 0.1$ V，测量 U_s，如图 8.2.7 所示。测量数据与测算值如表 8.2.4 所示。

表 8.2.4　输入电阻的仿真数据

仿真测量值		仿真测算值
U_s / V	U_i / V	$R_i = (U_i / U_s - U_i) \times R_s$
0.21	0.1	9.1 kΩ

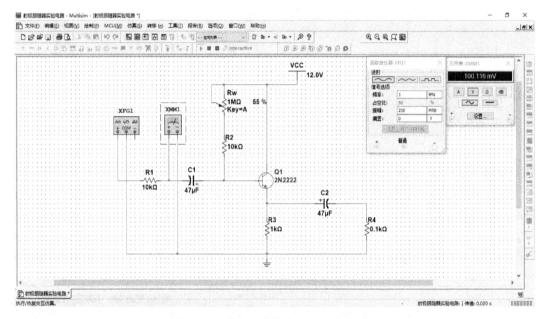

图 8.2.7　虚拟函数发生器 U_s 的测量值

6) 跟随特性的仿真测量

接入负载 R_L，调节虚拟信号源使 U_i 的频率 $f = 1$ kHz，逐步增大信号幅度，用虚拟示波器监视输出波形直至输出最大不失真波形，测量对应的 U_{oL} 值，如表 8.2.5 所示。

表 8.2.5　跟随特性的仿真数据

U_i / V	0.1	0.12	0.14	0.16	0.18	0.20	0.21
U_{oL} / V	0.09	0.11	0.13	0.15	0.16	0.18	0.19

7) 频率响应特性的仿真测量

输入虚拟信号 $U_i = 0.1$ V，并保持不变，改变输入信号频率，用虚拟示波器监视输出波形，用虚拟交流毫伏表测量不同频率下的输出电压 U_{oL} 值，测量结果如表 8.2.6 所示。

表 8.2.6　幅频特性的仿真数据

物理量	仿真测量值		
f/kHz	2	3	4
U_{oL}/V	0.92	0.92	0.92
A_u	9.2	9.2	9.2

5. 射极跟随器的仪器实验

1) 仪器的连接

将仪器按照图 8.2.8 正确连接起来。

2) 静态工作点的实验测量

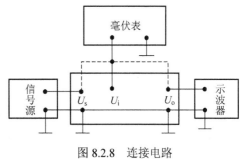

图 8.2.8　连接电路

调节信号发生器使 $U_i = 0.1$ V(用毫伏表测量),$f = 1$ kHz,接上负载 R_L,调节 R_w,输出端用示波器观察波形不失真,然后置 $U_i = 0$,用万用表直流电压挡测量静态工作点,将测量结果记入表 8.2.7 中。在整个测试过程中,保持 R_b 值不变(I_E 不变)。

表 8.2.7　静态工作点的实验测量数据

实验测量值			实验测算值
U_{BE}/V	U_C/V	U_E/V	$I_C \approx (U_E/R_E)$ / mA

3) 电压放大倍数 A_u 的实验测量

在上述静态条件下,调节信号源使 $U_i = 0.1$ V(用毫伏表测量),$f = 1$ kHz,接上负载 R_L,用交流毫伏表测 U_{oL},并记入表 8.2.8 中。

表 8.2.8　电压放大倍数的实验测量数据

实验测量值		实验测算值
U_i/V	U_{oL}/V	$A_u = U_{oL} / U_i$
0.1		

4) 输出电阻 R_o 的实验测量

在上述条件下,断开负载 R_L,用交流毫伏表测量 U_o,并记入表 8.2.9 中。

表 8.2.9　输出电阻的实验测量数据

实验测量值		实验测算值
U_i/V	U_o/V	$R_o = (U_o / U_{oL} - 1)R_L$
0.1		

5) 输入电阻 R_i 的实验测量

将信号源接在 U_s,调节信号源幅度,使 $U_i = 0.1$ V,测量 U_s,并记入表 8.2.10 中。

表 8.2.10　　输入电阻的实验测量数据

实验测量值		实验测算值
U_s / V	U_i / V	$R_i = U_i / (U_s - U_i) \times R_s$
	0.1	

6) 跟随特性的实验测量

接入负载 R_4，调节信号源使 U_i 的频率 $f = 1$ kHz，逐步增大信号幅度，用示波器监视输出波形直至输出波形最大不失真，测量对应的 U_{oL} 值，并记入表 8.2.11 中。

表 8.2.11　　跟随特性的实验测量数据

U_i / V									
U_{oL} / V									

7) 频率响应特性的实验测量

输入信号 $U_i = 0.1$ V，并保持不变，改变输入信号频率，用示波器监视输出波形，用交流毫伏表测量不同频率下输出电压 U_{oL} 的值，并记入表 8.2.12 中。

表 8.2.12　　幅频特性的实验测量数据

物量参数	测量与测算数据		
$f / $ kHz			
U_o / V			
A_u			

6. 实验报告要求

(1) 写明实验目的。

(2) 写明实验仪器名称和型号。

(3) 写明实验步骤和过程。

(4) 画出实验电路，整理实验数据，列出表格，与计算值进行比较。

(5) 总结实验结果。

7. 射极跟随器设计实验

要求掌握射极跟随器元器件参数的计算与选择，会用 Multisim 14 软件和仪器调试并测试放大电路的各项性能指标。

1) 设计题目

设计如图 8.2.9 所示的射极输出器设计电路，并确定电源电压 U_{CC} 的值。已知 $R_L = 100$ Ω，晶体管为 9013，$\beta = 100$，要求输出电压 $U_o \geqslant 3$ V。

2) 设计内容及要求

(1) 根据设计要求确定 U_{CC}、R_e、R_b 和 R_c 的值，并检验所给晶体管参数是否满足电路设计要求。

(2) 根据所选定的元器件参数，估算电压放大倍数和

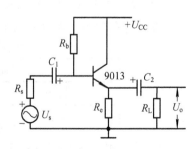

图 8.2.9　射极跟随器设计电路

电压跟随范围。

(3) 按图 8.2.9 在仿真软件 Multisim 14 平台上搭建电路，进行动态仿真测试，验证所选用的元件参数电量是否满足设计要求；再根据图 8.2.9 连接好仪器实验电路，进行动态调试，使电路满足设计要求。

8.3　场效应管放大电路

❖ 预习内容

(1) 了解场效应管的结构、特性，放大电路输入电阻、输出电阻的测量方法，掌握本实验中使用的测试方法。

(2) 在场效应管放大电路图中输入回路的电容 C_1 为什么可以取小值(可以取 $C_1 = 0.1\ \mu\text{F}$)？

(3) 为什么测量场效应管输入电阻时，要用测量输出电压的方法？

(4) 测量静态工作点电压 U_{GS} 时，能否用万用表直接并在两端测量？为什么？

(5) 利用 Multisim 14 软件进行场效应管放大电路仿真。

1. 实验目的

(1) 了解结型场效应管的性能和特点。

(2) 掌握场效应管放大电路静态和动态参数的测试方法。

(3) 进一步熟悉用 Multisim 14 软件进行场效应管仿真的方法。

2. 实验器材

序号	器材名称	型号与规格	数量	备注
1	计算机与 Multisim 14 软件		1	
2	多功能电子技术实验平台		1	
3	信号发生器		1	
4	数字示波器		1	
5	交流毫伏表		1	
6	普通万用表或四位半万用表		1	

3. 实验原理

场效应管是一种电压控制型器件，按结构可分为结型和绝缘栅型两种类型。由于场效应管栅源之间处于绝缘或反向偏置，所以输入电阻很大(一般达上百兆欧)；又由于场效应管是一种多数载流子控制器件，其热稳定性好，抗辐射能力强，噪声系数小，加之制造工艺简单，便于大规模集成，因此应用越来越广泛。

1) 结型场效应管的特性和参数

场效应管的特性主要有输出特性和转移特性。N 沟道结型场效应管 3DJ6F 的输出特性和转移特性曲线如图 8.3.1 所示。3DJ6F 的典型参数值及测试条件如表 8.3.1 所示。

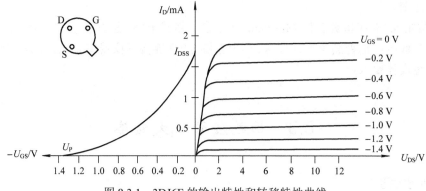

图 8.3.1　3DJ6F 的输出特性和转移特性曲线

场效应管的直流参数主要有饱和漏极电流 I_{DDS}、夹断电压 U_P 等。交流参数主要有低频跨导，其定义为

$$g_m = \frac{\Delta I_D}{\Delta U_{GS}}\bigg|_{U_{DS}=常数}$$

表 8.3.1　3DJ6F 的典型参数值及测试条件

参数名称	饱和漏极电流 $I_{DDS}/$ mA	夹断电压 $U_P/$ V	跨导 $g_m/$ (μA/V)
测试条件	$U_{DS} = 10$ V，$U_{GS} = 0$ V	$U_{DS} = 10$ V，$I_{DS} = 50$ μA	$U_{DS} = 10$ V，$I_{DS} = 3$ mA，$f = 1$ kHz
参数值	1～3.5	$<|-9|$	>100

2) 场效应管放大器性能分析

结型场效应管组成的共源极放大电路如图 8.3.2 所示。其静态工作点为

$$U_{GS} = U_G - U_S = \frac{R_{g1}}{R_{g1}+R_{g2}}U_{DD} - I_D R_S$$

$$I_D = I_{DSS}(1 - \frac{U_{GS}}{U_P})^2$$

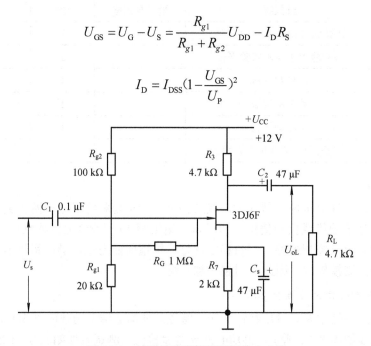

图 8.3.2　结型场效应管共源极放大电路

中频电压放大倍数为

$$A_u = -g_m R_L' = -g_m(R_D // R_L)$$

输入电阻为

$$R_i = R_G + R_{g1} // R_{g2}$$

输出电阻为

$$R_o \approx R_D$$

式中, 跨导 g_m 为

$$g_m = -\frac{2I_{DSS}}{U_P}(1 - \frac{U_{GS}}{U_P})$$

注意: 计算时, U_{GS} 要用静态工作点处的数值。

3) 输入电阻的测量方法

场效应管放大器的静态工作点、电压放大倍数和输出电阻的测量方法, 与 8.1 节的单管共射放大电路的测量方法相同。其输入电阻的测量, 从原理上讲, 也可采用 8.1 节中所用的方法, 但由于场效应管的 R_i 比较大, 如直接测量输入电压 U_s 和 U_i, 则由于测量仪器的输入电阻有限, 因此必然会带来较大的误差。为了减小误差, 常利用被测放大器的隔离作用, 通过测量输出电压 U_o 来计算输入电阻。测量电路如图 8.3.3 所示。

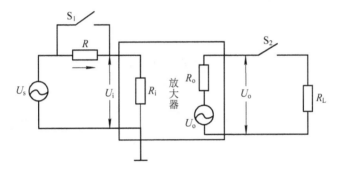

图 8.3.3 输入电阻测量电路

在放大器的输入端串入电阻 R, 接上开关 S_1(即 $R = 0$), 测量放大器的输出电压 $U_{o1} = A_u \times U_s$; 保持 U_s 不变, 再把开关 S_1 断开(即接入 R), 测量放大器的输出电压 U_{o2}, 由于 A_u 两次测量中 A_u 和 U_s 保持不变, 因此

$$U_{o2} = A_u U_i = \frac{R_i}{R + R_i}U_s A_u$$

由此求得

$$R_i = \frac{U_{o2}}{U_{o1} - U_{o2}}R$$

式中, R 和 R_i 不要相差太大, 本实验可取 $R = 100 \text{ k}\Omega$。

4. 场效应管放大器的 Multisim 14 仿真实验

1) 组建结型场效应管共源极放大电路

按 4.3 节放置元器件的方法, 在 Multisim 14 仿真平台上放置本实验所需元器件(电阻、电容、场效应管、电源和地线)，按图 8.3.2 搭建如图 8.3.4 所示的仿真电路。

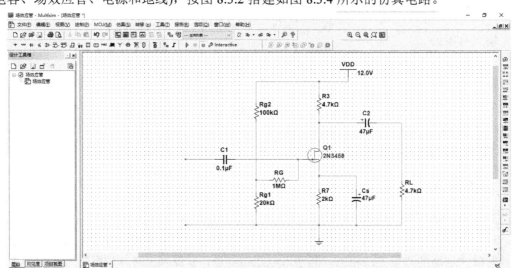

图 8.3.4　结型场效应管共源极放大电路

2) 静态工作点的仿真测量

调出仪器仪表库中的信号源、示波器、交流毫伏表、万用表等虚拟仪器仪表，并正确接入电路。点击运行按钮 ▷ ‖ ■ 进行仿真。

按图 8.3.4 所示的仿真电路，用虚拟万用表测量各静态电压值，测量结果如表 8.3.2 所示。

表 8.3.2　静态工作点的仿真测量与计算数据

测量值			测算值			理论值		
U_G/V	U_s/V	U_D/V	U_{DS}/V	U_{GS}/V	I_D/mA	U_{DS}/V	U_{GS}/V	I_D/mA
2.0	3.3	4.2	0.9	−1.3	1.8	0.9	−1.3	1.9

3) 电压增益、输入电阻、输出电阻的仿真测量

将虚拟信号发生器接在 U_i 端，用虚拟示波器观察输出电压波形，用虚拟毫伏表测量输入电压 U_i 和输出电压 U_o。

(1) A_u 和 R_o 的测量。

在放大器的输入端输入频率 f= 1 kHz 的正弦波信号 U_i = 50 mA，并用虚拟示波器监视输出电压 U_o 的波形。在输出电压 U_o 不失真的条件下，用虚拟万用表的电压挡分别测量 $R_L = \infty$ 和 R_L = 4.7 kΩ 的输出电压 U_o(注意：U_i 保持不变)，测量结果如表 8.3.3 所示。

表 8.3.3　A_u 和 R_o 的仿真测量数据

条件	仿真测量值		仿真测算值		理论值	
R_L/ kΩ	U_i/ V	U_o/ V	A_u	R_o/ kΩ	A_u	R_o/ kΩ
∞	0.05	0.047	9.4	0.82		
4.7	0.05	0.04	8			

用虚拟示波器同时观察 U_i 和 U_o 的波形，分析它们的相位关系。

当 $R_L = \infty$ 和 R_L = 4.7 kΩ 时，U_i 和 U_o 的波形如图 8.3.5 和图 8.3.6 所示。

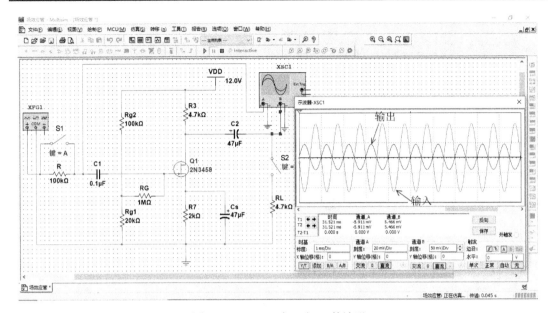

图 8.3.5　$R_L = \infty$ 时 U_i 和 U_o 的波形

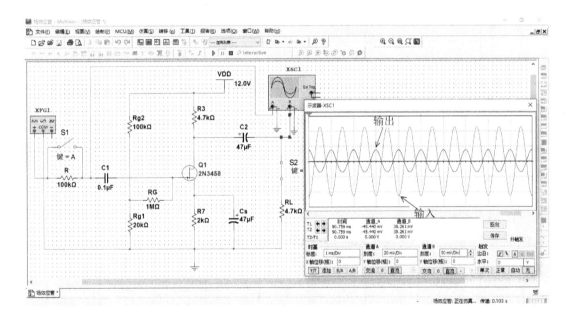

图 8.3.6　$R_L = 4.7\,\text{k}\Omega$ 时 U_i 和 U_o 的波形

(2) R_i 的仿真测量。

调节虚拟信号源使 $U_s = 50\,\text{mV}$，$f = 1\,\text{kHz}$，将开关 S_1 合上，S_2 断开，如图 8.3.7 所示。仿真测量 $R = 0$ 时输出电压 U_{o1}，然后将开关 S_1 断开，U_s 保持不变，再测量 U_{o2}，根据

$$R_i = \frac{U_{o2}}{U_{o1} - U_{o2}} R$$

求出 R_i，测量与测算结果如表 8.3.4 所示。

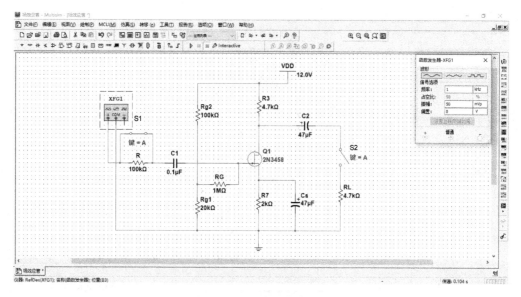

图 8.3.7 R_i 测量的仿真电路

表 8.3.4 R_i 的仿真测量数据

仿真测量值		仿真测算值
U_{o1}/V	U_{o2}/V	$R_i/\text{k}\Omega$
0.033	0.03	1000

5. 场效应管放大器的仪器实验

1) 静态工作点的实验测量

(1) 按图 8.3.2 连接实验电路，注意电容的极性不要接反，场效应管的 G、D、S 要连接正确，最后连接电源线。

(2) 仔细检查连接好的电路，确认无误后，接通直流电源。

(3) 用万用表测量各静态电压值，将结果记入表 8.3.5 中。

表 8.3.5 静态工作点的仪器测量数据

实验测量值			实验测算值			理论值		
U_G/V	U_s/V	U_D/V	U_{DS}/V	U_{GS}/V	I_D/mA	U_{DS}/V	U_{GS}/V	I_D/mA

2) 电压增益、输入电阻、输出电阻的实验测量

将信号发生器接在 U_i 端，用示波器观察输出电压波形，用毫伏表测量输入 U_i 电压和输出电压 U_o。

(1) A_u 和 R_o 的测量。

在放大器的输入端输入 $f=1\text{ kHz}$ 的正弦波信号 $U_i=50\text{ mA}$，并用示波器监视输出电压 U_o 的波形。在输出电压 U_o 无失真的条件下，用交流毫伏表分别测量 $R_L=\infty$ 和 $R_L=4.7\text{ k}\Omega$ 的输出电压 U_o(注意：U_i 保持不变)，记入表 8.3.6 中。

表 8.3.6　A_u 和 R_o 的仪器测量数据

条件	实验测量值		实验测算值		理论值	
$R_L / k\Omega$	U_i / V	U_o / V	A_u	$R_o / k\Omega$	A_u	$R_o / k\Omega$

用示波器同时观察 U_i 和 U_o 的波形并描绘出来，分析它们的相位关系。

(2) R_i 的实验测量。

调节信号源使 $U_s = 50$ mV，$f = 1$ kHz，将开关 S_1 合上，S_2 断开，测出 $R = 0$ 时的输出电压 U_{o1}，然后再将开关 S_1 断开，U_s 保持不变，再测出 U_{o2}，根据

$$R_i = \frac{U_{o2}}{U_{o1} - U_{o2}} R$$

求出 R_i，将结果记入表 8.3.7 中。

表 8.3.7　R_i 的仪器测量数据

实验测量值		实验测算值	理论值
U_{o1} / V	U_{o2} / V	$R_i / k\Omega$	$R_i / k\Omega$

6. 实验报告要求

(1) 写明实验目的。

(2) 写明实验仪器名称和型号。

(3) 写明实验步骤和过程。

(4) 画出实验电路，整理实验数据，将测得的 A_u、R_i、R_o 和理论计算值进行比较；把场效应管放大器与晶体管放大器进行比较，总结出场效应管放大器的特点。

(5) 总结实验结果。

7. 场效应晶体管放大电路设计实验

掌握场效应晶体管放大电路元器件参数的计算与选择，并会用 Multisim 14 仿真软件和仪器调试电路和测试放大电路的各项性能指标。

1) 设计题目

设计如图 8.3.8 所示的共源极场效应晶体管放大电路。已知 $U_{DD} = 24$ V，$R_D = 3.9$ kΩ，$R_G = 2.5$ MΩ，$R_s = 47$ Ω，$C_1 = 0.01$ μF，$C_2 = C_3 = 47$ μF，场效应晶体管采用 3DJ6F，其夹断电压 $U_P = -3.2$ V，漏极饱和电流 $I_{DSS} = 5$ mA。

2) 设计内容及要求

(1) 估算电路静态工作点：I_D、U_{GS}、U_{DS} 和电压放大倍数 A_u、跨导 g_m。

(2) 确定 $R_s = 47$ Ω 和 $R_s = 500$ Ω 两种情况下电路

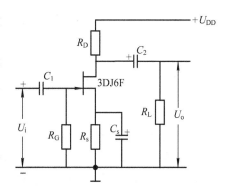

图 8.3.8　共源极场效应晶体管放大电路

所处的工作状态，选择其中一种合适的状态作为电路的源极电阻。

(3) 按图 8.3.8 连接好仿真与实验电路，测量电路的静态工作点、电压放大倍数和跨导，将实验测量值、Multisim 14 仿真测量值和理论值进行比较，分析误差的原因。

8.4 差动放大电路

❖ 预习内容

(1) 根据实验电路参数，估算典型差动放大器的静态工作点及差模电压放大倍数(取 $\beta_1 = \beta_2 = 100$)。

(2) 测量静态工作点时，输入端与地应如何连接？

(3) 实验中怎样获得双端和单端输入差模信号？怎样获得共模信号？画出输入端与信号源之间的连接图。

(4) 怎样进行静态调零点？用什么仪表测 U_o？

(5) 怎样用交流毫伏表测量双端输出电压 U_o？

(6) 利用 Multisim 14 软件进行差动放大电路仿真。

1. 实验目的

(1) 加深对差动放大器性能及特点的理解。

(2) 学习差动放大器主要性能指标的测试方法。

(3) 进一步熟悉用 Multisim 14 软件进行差动放大电路仿真的方法，并会将仿真结果与仪器测量结果进行对比分析。

2. 实验器材

序号	器材名称	型号	数量	备注
1	计算机与 Multisim 14 软件		1	
2	多功能电子技术实验平台		1	
3	信号发生器		1	
4	数字示波器		1	
5	交流毫伏表		1	
6	普通万用表或四位半万用表		1	

3. 实验原理

差动放大电路如图 8.4.1 所示，它由两个元器件参数相同的基本共射放大电路组成。调零电位器 R_p 用来调节 V_{T1}、V_{T2} 管的静态工作点，使输入信号 $U_i = 0$，双端输出电压 $U_o = 0$。R_e 为两管共用的发射极电阻，它对差模信号无负反馈作用，因而不影响差模电压放大倍数，但对共模信号有较强的负反馈作用，故可以有效地抑制零漂，稳定静态工作点。

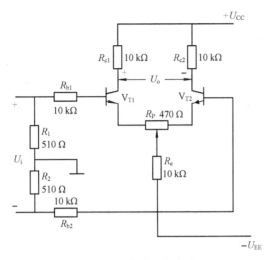

图 8.4.1　差动放大电路

1) 静态工作点

在静态工作点，有

$$I_E \approx \frac{|U_{EE}| - U_{BE}}{R_e}\ (\text{认为}\ U_{B1} = U_{B2} \approx 0)$$

$$I_{C1} = I_{C2} = \frac{1}{2} I_{R_e}$$

2) 差模电压放大倍数和共模电压放大倍数

当差模放大器的射极电阻 R_e 足够大，或采用恒流源电路时，差模电压放大倍数 A_d 由输出端方式决定，而与输入方式无关。

R_p 在中心位置时，有

$$A_d = \frac{\Delta U_o}{\Delta U_i} = -\frac{\beta R_c}{R_b + r_{be} + \frac{1}{2}(1 + \beta) R_p}$$

当单端输出时，有

$$A_{d1} = \frac{\Delta U_{c1}}{\Delta U_i} = \frac{1}{2} A_d$$

$$A_{d2} = \frac{\Delta U_{c2}}{\Delta U_i} = -\frac{1}{2} A_d$$

当输入共模信号时，若为单端输出，则共模电压放大倍数 A_c 有

$$A_{c1} = A_{c2} = \frac{\Delta U_{c1}}{\Delta U_i} = \frac{-\beta R_c}{R_b + r_{be} + (1 + \beta)(\frac{1}{2} R_p + 2R_e)} \approx -\frac{R_c}{2R_e}$$

若为双端输出，在理想情况下，有

$$A_c = \frac{\Delta U_o}{\Delta U_i} = 0$$

实际上，由于元器件不可能完全对称，因此共模电压放大倍数 A_c 不可能等于零。

3) 共模抑制比 CMRR

为了表征差动放大器对有用信号(差模信号)的放大作用和对共模信号的抑制能力，引入共模抑制比，其定义为

$$CMRR = \left| \frac{A_d}{A_c} \right|$$

或

$$CMRR = 20\log \left| \frac{A_d}{A_c} \right| (dB)$$

差动放大器的输入信号既可采用直流信号，也可采用交流信号。本实验的输入信号频率 $f = 1$ kHz。

4. 差动放大电路的 Multisim 14 仿真实验

1) 组建差动放大电路

按 4.3 节放置元器件的方法，在 Multisim 14 仿真平台上放置本实验所需的元器件(三极管、电位器、电阻、电源和地线)，按照图 8.4.1 搭建如图 8.4.2 所示的仿真电路。

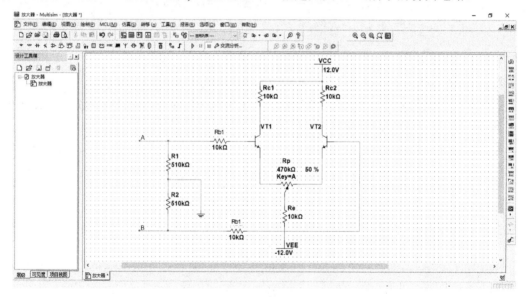

图 8.4.2　差动放大电路的仿真电路

2) 静态工作点的仿真测量

调出仪器仪表库中的信号源、示波器、交流毫伏表、万用表等虚拟仪器仪表。进行仿真时，正确接入电路。点击运行按钮"[▷ ‖ ■]"进行仿真。

(1) 调节放大器零点。

虚拟信号源不接入，将放大器输入端 A、B 与地短接，用虚拟万用表直流电压挡测量输出电压 U_o，调节调零电位器 $R_p(R_p = 235$ kΩ)，使 $U_o = 0$。调节要仔细，力求准确。静态工作点测量电路如图 8.4.3 所示。

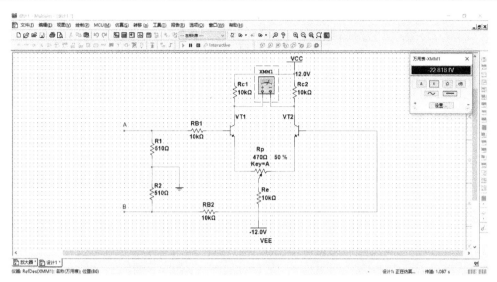

图 8.4.3 差动放大电路静态工作点的仿真测量电路

(2) 静态工作点的仿真测量。

零点调好以后，用虚拟直流电压表测量 V_{T1}、V_{T2} 管各电极对地电位及射极电阻 R_e 两端电压 U_{R_e}，仿真测量过程如图 8.4.4 所示，仿真结果如表 8.4.1 所示。

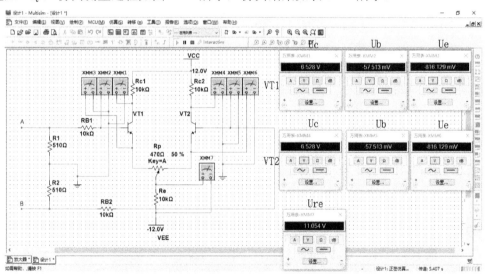

图 8.4.4 各端电压的测量值

表 8.4.1 静态工作点的仿真测量数据

V_{T1} 管			V_{T2} 管			R_e 上电压
U_{BE1}/V	U_{C1}/V	U_{E1}/V	U_{BE2}/V	U_{C2}/V	U_{E2}/V	U_{R_e}/V
0.76	6.5	−0.82	0.76	6.5	−0.82	11.1

3) 差模放大倍数的仿真测量

(1) 调出直流电压源，将直流电压源的参数调至 15 mV，并对电路的输入端进行修改，如图 8.4.5 所示。

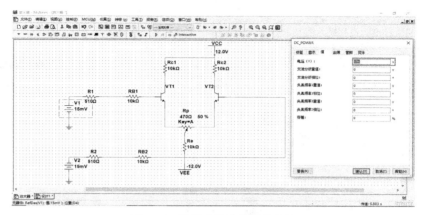

图 8.4.5　设置函数发生器的参数

(2) 运行仿真测量电路，测量输出电压 U_o 的值，如图 8.4.6 所示。

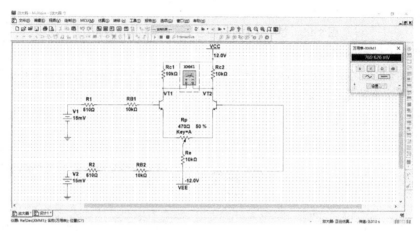

图 8.4.6　调出属性对话框

通过上述的公式可知差模放大倍数为 $A_d = \dfrac{\Delta U_o}{\Delta U_i} = \dfrac{770}{15-(-15)} = 25.7$。

4) 共模放大倍数的仿真测量

共模放大倍数的仿真测量电路如图 8.4.7 所示。

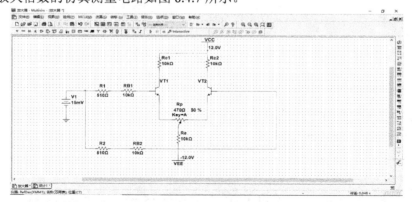

图 8.4.7　差动放大器连接电路

同样测量在共模条件下的输出 U_o，如图 8.4.8 所示。

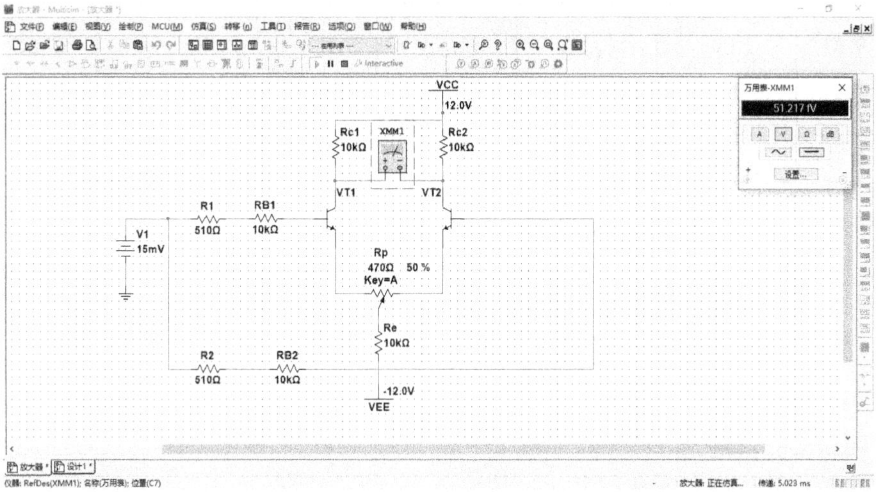

图 8.4.8　输出 U_o 的值

由上述公式可知，共模放大电路的放大倍数

$$A_c = \frac{\Delta U_o}{\Delta U_i} = 0$$

5. 差动放大电路的仪器实验

按图 8.4.1 连接实验电路，检查无误后接通电源 ±12 V。

1) 静态工作点的实验测量

(1) 调节放大器零点。

信号源不接入。将放大器输入端 A、B 与地短接，用万用表直流电压挡测量输出电压 U_o，调节调零电位器 R_p，使 $U_o = 0$。调节要仔细，力求准确。

(2) 静态工作点的实验测量。

零点调好以后，用直流电压表测量 V_{T1}、V_{T2} 管各电极对地电位及射极电阻 R_e 两端电压 U_{R_e}，记入表 8.4.2 中。

表 8.4.2　静态工作点的实验测量数据

V_{T1} 管			V_{T2} 管			R_e 上电压
U_{BE1}/V	U_{C1}/V	U_{E1}/V	U_{BE2}/V	U_{C2}/V	U_{E2}/V	U_{R_e}/V

2) 差模电压放大倍数的实验测量

断开直流电源，将信号发生器的输出端接放大器输入端 A，地端接放大器输入端 B 构成双端输入方式(注意：此时信号源浮地)，调节输入信号频率 $f=1$ kHz 的正弦信号，输出旋钮旋至零，用示波器监视输出端(集电极 C_1 或 C_2 与地之间)。

接通 ±12 V 直流电源，逐渐增大输入电压 U_i(约 100 mV)，在输出波形无失真的情况下，用交流毫伏表测量 U_i、U_{C1}、U_{C2} 并记入表 8.4.3 中，观察 U_i、U_{C1}、U_{C2} 之间的相位关系及 U_{R_e} 随 U_i 改变而变化的情况。(如测 U_i 有浮地干扰时，可分别测 A 点和 B 点对地间的电压，两者之差为 U_i)。

表 8.4.3　差模电压放大倍数的实验测量数据

输入方式	U_i	U_{C1}/V	U_{C2}/V	$A_d=\dfrac{U_i}{U_o}$	$A_c=\dfrac{U_o}{U_i}$	$CMRR=\left\|\dfrac{A_d}{A_c}\right\|$
双端输入	100 mV				—	
共模输入	1 V			—		

3) 共模电压放大倍数的实验测量

将放大器 A、B 短接，信号源接 A 端与地之间，构成共模输入方式，调节输入信号 $f=$ 1 kHz，$U_i=1\ V$，在输出电压无失真的情况下，将测量 U_{C1}、U_{C2} 的值记入表 8.4.3 中，U_i、U_{C1}、U_{C2} 之间的相位关系及 U_{RE} 随 U_i 改变而变化的情况。

6. 实验报告要求

(1) 写明实验目的。

(2) 写明实验仪器名称和型号。

(3) 写明实验步骤和过程。

(4) 整理实验数据，列表比较实验结果和理论估算值，分析误差原因。

① 静态工作点和差模电压放大倍数。

② 典型差动放大电路单端输出时 CMRR 实验测量值与理论值比较

③ 典型差动放大电路单端输出时 CMRR 的实验测量值与具有恒流源的差动放大器 CMRR 实测值比较。

④ 比较 U_i、U_{C1} 和 U_{C2} 之间的相位关系。

⑤ 根据实验结果，总结电阻 R_e 的作用。

7. 恒流源差动放大电路设计实验

通过 Multisim 14 仿真与实验，了解差动放大电路元器件参数的计算和选择，电路调试方法及性能的测试方法。深刻掌握差动放大电路的结构特点和工作原理，理解共模抑制比的含义，掌握如何提高差动电路的共模抑制比。

1) 设计题目

恒流源差动放大电路如图 8.4.9 所示，已知 $R_3=R_4=R_{c1}=R_{c2}=10\ k\Omega$，$R_1=R_2=100\ \Omega$，$R_5=2.2\ k\Omega$，$R_p=200\ \Omega$，$V_{T1}$、$V_{T2}$、$V_{T3}$ 均为 9013($\beta=100$)，$U_{CC}=12\ V$，稳压管 D_z 采用 2CW16。要求差模电压放大倍数 $A_d\geqslant6$，试确定 R_e 和 R_L 的值。

2) 设计内容及要求

(1) 按照题目给定的要求，确定电路中 R_e 和 R_L 的值，计算过程要详细。

(2) 利用 Multisim 14 软件，按图 8.4.9 搭建仿真电路，检查无误后进行仿真。

(3) 测量电路的静态工作点和动态参数，满足

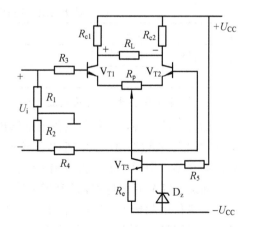

图 8.4.9　恒流源差动放大电路

设计要求。

(4) 自拟实验步骤和测试方法，分析实验结果，得出结论。

8.5　负反馈放大电路

❖ **预习内容**

(1) 有关负反馈放大器的内容。

(2) 根据图 8.5.1，估算放大器的静态工作点($\beta = 100$，$R_w + R_{b1} = 100\ \text{k}\Omega$)。

(3) 估算基本放大器的 A_u、R_i 和 R_o，负反馈放大器的 A_{uf}、R_{if} 和 R_{of}，并给出它们之间的关系。

(4) 怎样把负反馈放大器改接成基本放大器？为什么要把 R_f 并接在输入端和输出端？

(5) 用 Multisim 14 软件进行负反馈放大电路仿真。

1. 实验目的

(1) 掌握电压串联负反馈放大电路性能、指标的测试方法。

(2) 通过实验了解电压串联负反馈对放大电路性能指标的影响。

(3) 掌握负反馈放大电路频率特性的测试方法。

(4) 进一步熟悉用 Multisim 14 软件进行负反馈放大电路仿真方法。

2. 实验器材

序号	器材名称	型号与规格	数量	备注
1	计算机和 Multisim 14 软件		1	
2	多功能电子技术实验平台		1	
3	信号发生器		1	
4	数字示波器		1	
5	交流毫伏表		1	
6	普通万用表或四位半万用表		1	
7	波特图示仪		1	虚拟

3. 实验原理

负反馈在电子电路中具有稳定放大倍数、改善输入输出电阻、减小非线性失真和展宽通频带等功能，因此几乎所有的实用放大器都带有负反馈。负反馈放大器有电压串联、电压并联、电流串联、电流并联等四种组态。本实验以电压串联负反馈为例，分析负反馈对放大器各项性能指标的影响。

1) 带有负反馈的两级阻容耦合放大电路

带有负反馈的两级阻容耦合放大电路如图 8.5.1 所示。在电路中通过 R_f 把输出电压 U_o 引回到输入端，加在晶体管 V_{T1} 的发射极上，在发射极电阻 R_{f1} 上形成反馈电压 U_f。根据反馈的判断方法可知，它属于电压串联负反馈。

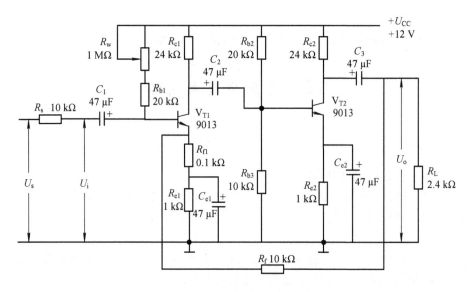

图 8.5.1　两级电压串联负反馈实验电路

(1) 闭环电压放大倍数：

$$A_{uf} = \frac{A_u}{1 + A_u F_u}$$

式中，$A_u = U_o/U_i$ 为基本放大器(无反馈)的电压放大倍数，即开环电压放大倍数。$1 = A_u F_u$ 为反馈深度，决定了负反馈对放大器性能改善的程度。

(2) 反馈系数：

$$F_u = \frac{R_{f1}}{R_f + R_{f1}}$$

(3) 输入电阻：

$$R_{if} = (1 + A_u F_u)R_i$$

式中，R_i 为基本放大器的输入电阻(不包括偏置电阻)

(4) 输出电阻：

$$R_{of} = \frac{R_o}{1 + A_{uo} F_u}$$

式中，R_o 为基本放大器的输出电阻，A_{uo} 为基本放大器在 $R_L = \infty$ 时的电压放大倍数。

2) 基本放大电路的动态参数

基本放大器的动态参数测量是本实验的内容之一，怎样实现无反馈而得到基本放大器呢？不能简单地断开反馈支路，而是要去掉反馈作用，但又要把反馈网络的影响(负载效应)考虑到基本放大器中去。

(1) 在画基本放大器的输入回路时，由于是电压负反馈，所以可将负反馈放大器的输出端交流短路，即令 $U_o = 0$，此时 R_f 相当于并联在 R_{f1} 上。

(2) 在画基本放大器的输出回路时，由于输入端是串联负反馈，故需要将反馈放大器的输入端(V_{T1}管的射极)开路，此时($R_{f1} + R_f$)相当于并接在输出端。

根据上述规律，得到所要求的基本放大电路如图 8.5.2 所示。

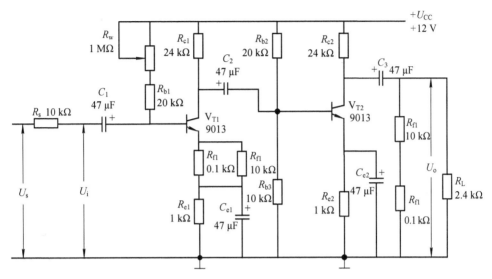

图 8.5.2　两级基本放大电路

4. 负反馈放大器的 Multisim 14 仿真实验

1) 组建两级基本放大电路和两级电压串联负反馈放大电路的仿真电路

按 4.3 节放置元器件的方法，在 Multisim 14 仿真平台上放置本实验所需元器件(电阻、电位器、电容、三极管、电源和地线)，按图 8.5.2 搭建如图 8.5.3 所示的两级基本放大器仿真电路。按图 8.5.1 搭建如图 8.5.4 所示的两级电压串联负反馈放大电路。

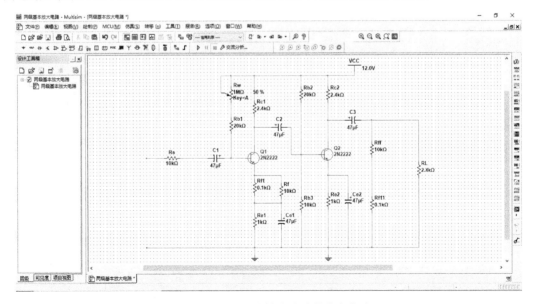

图 8.5.3　两级基本放大电路的仿真电路

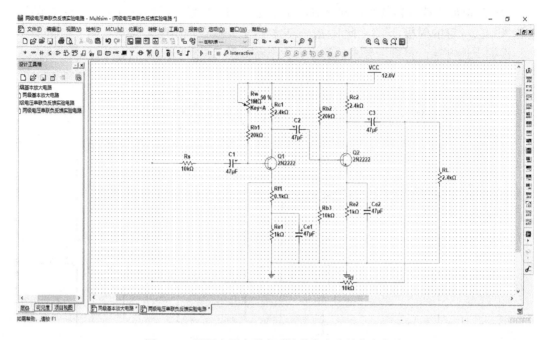

图 8.5.4　两级电压串联负反馈放大电路的仿真电路

2) 两级基本放大器静态工作点的仿真测量

断开负载 R_L，调节虚拟函数发生器产生 $U_i = 1$ mV、$f = 1$ kHz 的信号，调节 $R_w(R_w = 500$ kΩ)，使输出波形不失真，如图 8.5.5 所示。断开信号源，用虚拟万用表直流电压挡测量第一级、第二级的静态工作点，如图 8.5.6 所示，并将数据填入表 8.5.1 中。

调出仪器仪表库中的信号源、示波器、交流毫伏表、万用表等虚拟仪器仪表，并正确接入电路。点击运行按钮 进行仿真。

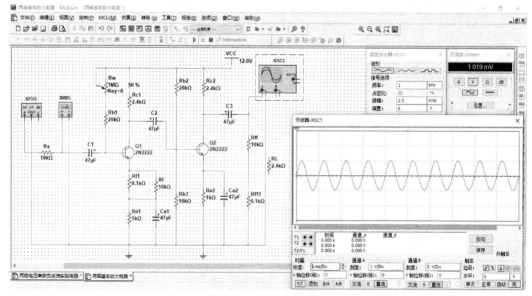

图 8.5.5　参数设置

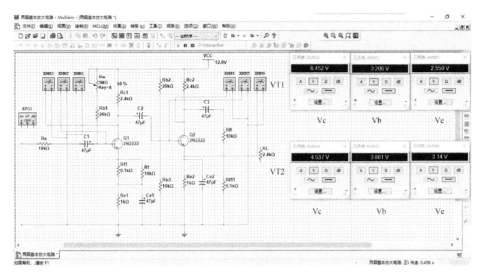

图 8.5.6　静态工作点仿真测量数据

表 8.5.1　静态工作点的仿真测量数据

三极管	仿真测量值			仿真测算值	
	U_{BE}/V	U_C/V	U_E/V	U_{CE}/V	I_C/mA
Q_1	0.6	6.5	2.6	3.9	2.7
Q_2	0.7	4.5	3.1	1.4	1.9

3) 基本放大器和负反馈放大电路各项性能指标的仿真测量

(1) 中频电压放大倍数 A_u、输入电阻 R_i 和输出电阻 R_o 的仿真测量。

在上述静态条件下，保持 $U_i = 1\ mV$、$f = 1\ kHz$、$R_w = 500\ k\Omega$ 不变，用虚拟万用表的交流电压挡测量 U_s、U_i、U_o 及接上负载时 U_{oL} 的值。仿真测量过程如图 8.5.7～图 8.5.10 所示；仿真测量数据如表 8.5.2 所示。

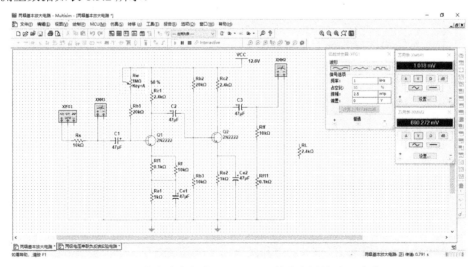

图 8.5.7　基本放大电路 U_s、U_i、U_o 的仿真测量(断开负载)

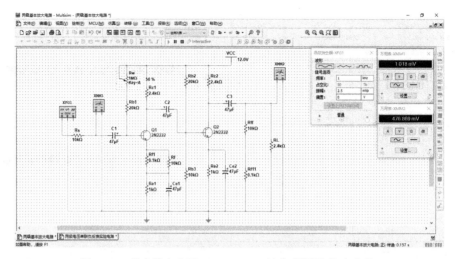

图 8.5.8　基本放大电路 U_s、U_i、U_{oL} 的仿真测量(接上负载)

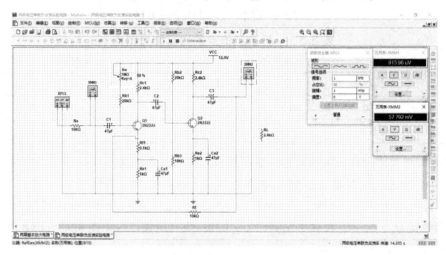

图 8.5.9　负反馈放大电路 U_s、U_i、U_o 的仿真测量(断开负载)

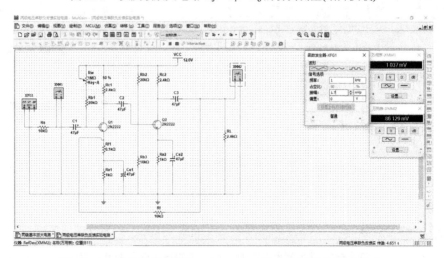

图 8.5.10　负反馈放大电路 U_s、U_i、U_{oL} 的仿真测量值(接上负载)

表 8.5.2 电压放大倍数、输入电阻和输出电阻的仿真测量值

	仿真测量值				仿真测算值
放大器	U_s/mA	U_i/mA	U_{oL}/V	U_o/V	A_{uf}
基本放大器	2.6	1	0.5	0.72	9.8
负反馈放大器	1.6	1	0.08	0.09	8.9

(2) 通频带的仿真测量。

接上负载 R_L，保持 U_i 不变，然后增加和减小输入信号的频率，用虚拟波特测试仪测出通频带。两级基本放大电路的通频带如图 8.5.11 所示。负反馈放大电路的通频带如图 8.5.12 所示。

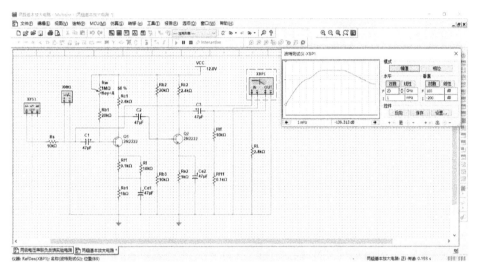

图 8.5.11 两级基本放大电路的通频带

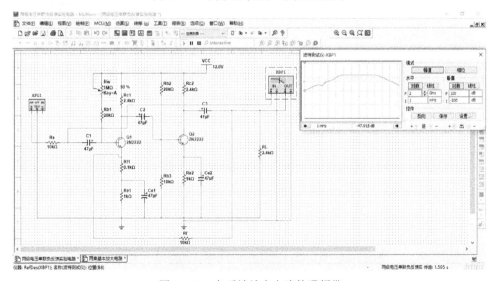

图 8.5.12 负反馈放大电路的通频带

(3) 通过仿真观察负反馈对非线性失真的改善。

对于基本放大电路，在输入端加入正弦信号，输出端接虚拟示波器，逐步增大输入信

号的幅度，使输出波形出现失真。此时的波形和输入/输出电压的幅度如图 8.5.13 所示。

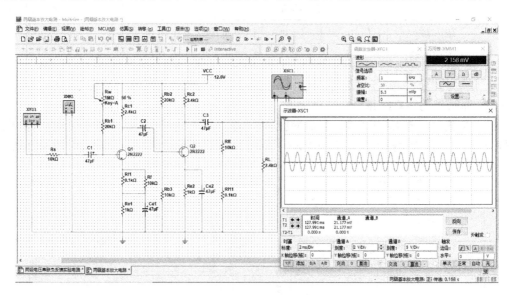

图 8.5.13　基本放大器的波形和输入/输出电压幅度

　　对于负反馈放大电路，增大输入信号的幅度，使输出电压幅度的大小与前文(即"两级基本放大器静态工作点的仿真测量"中的内容)相同，比较有反馈时输出波形的变化。仿真测量结果如图 8.5.14 所示。

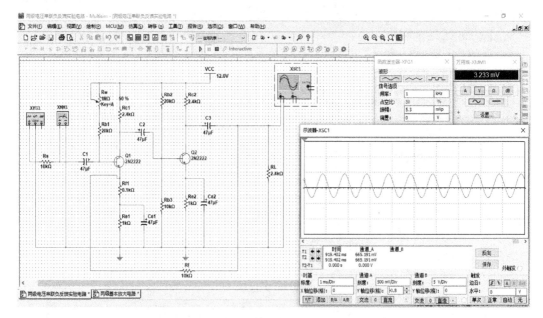

图 8.5.14　负反馈放大器的波形和输入/输出电压幅度

5. 负反馈放大器的仪器实验

1) 静态工作点的实验测量

按图 8.5.1 连接实验电路。断开负载 R_L，调节信号源产生 $U_i = 1\ \text{mV}$、$f = 1\ \text{kHz}$ 的信号，

调节 R_w，使输出波形不失真，断开信号源，用万用表直流电压挡测量第一级、第二级的静态工作点，并记入表 8.5.3 中。

表 8.5.3 静态工作点的实验测量数据

三极管	实验测量值			实验测算值	
	U_{BE}/V	U_C/V	U_E/V	U_{CE}/V	I_C/mA
Q_1					
Q_2					

2) 基本放大器各项性能指标的实验测量

按图 8.5.2 连接电路后，完成下列实验内容。

(1) 中频电压放大倍数 A_u、输入电阻 R_i 和输出电阻 R_o 的实验测量。

在上述静态条件下，保持 $U_i=1\,mV$、$f=1\,kHz$ 不变，用交流毫伏表测量 U_s、U_i、U_o 及接上负载时的 U_{oL} 的值，并记入表 8.5.4 中。

表 8.5.4 电压放大倍数、输入电阻和输出电阻的实验测量值

放大电路	实验测量值				实验测算值		
	U_s/mA	U_i/mA	U_{oL}/V	U_o/V	A_{uf}	$R_{if}/k\Omega$	$R_{of}/k\Omega$
基本放大电路		1					
负反馈放大电路		1					

(2) 通频带的实验测量。

接上负载 R_L，保持 U_i 不变，然后增加和减小输入信号的频率，找出上、下限频率 f_H 和 f_L，记入表 8.5.5 中。

3) 负反馈放大器各项性能指标的实验测量

将实验电路变为图 8.5.1 的负反馈放大器。在"静态工作点的实验测量"的静态条件下，用"基本放大器各项性能指标的实验测量"中的方法测量负反馈放大器的 A_{uf}、R_{if} 和 R_{of}，记入表 8.5.4 中；测量 f_H 和 f_L，记入表 8.5.5 中。

表 8.5.5 通频带的仪器测量数据

放大电路	实验测量值		实验测算值
	f_H	f_L	$f_{BW}=f_H-f_L$
基本放大电路			
负反馈放大电路			

4) 通过仪器观察负反馈对非线性失真的改善

(1) 实验电路改接成基本放大器形式，在输入端加入正弦信号，输出端接示波器，逐步增大输入信号的幅度，使输出波形出现失真，记下此时的波形和输入/输出电压的幅度。

(2) 再将实验电路改接成负反馈放大器形式，增大输入信号的幅度，使输出电压幅度的大小与前文(即"两级基本放大器静态工作点的仿真测量"中的内容)相同，比较有反馈时输出波形的变化。

6. 实验报告要求

(1) 写明实验目的。

(2) 写明实验仪器名称和型号。

(3) 写明实验步骤和过程。

(4) 整理实验数据，并解答下列问题：

① 将基本放大器和负反馈放大器实验测量值和理论值列表进行比较。

② 根据实验结果，总结电压串联负反馈对放大器性能的影响。

③ 按深负反馈估算，闭环电压放大倍数 A_{uf} 是多少？与实验测量值是否一致？

④ 如输入信号存在失真，能否用负反馈来改善？

⑤ 怎样判断放大器是否存在自激振荡？如何进行消振？

7. 电压负反馈电路设计实验

通过 Multisim 14 仿真与实验，掌握运用集成运算放大器构成电压串联和电压并联负反馈电路的设计方法和调试方法。

1) 设计题目

(1) 利用集成运算放大器(μA741)设计一个电压串联负反馈电路，要求闭环放大倍数为 10，输入电阻不小于 100 kΩ。

(2) 利用集成运算放大器(μA741)设计一个电压并联负反馈电路，要求闭环放大倍数为 −10，输入电阻不小于 10 kΩ。

2) 设计内容及要求

(1) 确定电路原理图，确定电阻的阻值。

(2) 根据原理图，搭建仿真电路与组装实验电路。

(3) 利用仿真与实验测量闭环增益 A_{uf}、输入电阻 r_{if}、输出电阻 r_{of}、下限频率 f_L 和上限频率 f_H，并与理论值进行比较，分析误差产生的原因。

8.6　基本运算电路

❖ 预习内容

(1) 熟悉集成运算放大器线性应用部分内容，并根据实验电路参数计算各电路输出电压的理论值。

(2) 运算放大器的调零能否在开环(无反馈)的状态下进行？

(3) 在反相加法器中，如 U_{i1} 和 U_{i2} 均采用直流信号，选定 $U_{i2} = -1$ V，当考虑到运算放大器的最大输出幅度(±12 V)时，$|U_{i1}|$ 的大小不应超过多少伏？

(4) 为了不损坏集成块，实验中应注意什么问题？

(5) 利用 Multisim 14 软件进行基本运算电路仿真。

1. 实验目的

(1) 熟悉集成运算放大器组成的基本比例运算电路的运算关系。

(2) 掌握集成运算比例电路的调试和实验方法，验证理论并分析结果。

(3) 掌握集成运算放大器的正确使用方法。

(4) 进一步熟悉用 Multisim 14 软件进行基本运算电路仿真方法。

2. 实验器材

序号	器材名称	型号与规格	数量	备注
1	计算机与 Multisim 14 软件		1	
2	多功能电子技术实验平台		1	
3	信号发生器		1	
4	数字示波器		1	
5	集成运算放大器芯片		1	

3. 实验原理

集成运算放大器是一种具有高电压放大倍数的直接耦合多级放大电路，当外部接入不同的线性或非线性元器件组成输入和负反馈电路时，可以灵活实现各种特定的函数关系。在线性应用方面，可以组成比例、加法、减法、积分、微分、对数等模拟运算电路。

1) 集成运算放大器

本实验中采用的集成运算放大器的型号为 OP07，引脚排列如图 8.6.1 所示。OP07 是 8 脚双列直插式组件，其引脚分别为：

(1) 1 脚和 8 脚，偏置平衡(调零端)端；

(2) 2 脚，反向输入端；

(3) 3 脚，同相输入端；

(4) 4 脚，负电源端；

(5) 5 脚，空脚；

(6) 6 脚，输出端；

(7) 7 脚，正电源端。

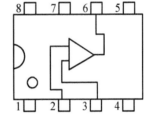

图 8.6.1　OP07 引脚图

OP07 芯片是一种低噪声、非斩波稳零的双极性(双电源供电)运算放大器集成电路。由于 OP07 具有非常低的输入失调电压，所以 OP07 在很多应用场合不需要额外的调零措施。OP07 同时具有输入偏置电流低和开环增益高的特点，这种低失调、高开环增益的特性使得 OP07 特别适用于高增益的测量设备和放大传感器的微弱信号等方面。OP07 运算放大器的主要参数如表 8.6.1 所示。

表 8.6.1　OP07 的性能参数

参数	参数值	参数	参数值
电源电压/V	$\pm 3 \sim \pm 18$	开环电压增益 A_{uo}/dB	106
输入失调电压 U_{IO}/μA	75	单位增益带宽($A_u \cdot BW$)/MHz	0.6
输入失调电流 I_{IO}/nA	1.8	转换速率 S_R/(V/ms)	0.3
输入电阻 R_i/MΩ	33	共模抑制比 CMRR/dB	120
输出电阻 R_o/Ω	60	输入电压范围/V	± 14

2) 基本运算电路

(1) 反相比例运算电路。

电路如图 8.6.2 所示，对于理想的运算放大器，该电路的输出电压与输入电压之间的关系为

$$U_o = -\frac{R_f}{R_1}U_i$$

为了减小输入级偏置电流引起的运算误差，在同相端应接入平衡电阻 $R_2 = R_1 /\!/ R_f$。

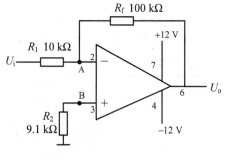

图 8.6.2　反相比例运算电路

(2) 反向加法电路。

电路如图 8.6.3 所示，输出电压与输入电压之间的关系为(其中 $R_3 = R_1 /\!/ R_2 /\!/ R_f$)

$$U_o = -\left(\frac{R_f}{R_1}U_{i1} + \frac{R_f}{R_2}U_{i2}\right)$$

在加入输入信号时，按图 8.6.4 的分压法连接。

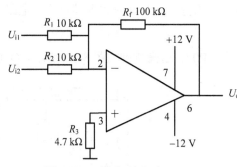

图 8.6.3　反相加法电路

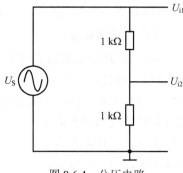

图 8.6.4　分压电路

(3) 同相比例运算电路。

图 8.6.5(a)是同相比例运算电路，它的输出电压与输入电压之间关系为

$$U_o = (1 + \frac{R_f}{R_1})U_i$$

当 $R_1 = \infty$ 时，$U_o = U_i$，即得图 8.6.5(b)所示的电压跟随器，图中 $R_2 = R_f$，用以减小漂移和起保护作用。一般 R_f 取 10 kΩ，R_f 太小起不到保护作用，太大则影响跟随性。

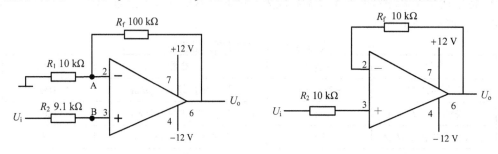

(a) 同相比例运算电路　　　　　　　　(b) 电压跟随器

图 8.6.5　同相比例运算电路

(4) 减法运算电路。

对于图 8.6.6 所示的减法电路，当 $R_1 = R_2$，$R_3 = R_f$ 时，有

$$U_o = \frac{R_f}{R_i}(U_{i2} - U_{i1})$$

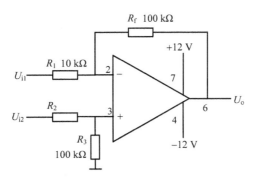

图 8.6.6　减法运算电路

4. 基本运算电路的 Multisim 14 仿真实验

1) 反相比例运算电路

(1) 组建反向比例运算电路并进行仿真。

按 4.3 节放置元器件的方法，在 Multisim 14 仿真平台上放置本实验所需元器件(电阻、集成运算放大器、电源与地线)，按图 8.6.2 搭建如图 8.6.7 所示的仿真电路。

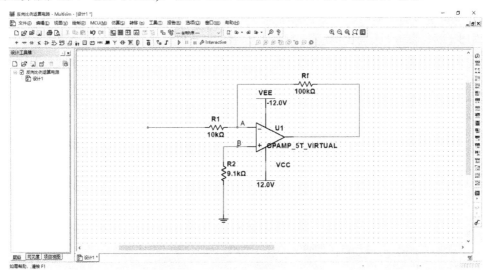

图 8.6.7　反向比例运算电路的仿真电路

(2) 运行仿真。

调出仪器仪表库中的信号发生器、示波器等虚拟仪器仪表，并正确接入电路。点击运行按钮 ▶ Ⅱ ■ 进行仿真。

① 输入 $f = 100$ Hz，$U_i = 0.2$ V 的虚拟正弦交流信号，测量相应的 U_o，并用虚拟示波器观察 U_o 和 U_i 的相位关系，如表 8.6.2 所示。

② 观测得 A、B 两点电压的大小，如表 8.6.2 所示。

表 8.6.2　反相比例运算器的仿真测量数据

U_i / V	U_o / V	U_A / V	U_B / V	A_u	
				实测值	理论值
0.14	1.41	0.14	0	10	10

U_i 和 U_o 的波形如图 8.6.8 所示。

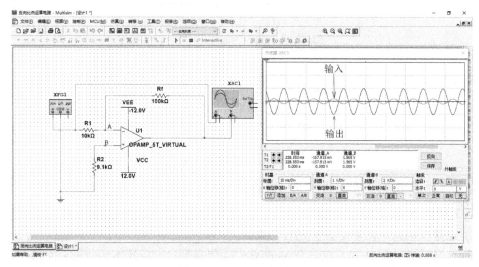

图 8.6.8　U_i 和 U_o 的波形

2) 同相比例运算电路

添加元器件参考"反向比例运算电路"的步骤，调出仪器仪表库中的信号发生器后，将添加好的元器件按图 8.6.5 连接，得到图 8.6.9 所示的仿真电路，点击运行按钮 ▶️⏸️⏹️ 进行仿真。

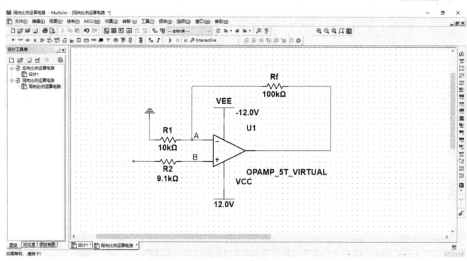

图 8.6.9　同向比例放大电路的仿真电路

(1) 输入 $f = 100\ \text{Hz}$，$U_i = 0.2\ \text{V}$ 的虚拟正弦交流信号，测量相应的 U_o，并用虚拟示波器观察 U_o 和 U_i 的相位关系，如图 8.6.10 所示。A、B 两点电压的大小如表 8.6.3 所示。

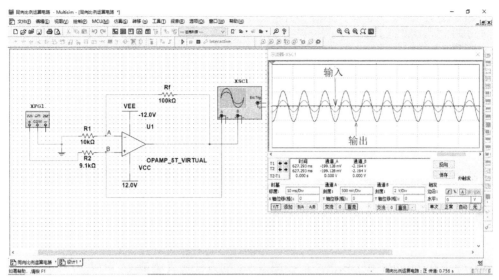

图 8.6.10　U_i 和 U_o 的波形

表 8.6.3　同向比例运算器的仿真测量数据

U_i/V	U_o/V	U_A/V	U_B/V	A_u	
				测算值	理论值
0.2	1.6	0.14	0	11.4	11

(2) 将图 8.6.5(a)中 R_1 断开，得到如图 8.6.5(b)所示的电路，重复内容(1)。U_i 和 U_o 的波形如图 8.6.11 所示。

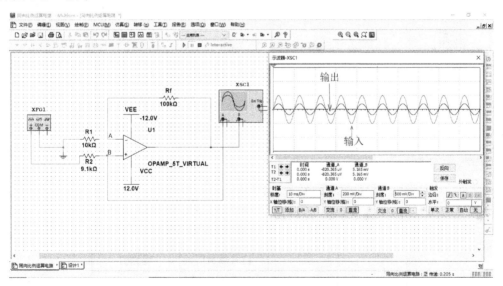

图 8.6.11　U_i 和 U_o 的波形

通过输出波形可以看出，U_i 和 U_o 的波形完全一致，所以该电路的电压增益 A_u 为 1。

3) 反相加法运算电路

添加元器件参考"反相比例运算电路"的步骤。按图 8.6.4 所示的分压接法连接分压电路后，得到如图 8.6.12 所示的仿真电路。

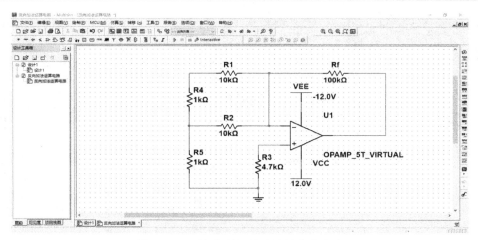

图 8.6.12 反相加法运算电路的仿真电路

取 $f = 100\,\text{Hz}$ 的虚拟正弦信号，按图 8.6.4 的方法仿真测量 U_{i1} 和 U_{i2}。U_{i1}、U_{i2} 和 U_o 的测量结果如图 8.6.13 所示，并将数据填入表 8.6.4 中。

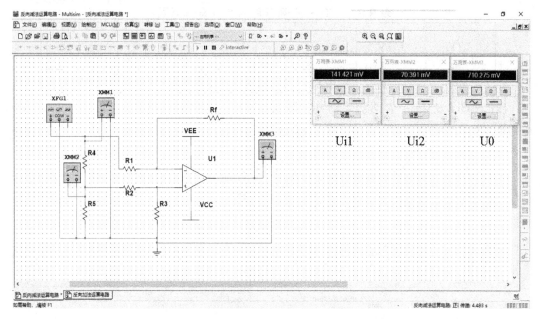

图 8.6.13 U_{i1}、U_{i2} 和 U_o 的仿真测量值

表 8.6.4 反相加法运算器的仿真测量数据

U_{i1}/V	U_{i2}/V	U_o/V	
		仿真测量值	理论值
0.14	0.07	0.71	0.70

4) 反向减法运算电路

添加元器件参考"反相比例运算电路"的步骤。将添加好的元器件连接，得到如图 8.6.14 所示的仿真电路。按图 8.6.4 所示的分压接法连接分压电路后，得到如图 8.6.15 所示的仿真测试电路。

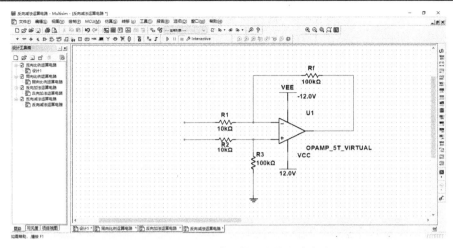

图 8.6.14　反相减法运算电路的仿真电路

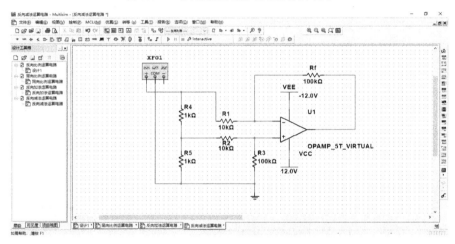

图 8.6.15　反相减法运算电路的测量电路

仿真步骤与前文(即"反相加法运算"的内容)相同，测量图如图 8.6.16 所示，仿真测量结果如表 8.6.5 所示。

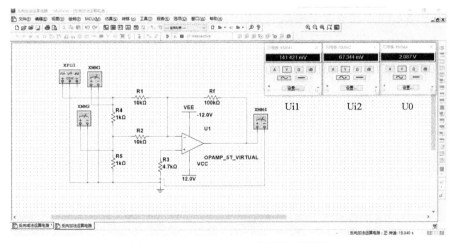

图 8.6.16　U_{i1}、U_{i2} 和 U_o 的仿真测量值

表 8.6.5　减法运算器的仿真测量数据

U_{i1}/V	U_{i2}/V	U_o/V	
		仿真测量值	理论值
0.14	0.07	2.09	1.64

5. 基本运算器电路的仪器实验

1) 反相比例运算电路

(1) 按图 8.6.2 连接实验电路。根据所选用的集成运算放大器的引脚功能，组装实验电路，检查无误后接通电源。

(2) 输入 $f = 100\ Hz$，$U_i = 0.2\ V$ 的正弦交流信号，测量相应的 U_o，并用示波器观察 U_o 和 U_i 的相位关系，记入表 8.6.6 中。

(3) 观察 A、B 两点电压的大小，记入表 8.6.6 中。

表 8.6.6　反相比例运算测量数据

U_i/V	U_o/V	U_A/V	U_B/V	A_u		U_i 波形	U_o 波形
				实测值	理论值		

2) 同相比例运算电路

(1) 按图 8.6.5(a) 连接实验电路。实验步骤同上，将结果记入表 8.6.7 中。

(2) 观察 A、B 两点电压的大小，记入表 8.6.7 中。

(3) 将图 8.6.5(a) 中 R_1 断开，得到如图 8.6.5(b) 所示的电路，重复内容(1)。

表 8.6.7　同相比例运算测量数据

U_i/V	U_o/V	U_A/V	U_B/V	A_u		U_i 波形	U_o 波形
				实测值	理论值		

3) 反相加法运算电路

(1) 按图 8.6.17 连接实验电路。

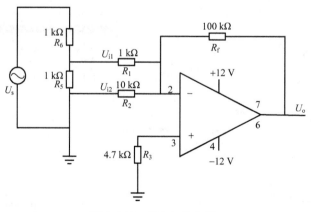

图 8.6.17　反向加法电路

(2) 取 $f = 100\,\text{Hz}$ 的正弦信号，按图 8.6.4 所示的方法仿真测量 U_{i1}、U_{i2} 和 U_o，实验测量结果记入表 8.6.8 中。

表 8.6.8　反相加法运算测量数据

U_{i1} / V	U_{i2} / V	U_o / V	
		测量值	理论值
0.2			

4) 减法运算电路

(1) 按图 8.6.6 连接实验电路。

(2) 实验步骤与前文(即"反相加法运算电路"的内容)相同，记入表 8.6.9 中。

表 8.6.9　减法运算测量数据

U_{i1} / V	U_{i2} / V	U_o / V	
		测量值	理论值
0.2			

6. 实验报告要求

(1) 写明实验目的。

(2) 写明实验仪器名称和型号。

(3) 写明实验步骤和过程。

(4) 整理实验数据，并解答下列问题：

① 画出实验电路，整理和分析实验数据，并与理论值进行比较，分析产生误差的原因。

② 对运放三种输入方式的特点进行小结。

③ 分析讨论实验中出现的现象和问题。

7. 比例运算器设计实验

掌握比例运算电路的设计方法。通过 Multisim 14 仿真与实验了解影响比例、求和运算精度的因素，进一步熟悉电路的特点和功能。

1) 设计题目

(1) 设计一个数学运算电路，实现运算关系：

$$U_o = 2U_{i1} + 2U_{i2} - 4U_{i3}$$

已知条件：$U_{i1} = 100 \sim 200\,\text{mV}$，$U_{i2} = 100 \sim 200\,\text{mV}$，$U_{i3} = 100 \sim 200\,\text{mV}$。

(2) A/D 变换器要求其输入电压的幅度为 $0 \sim +5\,\text{V}$，现有信号变化范围为 $-5\,\text{V} \sim +5\,\text{V}$，试设计一电平抬高电路，将其变化范围变为 $0 \sim +5\,\text{V}$。

2) 设计内容和要求

(1) 数学运算电路。

① 根据题目设计要求，选定电路和集成电路型号，并进行参数设计。

② 按照设计方案组装电路。

③ 根据已知条件，任选几组信号进行测试输入和输出，自拟表格。

④ 换用开环放大倍数更高的集成运放重复上述内容，并比较两种运放的运算误差，作

出正确的结论。

(2) A/D 变换器。

① 根据题目设计要求，选定电路和集成电路型号，并进行参数设计。

② 按照设计方案组装电路。

③ 根据给定的条件，加入输入信号测量输出信号进行参数测试，并与 Multisim 14 仿真测量值进行比较。

8.7　波形产生器

❖ 预习内容

(1) 有关正弦波振荡器、三角波及方波发生器的工作原理；*RC* 桥式正弦波振荡器、方波发生器、方波和三角波发生器这三个电路振荡频率的计算。

(2) 为什么在 *RC* 正弦波振荡器电路中要引入负反馈支路？为什么要增加二极管 D_1 和 D_2？它们是怎样稳幅的？

(3) 怎样测量非正弦波电压的幅值？

(4) 利用 Multisim 14 软件进行波形发生器仿真。

1. 实验目的

(1) 了解运算放大器在非线性方面的应用。

(2) 掌握利用集成运算放大器构成正弦波、方波、三角波和锯齿波发生器的方法。

(3) 进一步熟悉用 Multisim 14 软件进行波形发生器仿真方法。

2. 实验器材

序号	器材名称	型号与规格	数量	备注
1	计算机与 Multisim 14 软件		1	
2	多功能电子技术实验平台		1	
3	信号发生器		1	
4	数字示波器		1	
5	交流毫伏表		1	
6	普通万用表或四位半万用表		1	

3. 实验原理

本实验采用 LM324 四运算放大器集成电路，它采用 14 脚双列直插塑料封装，如图 8.7.1 所示。

LM324 的内部包含四组形式完全相同的运算放大器，除电源共用外，四组运算放大器相互独立。每一组运算放大器有 5 个引脚，其中 +INPUT、–INPUT 为信号同相输入端和反相输入端，V₊、V₋ 为正电源端和负电源端，OUTPUT 为输出端。

LM324 四运算放大器是内含 4 个特性近似相同的高增益、内补偿放大器的单电源(也可以是双电源)运算放大器。电路可以在 +5～+15 V 范围内工作，功耗低，每个运算放大器静态功耗约为 0.8 mW，但驱动电流可达 40 mA。

LM324 的主要参数：

电压增益：100 dB；

单位增益带宽：1 MHz；

单电源工作范围：3～30V；

双电源工作范围：±1.5～±15 V；

输入失调电压：2 mV(最大值 7 mV)；

输入偏置电流：50～150 nA；

输入失调电流：5～50 nA；

输出电流：40 mA；

开环差动电压放大典型值：100 V/mV；

放大器间隔离度：−120 dB(f_0 为 1～20 kHz)。

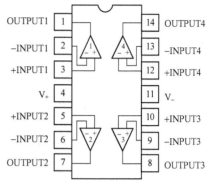

图 8.7.1　LM324 引脚图

由集成运算放大器构成的正弦波、方波和三角波发生器有多种形式，本实验选用最常用的、线路比较简单的几种电路加以实验。

1) RC 桥式正弦波振荡器(文氏电桥振荡器)

RC 桥式正弦波振荡器如图 8.7.2 所示。其中，RC 串、并联电路构成正反馈支路，同时兼作选频网络，R_1、R_2、R_w 及二极管等元器件构成负反馈和稳幅环节。调节电位器 R_w 可以改变反馈深度，以满足振荡的振幅条件和改善波形。利用两个反向并联二极管 D_1、D_2 正向电阻的非线性特性来实现稳幅。D_1、D_2 采用硅管(温度稳定性好)，且要求特性匹配，以保证输出波形正、负半周对称。R_3 的接入是为了削弱二极管非线性的影响，以改善波形失真。

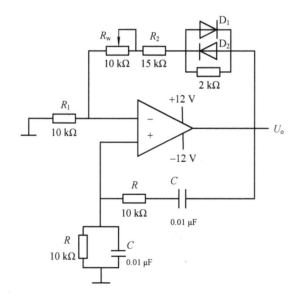

图 8.7.2　RC 桥式正弦波振荡器

电路的振荡频率为

$$f_0 = \frac{1}{2\pi RC}$$

起振的振幅条件为

$$\frac{R_f}{R_1} \geqslant 2$$

式中，$R_f = R_w + R_2 + (R_3 // r_d)$，$r_d$ 为二极管正向导通电阻。

调整反馈电阻 R_f(调 R_w)，使电路起振，且波形失真最小。如果不能起振，则说明负反馈太强，应适当加大 R_f；如果波形失真严重，则应减小 R_f。

改变选频网络的参数 C 或 R，即可调节振荡频率。一般采用改变电容 C 做频率量程切换，而调节 R 做量程内的频率细调。

2) 方波发生器

由集成运算放大器构成的方波发生器和三角波发生器，一般均包括比较器和 RC 积分器两大部分。图 8.7.3 为由滞回比较器及简单 RC 积分电路组成的方波-三角波发生器。它的特点是线路简单，但三角波的线性较差，主要用于产生方波，或对三角波要求不高的场合。

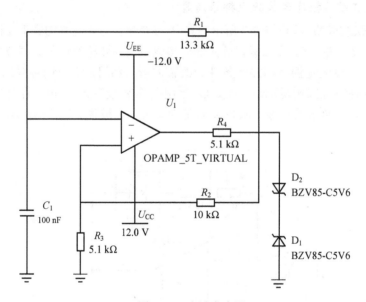

图 8.7.3　方波发生器

电路的振荡频率为

$$f_0 = \frac{1}{2R_f C_f \ln(1+\frac{R_2}{R_1})}$$

式中，$R_1 = R_1' + R_w'$，$R_2 = R_2' + R_w''$。

方波的输出幅值为

$$U_{om} = \pm U_z$$

三角波的幅值为

$$U_{cm} = \frac{R_2}{R_1 + R_2} U_z$$

调节电位器 R_w(即改变 R_2/R_1)，可以改变振荡频率，但三角波的幅值也随之变化。如果要互不影响，则可通过改变 R_f(或 C_f)来实现振荡频率的调节。

3) 三角波和方波发生器

把滞回比较器和积分比较器首尾相接形成正反馈闭环系统，如图 8.7.4 所示，则比较器输出的方波经积分器积分得到三角波，三角波又触发比较器自动反转形成方波，这样即可构成三角波、方波发生器。由于采用运放组成的积分电路，因此可实现恒流充电，三角波线性大大改善。

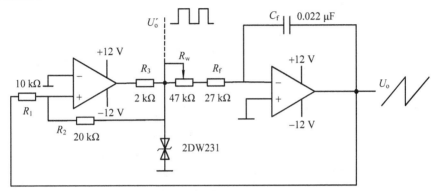

图 8.7.4 三角波和方波发生器

电路的振荡频率为

$$f_0 = \frac{R_2}{4R_1(R_f + R_w)C_f}$$

方波的幅值为

$$U'_{om} = \pm U_z$$

三角波的幅值为

$$U_{cm} = \frac{R_1}{R_2} U_z$$

调节 R_w，可以改变振荡频率，改变比值 R_1/R_2，可调节三角波的幅值。

4. 波形发生器的 Multisim 14 仿真实验

1) 桥式正弦波振荡器

(1) 组建桥式正弦波振荡电路。

按 4.3 节放置元器件的方法，在 Multisim 14 仿真平台上放置本实验所需的元器件(电阻、电位器、集成运放、电容、二极管、电源和地线)，按图 8.7.2 搭建如图 8.7.5 所示的仿真电路。

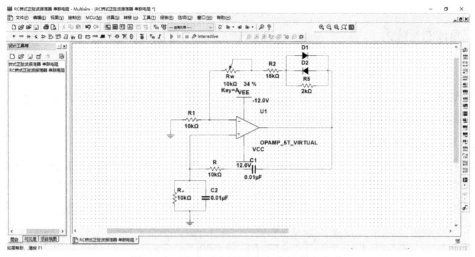

图 8.7.5　桥式正弦波振荡电路的仿真电路

(2) 将虚拟示波器接 RC 正弦振荡器输出端，以观察输出波形，并调取一个测量探针放置在输出端，以测量输出频率和输出电压，也可用虚拟示波器的标尺来测量波形的周期和峰-峰值。

观察与测量方法是：调节电位器 R_w，使输出波形从无到有，从正弦波到出现失真，观察 U_o 的波形，将临界起振、正弦波输出及失真情况下的 R_w 值、各仿真测量值和波形记入表 8.7.1 中，并分析负反馈强弱对起振条件及输出波形的影响，如图 8.7.6～图 8.7.8 所示。

表 8.7.1　各状态下的 R_w 值、仿真测量值及波形状态

状态	电位器 R_w/kΩ	频率 /Hz	周期 /ms	电压 /V	电压峰–峰值 /V	波形图序	波形特征
临界起振	3.1	1600	0.625	6.7	18	图 8.7.6	峰值渐大的正弦波
正弦波	3.3	1600	0.625	8.2	23	图 8.7.7	稳定的正弦波
失真	3.4	1600	0.625	8.7	24	图 8.7.8	正弦波饱和失真

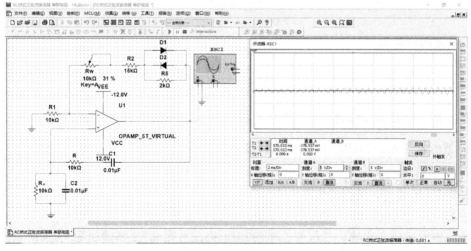

图 8.7.6　起振波形

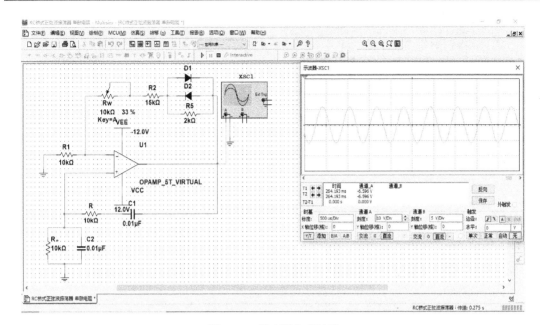

图 8.7.7　最大不失真波形

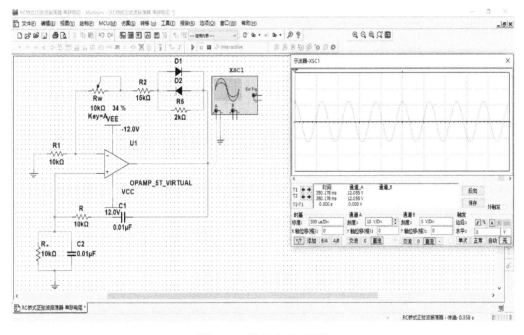

图 8.7.8　刚好失真时波形

上述结果表明，负反馈减弱，电路起振，负反馈到达临界点时，输出波形刚好不失真，当负反馈再减弱时，输出波形失真。

(3) 调节电位器 R_{w}，使输出电压 U_{o} 幅值最大且不失真，用虚拟交流毫伏表分别测量输出电压 U_{o}、反馈电压 U_{+} 和 U_{-}，分析振荡的幅值条件。

输出电压 U_{o} 如图 8.7.9 所示。反馈电压 U_{+} 如图 8.7.10 所示，反馈电压 U_{-} 如图 8.7.11 所示，振荡的幅值条件为 $AF = 1$。

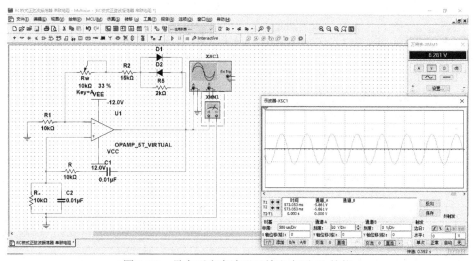

图 8.7.9 最大不失真波形及输出电压 $U_\circ$ 的值

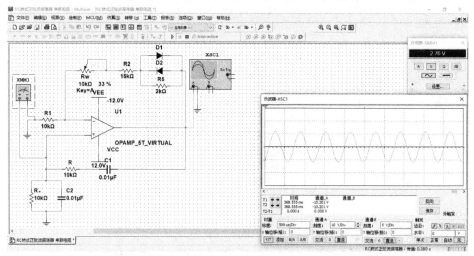

图 8.7.10 最大不失真波形及反馈电压 U_+ 值

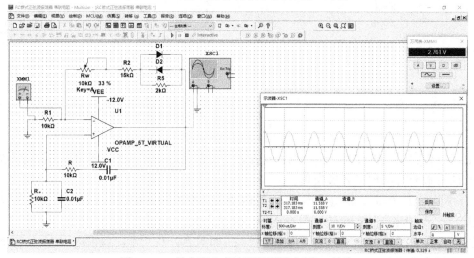

图 8.7.11 最大不失真波形及反馈电压 U_- 的值

(4) 用虚拟示波器或虚拟频率计测量振荡频率 f_0，在选频网络的两个电阻 R 上并联同一阻值电阻，观察记录振荡频率的变化情况，并与理论值进行比较。

① 当 R_w 为 3.3 kΩ 时，输出波形的频率为 1600 Hz，正反馈网络 $R = 10$ kΩ，$C = 0.01$ μF，由 $f_0 = \dfrac{1}{2\pi RC}$ 计算的理论值为 1592 Hz，如图 8.7.12 所示。

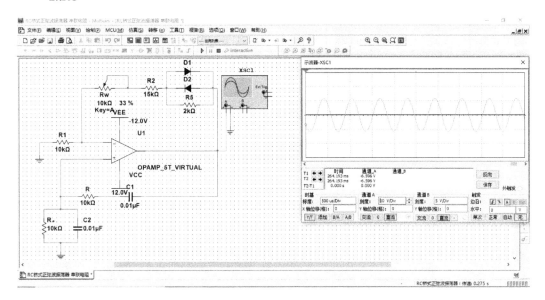

图 8.7.12　输出 U_o 的波形

② 同时并联 $R = 10$ kΩ，R_w 为 3.4 kΩ 时开始起振，此时输出电压的频率为 3200 Hz，正反馈网络 $R = 5$ kΩ，$C = 0.01$ μF，由 $f_0 = \dfrac{1}{2\pi RC}$ 计算的理论值为 3184 Hz，如图 8.7.13 所示。

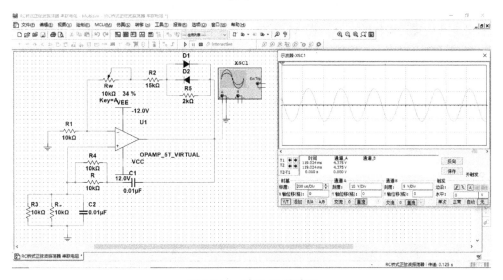

图 8.7.13　输出 U_o 的波形

(5) 断开二极管 D_1、D_2，重复(2)的内容，将仿真测试结果与(2)进行比较，分析 D_1、D_2 的稳幅作用。

　　观察与测量的方法是：调节电位器 R_w，使输出波形从无到有，从正弦波到出现失真，观察 U_o 的波形，将临界起振、正弦波输出及失真情况下的 R_w 值、各仿真测量值和波形记入表 8.7.2 中，并分析负反馈强弱对起振条件及输出波形的影响。

表 8.7.2　临界起振时 R_w 值、仿真测量值及波形状态

状态	电位器 R_w/kΩ	频率 /Hz	周期 /ms	电压 /V	电压峰-峰值 /V	波形图序	波形特征
临界起振	3.2	1600	0.625	8.76	24	图 8.7.14	正弦波出现饱和失真

　　当 R_w 为 3.1 kΩ 时，电路开始起振，波形稳定后出现饱和失真。输出波形如图 8.7.14 所示。

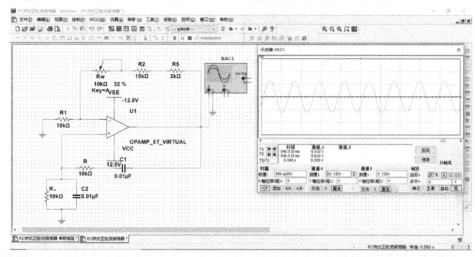

图 8.7.14　输出 U_o 的波形

2) 方波发生器

(1) 组建方波发生器的仿真电路。

　　按 4.3 节放置元器件的方法，在 Multisim 14 平台上放置本实验所需的元器件(电阻、电位器、集成运放、电容、二极管、电源和地线)，按图 8.7.3 搭建如图 8.7.15 所示的仿真电路。

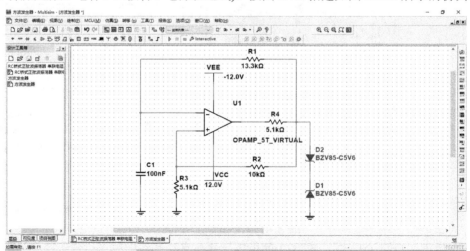

图 8.7.15　方波发生器的仿真电路

(2) 用虚拟示波器观察方波 U_o 及三角波 U_c 的波形，测量其幅值及频率并记录数据。

通过仿真测试可以得出方波 U_o 及三角波 U_c 的幅值分别为 6.282 V 和 2.855 V。方波 U_o 及三角波 U_c 的波形及频率如图 8.7.16 和图 8.7.17 所示。

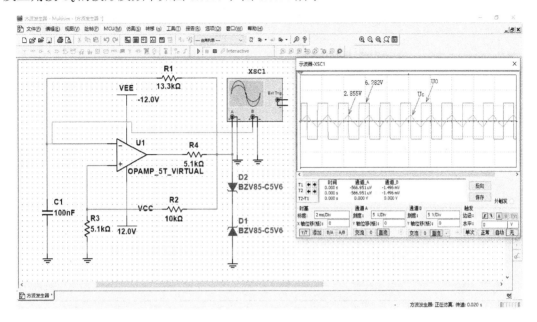

图 8.7.16　U_o 和 U_c 的波形

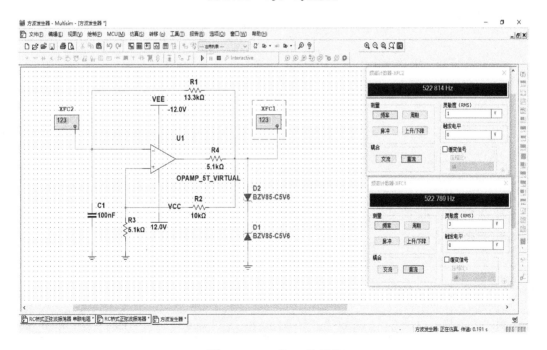

图 8.7.17　U_o 和 U_c 的频率

(3) 将一只稳压管断接，观察 U_o 波形，分析稳压管的限幅作用。

将一个稳压管断接，U_o 的波形如图 8.7.18 所示。图 8.7.18 表明，正向电压被限制。

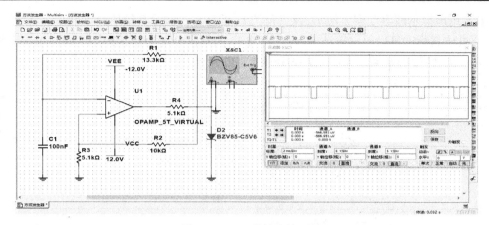

图 8.7.18 U_o 的输出波形

3) 三角波和方波发生器

(1) 组建仿真电路。

可参考桥式正弦波振荡电路的步骤添加元器件，在 Multisim 14 平台上按图 8.7.4 搭建如图 8.7.19 所示的仿真电路。

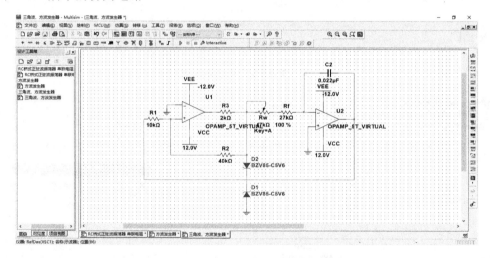

图 8.7.19   三角波和方波发生器电路的仿真电路

(2) 将电位器 R_w 调至合适位置，用虚拟示波器观察三角波 U_o 及方波 U'_o，其幅值、频率及 R_w 如表 8.7.3 所示。

表 8.7.3   改变 R_w 对方波与三角波的影响

电位器	三角波			方波		
$R_w/k\Omega$	幅值/V	频率/Hz	图序	幅值/V	频率/Hz	图序
11.75	3.0	358	图 8.7.20	5.6	358	图 8.7.20
23.5	3.0	440	图 8.7.21	5.7	440	图 8.7.21
35.25	2.9	570	图 8.7.22	5.9	570	图 8.7.22
47	3.0	809	图 8.7.23	5.9	809	图 8.7.23

① 当 R_w 的值为 11.75 kΩ 时，三角波 U_c 及方波 U'_o 的输出波形及其频率如图 8.7.20 所示。

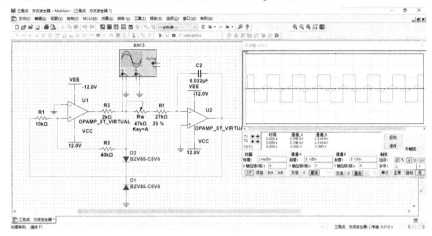

图 8.7.20 U_c 和 U'_o 的输出波形

② 当 R_w 的值为 23.5 kΩ 时，三角波 U_c 及方波 U'_o 的输出波形及其频率如图 8.7.21 所示。

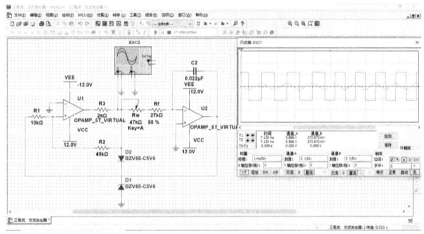

图 8.7.21 U_c 和 U'_o 的输出波形

③ 当 R_w 的值为 35.25 kΩ 时，三角波 U_c 及方波的 U'_o 输出波形及其频率如图 8.7.22 所示。

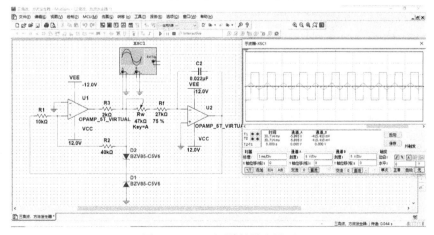

图 8.7.22 U_c 和 U'_o 的输出波形

④ 当 R_w 的值为 47 kΩ 时，三角波 U_c 及方波 U'_o 的输出波形及其频率如图 8.7.23 所示。

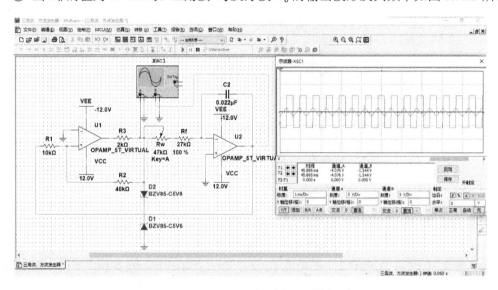

图 8.7.23　U_c 和 U'_o 的输出波形

(3) 改变 R_1(或 R_2)，观察对 U_c、U'_o 幅值及频率的影响，如表 8.7.4 所示。

表 8.7.4　改变 R_2 对方波与三角波的影响

电阻	三 角 波			方 波		
R_2/kΩ	幅值/V	频率/Hz	图序	幅值/V	频率/Hz	图序
10	5.9	223	图 8.7.24	5.9	223	图 8.7.24
20	2.9	440	图 8.7.25	5.9	440	图 8.7.25
40	1.5	862	图 8.7.26	5.9	862	图 8.7.26

当电阻 R_2 为 10 kΩ、20 kΩ、40 kΩ 时，U_c 和 U'_o 的输出波形如图 8.7.24～图 8.7.26 所示。

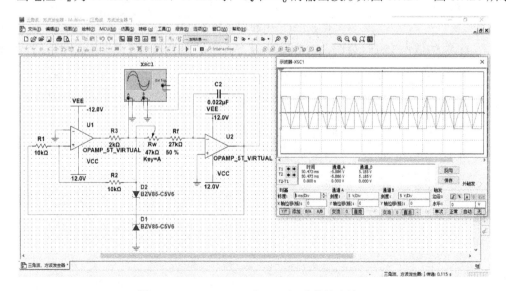

图 8.7.24　$R_2 = 10$ kΩ 时，U_c 和 U'_o 的输出波形

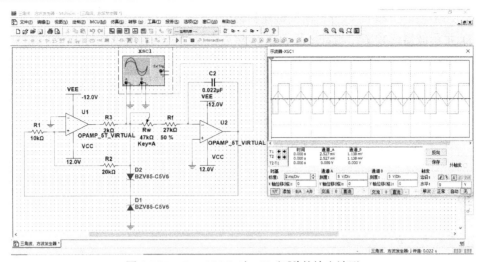

图 8.7.25　$R_2 = 20\ \text{k}\Omega$ 时，U_c 和 U'_o 的输出波形

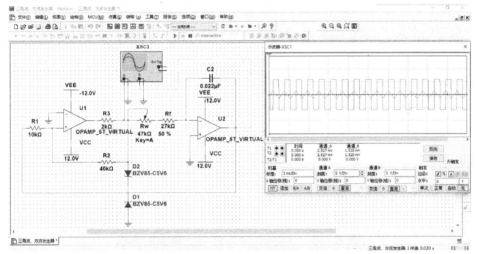

图 8.7.26　$R_2 = 40\ \text{k}\Omega$ 时，U_c 和 U'_o 的输出波形

5. 波形发生器的仪器实验

1) 桥式正弦波振荡器

按图 8.7.2 连接实验电路，接通 ±12 V 电源，输出端接示波器。

(1) 调节电位器 R_w，使输出波形从无到有，从正弦波出现到失真，描绘 U_o 的波形，记下临界起振、正弦波输出及失真情况下的 R_w 值，分析负反馈强弱对起振条件及输出波形的影响。将实验测量数据记入表 8.7.5 中。

表 8.7.5　起振条件实验测量数据

测量条件	临界起振 (刚有波形出现)	正弦波输出 (正弦波正常)	失真情况 (正弦波失真)	R_f/R_1
R_w/Ω				
$R_f = R_w + R_3 + R_4$				

(2) 调节电位器 R_w，使输出电压 U_o 幅值最大且不失真，用交流毫伏表分别测量输出电

压 U_o、反馈电压 U_+ 和 U_-，分析研究振荡的幅值条件。将实验测量数据，记入表 8.7.6 中。

(3) 用示波器或频率计测量振荡频率 f_0，然后在选频网络的两个电阻 R 上并联同一阻值电阻，观察记录振荡频率的变化情况，并与理论值进行比较。

(4) 断开二极管 D_1、D_2，重复(2)的内容，将测量结果与(2)进行比较，分析 D_1、D_2 的稳幅作用。将实验测量数据记入表 8.7.6 中。

表 8.7.6　稳幅环节作用下的实验测量数据

测量条件	无稳幅环节				有稳幅环节			
测量参数	U_o/V		f_0/kHz		U_o/V		f_0/kHz	
	最大	最小	最高	最低	最大	最小	最高	最低
实验测量值								

2) 三角波和方波发生器

按图 8.7.4 连接实验电路。

(1) 将电位器 R_w 调至合适位置，用示波器观察并描绘三角波输出 U_c 及方波输出 U_o'，测其幅值、频率及 R_w 值；改变 R_w 的位置，观察对 U_c、U_o' 幅值及频率的影响。将实验数据记入表 8.7.7 中。

表 8.7.7　改变 R_w 对方波与三角波的影响

电位器	三角波			方波		
R_W	幅值	频率	画观察波形	幅值	频率	画观察波形
中点						
23.5 kΩ						
35.25 kΩ						

(2) 改变 R_1(或 R_2)，观察对 U_o、U_o' 幅值及频率的影响，实验数据记入表 8.7.8 中。

表 8.7.8　改变 R_1 对方波与三角波的影响

电阻	三角波			方波		
R_2	幅值	频率	画观察波形	幅值	频率	画观察波形

6. 实验报告要求

(1) 写明实验目的。

(2) 写明实验仪器名称和型号。

(3) 写明实验步骤和过程。

(4) 整理实验数据。

对于正弦波发生器，数据处理的要求：

(1) 列表整理实验数据，画出波形，把实测频率与理论值进行比较；

(2) 根据实验分析 RC 振荡器的振幅条件；

(3) 讨论二极管 D_1、D_2 的稳幅作用。

对于方波发生器，数据处理的要求：

(1) 列表整理实验数据，在同一座标纸上，按比例画出方波和三角波的波形图(标出时间和电压幅值)；

(2) 分析 R_w 变化时，对 U_o 波形的幅值及频率的影响；

(3) 讨论稳压管的限幅作用。

对于三角波和方波发生器，数据处理的要求：

(1) 整理实验数据，把实测频率与理论值进行比较；

(2) 在同一座标纸上，按比例画出三角波及方波的波形，并标明时间和电压幅值；

(3) 分析电路参数变化(R_1、R_2 和 R_w)对输出波形频率及幅值的影响。

7. 波形发生器电路设计实验

通过设计性实验，全面掌握波形发生器电路设计、Multisim 14 仿真与仪器实验调整相结合的设计方法。

1) 设计题目

(1) 设计一个振荡频率 $f_0 = 1$ kHz 的 RC 正弦波振荡电路，自选集成运算放大器。

(2) 设计一个用集成运算放大器构成的方波-三角波发生器，设计要求如下：

① 频率范围：500～1000 Hz；

② 三角波幅值调节范围：2～4 V；

③ 方波幅值：±5 V；

④ 集成运算放大器：OP07(或自选)。

2) 设计内容和要求

(1) RC 正弦波振荡器。

① 写出设计报告，提出元器件清单。

② 组装、调整 RC 正弦波振荡电路，使电路产生信号输出。

③ 当输出波形不失真时，测量输出电压的频率和幅值。检验电路是否满足设计要求，如不满足，需要调整设计参数，直至满足为止。

④ 改变有关元器件，使电路振荡频率发生改变，记录改变后的元器件值，测量输出波形的频率。

(2) 方波-三角波发生器。

① 写出设计报告，提出元器件清单。

② 组装调试所设计的电路，使其正常工作。

③ 测量方波的频率和幅值，测量三角波的频率和幅值及其调节范围，检验电路是否满足设计指标。在调整三角波幅值时，注意波形有什么变化，并说明变化的原因。

3) 设计提示

(1) RC 正弦波振荡器设计、Multisim 14 仿真与仪器实验调试。

设计一个振荡频率 $f = 1$ kHz 的 RC 桥式正弦波振荡器。

① 选定电路形式，如图 8.7.27 所示的 RC 桥式正弦波振荡器。

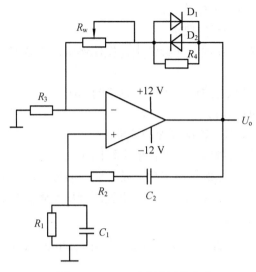

图 8.7.27　RC 正弦波振荡电路

② 确定电路元器件参数。

a. 所选定电路的振荡频率和起振条件。

在图 8.7.27 中，选定 $R_1 = R_2 = R$，$C_1 = C_2 = C$，则该电路的振荡频率为

$$f_0 = \frac{1}{2\pi RC}$$

起振条件为

$$R_f \geqslant 2R_3$$

在电路中，$R_f = R_w + R_4 // r_d$，r_d 为限幅二极管导通时的动态电阻。

b. 选择 RC 参数的主要依据和条件。

其一，因为 RC 桥式振荡器的振荡频率是由 RC 网络决定的，所以选择 RC 的值时，应该把已知的振荡频率作为主要的依据。

其二，为了使选频网络的特性不受集成运算放大器输入、输出电阻的影响，选择的 R 应满足的条件为

$$r_i \gg R \gg r_o$$

式中，r_i 为集成运算放大器同相输入端输入电阻，r_o 是输出电阻。

其三，计算 R 和 C 的值。根据已知条件，初选 $R = 15\,\text{k}\Omega$，则电容值为

$$C = \frac{1}{2\pi f_0 R} \approx \frac{1}{2 \times 3.14 \times 10^3 \times 15 \times 10^3} = 0.0106\ \mu\text{F}$$

取标称值 $C = 0.01\ \mu\text{F}$，计算得 $R = 15.9\,\text{k}\Omega$，取标称值 $R = 16\,\text{k}\Omega$。实际应用时，要注意选择稳定性能好的电阻和电容。

其四，选择电阻 R_3 和 R_f。电阻 R_3 和 R_4 可根据 $R_f \geqslant 2R_3$ 确定，通常 $R_f = 2.1R_3$，这样能够保证起振，同时又不会引起严重的波形失真。为了减小运算放大器输入失调电流及其漂移的影响，应尽量满足 $R = R_3 // R_f$ 的调节，可求得

$$R_3 = \frac{3.1}{2.1}R = \frac{3.1}{2.1} \times 16 \approx 23.6 \text{ k}\Omega$$

取标称值 $R_3 = 24 \text{ k}\Omega$，则

$$R_f = 2.1R_1 = 2.1 \times 24 \text{k}\Omega = 50.4 \text{ k}\Omega$$

取标称值 $R_f = 51 \text{ k}\Omega$。

注意：R_3 和 R_f 的最佳数据还要通过实验调整来确定。

其五，稳幅电路的作用及参数选择。在实际电路中，由于元器件的误差、温度等外界因素的影响，振荡器往往达不到理论设计的效果。因此，一般在振荡器的负反馈支路中加入自动稳幅电路，根据振荡幅度的变化自动改变负反馈的强弱，达到稳幅的效果。

在图 8.7.26 中的二极管 D_1 和 D_2，在振荡过程中总有一个二极管处于正向导通状态，正向导通电阻 r_d 和 R_4 并联。当振荡幅度大时，r_d 减小，负反馈增强，限制幅度继续增长；反之当振荡幅度小时，r_d 增大，负反馈减弱，防止幅度继续减小，从而达到稳幅的目的。

注意：为提高电路稳定性，稳幅二极管应尽量选择硅管；为了保证上、下幅度对称，两个稳幅二极管的特性参数必须匹配。

其六，电阻 R_w 和 R_4 值的确定。二极管的正向电阻与并联电阻值差不多时，稳幅特性和改善波形失真都具有较好的效果。通常 R_4 选几千欧，R_4 选定后 R_w 的阻值便可以初步确定，R_w 的调节范围应保证达到所需要的值。

因为

$$R_f = R_w + R_4 /\!/ r_d$$

取

$$R_4 = r_d$$

所以

$$R_w = R_f - R_4 /\!/ r_d = R_f - \frac{1}{2}R_4$$

但是，电阻 R_w 和 R_4 的最佳值仍然要通过实验来确定。

c. 集成运算放大器的选择。

选择集成运算放大器时，除了要求输入电阻较高和输出电阻较低之外，最主要的是选择其增益带宽积满足以下关系：

$$A_{od}f_{BW} > 3f_0$$

d. 安装调试。

安装电路时应注意所选择的运算放大器各个引脚的功能和二极管的极性。

调整电路时，首先应反复调整 R_w 使电路起振，且波形失真最小。如果电路不起振，说明振荡的幅值条件不满足，应该适当加大 R_w，如果波形失真严重，则应该减小 R_w 或 R_4。

振荡频率的测量方法见前文"波形发生器的仪器实验"里的内容，若测量结果不满足设计要求，可适当改变选频网络的 R 或 C 值，使振荡频率满足设计要求。

(2) 方波-三角波发生器的设计、Multisim 14 仿真和仪器实验调试。

① 选择电路形式。

一个由积分器和比较器电路组成的方波-三角波发生器电路如图 8.7.28 所示。由于采用了积分电路，使方波-三角波发生器的性能大为改善。不仅能得到线性比较理想的三角波，而且振荡频率和幅值也便于调节。

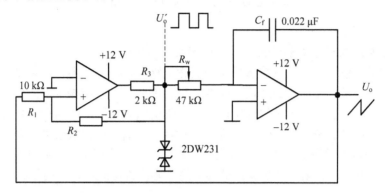

图 8.7.28　方波-三角波发生器原理图

图 8.7.28 表明，输出方波的幅值由稳压管 U_z 决定，被限制在稳压值 $\pm U_z$ 之间，三角波的幅值 U_{cm} 为

$$U_{cm} = -\frac{R_1}{R_2}U_z$$

式中，U_z 为稳压管稳压值。

方波和三角波的振荡频率相同，其值为

$$f_0 = \frac{R_2}{4R_wC_fR_1}$$

② 确定电路元器件的参数。

a. 稳压管的选择。

稳压管的作用是限制和确定方波的幅值。此外，方波振幅的对称性也与稳压管的性能有关。因此，为了保证输出方波的对称性和稳定性，通常选用高精度双向稳压二极管，按设计要求可以选择稳压值为 ±5 V 的稳压管，如选择 2DW231。R_3 是稳压管的限流电阻，其值的大小由所选用的稳压管参数决定。

b. 电阻 R_1 和 R_2 的确定。

R_1 和 R_2 在电路中的作用是提供一个随输出电压变化的基准电压，决定三角波的幅值。因此，R_1 和 R_2 的值应根据三角波的幅值来确定。例如，已知 $U_z = 5$ V，三角波的幅值 $U_{cm} = 4$ V，由 $U_{cm} = -\dfrac{R_1}{R_2}U_z$，得

$$R_1 = \frac{4}{5}R_2$$

取 $R_1 = 12$ kΩ，则 $R_2 = 15$ kΩ，如果要求三角波的幅值可调，则应选用电位器。

c. 积分器元器件 R_w 和 C_f 值的确定。

R_w 和 C_f 的值可根据三角波的振荡频率 f_0 来确定。当 R_1 和 R_2 的值确定后，可先选定电

容 C_f 的值，再由 $f_0 = \dfrac{R_2}{4R_w C_f R_1}$ 确定 R_w 的值。为了减小积分漂移，应尽量将 C_f 值取大一些，但 C_f 值越大，漏电也越大。因此，一般积分电容不宜超过 1 μF。

③ 集成运算放大器的选择。

在方波-三角波发生器电路中，用于电压比较器的集成运算放大器，其转换速率应满足方波频率的要求，在要求方波频率较高时，要注意选用高速集成运算放大器。积分器运算放大器的选择请参阅积分器的设计。

④ 调试方法。

方波-三角波发生器的调试目的，就是要使电路输出电压的幅值和振荡频率均达到设计要求。为此，调试可分两步进行。若振荡频率不符合要求，可相应改变电路参数；若三角波幅值未达到设计指标，可相应改变分压系数，调整电阻 R_1 和 R_2 的比值，使之达到设计要求。注意，有时也要互相兼顾，反复调整才能达到指标要求。

8.8　有源滤波器

❖ 预习内容

(1) 有关滤波器内容。

(2) 截止频率和中心频率的计算。

(3) 二阶有源低通滤波器、高通滤波器、二阶有源带通滤波器、二阶有源带阻滤波器这四个电路幅频特性曲线的绘制。

(4) 如何区别低通滤波器的一阶、二阶电路？它们的幅频特性曲线有区别吗？

(5) 利用 Multisim 14 软件进行有源滤波器仿真。

1. 实验目的

(1) 熟悉用运算放大器、电阻和电容组成有源低通滤波器、高通滤波器、有源带通滤波器、有源带阻滤波器及其特性。

(2) 学会有源滤波器的调试和测量幅频特性的方法。

(3) 进一步熟悉用 Multisim 14 软件进行有源滤波器仿真方法。

2. 实验器材

序号	器材名称	型号与规格	数量	备注
1	计算机与 Multisim 14 软件		1	
2	多功能电子技术实验平台		1	
3	信号发生器		1	
4	数字示波器		1	
5	交流毫伏表		1	
6	普通万用表或四位半万用表		1	
7	波特图示仪		1	

3. 实验原理

本实验采用集成运算放大器和 RC 网络来组成不同性能的有源滤波电路。

1) 低通滤波器

低通滤波器是指低频信号能通过而高频信号不能通过的滤波器，用一级 RC 网络组成的称为一阶 RC 有源低通滤波器，如图 8.8.1 所示。

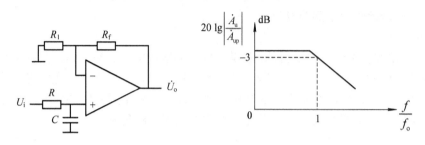

(a) RC 网络接在相同端　　　　　　　(b) 幅频特性曲线

图 8.8.1　基本的有源低通滤波器

根据运算放大器的虚短和虚断特点，可求出图 8.8.1(a)电路的电压放大倍数为

$$\dot{A}_u = \frac{\dot{U}_o}{\dot{U}_i} = \frac{1 + \dfrac{R_f}{R_1}}{1 + \mathrm{j} \cdot \dfrac{f}{f_0}} = \frac{A_{up}}{1 + \mathrm{j} \cdot \dfrac{f}{f_0}}$$

式中：

$$A_{up} = 1 + \frac{R_f}{R_1}$$

$$f_0 = \frac{1}{2\pi RC} \quad 或 \quad \omega_0 = \frac{1}{RC}$$

A_{up} 和 f_0 分别称为通带放大倍数和通带截止频率，图 8.8.1(b)为幅频特性曲线。

为了改善滤波效果，在图 8.8.1(a)的基础上再加一级 RC 网络，且为了克服在截止频率附近的通频带范围幅度下降过多的缺点，通常采用将第一级电容 C 的接地端改接到输出端的方式，如图 8.8.2 所示即为一个典型的二阶有源低通滤波器。

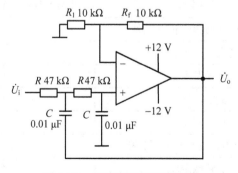

图 8.8.2　二阶有源低通滤波器

二阶有源低通滤波器的电压放大倍数为

$$\dot{A}_{u} = \frac{\dot{U}_{o}}{\dot{U}_{i}} = \frac{(s \cdot CR)^2 \dot{A}_{up}}{1 + (3 - A_{up})s \cdot CR + (s \cdot CR)^2} = \frac{\dot{A}_{up}}{1 - (\frac{f}{f_0})^2 + j \cdot \frac{1}{Q} \cdot \frac{f}{f_0}}$$

式中，s 代表 $j\omega$；$A_{up} = 1 + \frac{R_f}{R_i}$ 为二阶低通滤波器的通带增益；$Q = \frac{1}{3 - A_{up}}$ 为品质因数，它

的大小影响低通滤波器在截止频率处幅频特性的形状。

2) 高通滤波器

将低通滤波器中起滤波作用的电阻、电容互换，即可变成有源高通滤波电路，如图 8.8.3 所示，其性能与低通滤波器相反，其频率响应和低通滤波器是镜像关系。

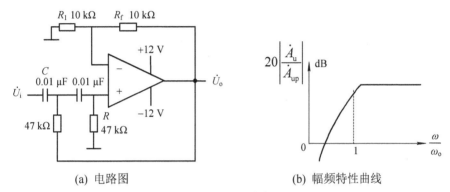

(a) 电路图　　　　　(b) 幅频特性曲线

图 8.8.3　高通滤波器

高通滤波器的电压放大倍数为

$$\dot{A}_{u} = \frac{\dot{U}_{o}}{\dot{U}_{i}} = \frac{(s \cdot CR)^2 \dot{A}_{up}}{1 + (3 - \dot{A}_{up})s \cdot CR + (s \cdot CR)^2} = \frac{(\frac{\omega}{\omega_0})^2 \dot{A}_{up}}{1 - (\frac{\omega}{\omega_0})^2 + j \cdot \frac{1}{Q} \cdot \frac{\omega}{\omega_0}}$$

式中，A_{up}、ω_0、Q 的意义与前同。

3) 带通滤波器

带通滤波电路的作用是只允许在一个频率范围内的信号通过，而比通频带下限频率低和比上限频率高的信号都被阻断。

典型的带通滤波器可以从二阶低通滤波电路中将其中一级改成高通而成，如图 8.8.4(a) 所示，其幅频特性如图 8.8.4(b) 所示。

二阶有源带通滤波器的输入、输出关系为

$$\dot{A} = \frac{\dot{U}_{o}}{\dot{U}_{i}} = \frac{(1 + \frac{R_f}{R_i})(\frac{1}{\omega_0 \cdot RC})(\frac{s}{U_o})}{1 + \frac{B}{\omega_0} \cdot \frac{s}{\omega_0} + (\frac{s}{\omega_0})^2}$$

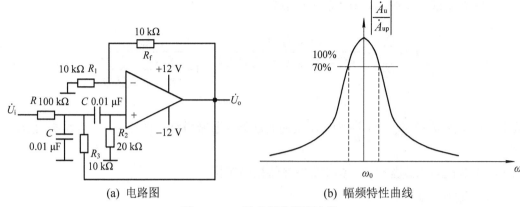

(a) 电路图　　　　　　　　　　(b) 幅频特性曲线

图 8.8.4　二阶有源带通滤波器

中心角频率 ω_0 为

$$\omega_0 = \sqrt{\frac{1}{R_2 C^2}\left(\frac{1}{R}+\frac{1}{R_3}\right)}$$

带宽 B 为

$$B = \frac{1}{C}\left(\frac{1}{R}+\frac{2}{R_2}-\frac{R_f}{R_1 R_3}\right)$$

品质因素 Q 为

$$Q = \frac{\omega_0}{B}$$

二阶有源带通滤波电路的优点是改变 R_f 和 R_1 的比例就可改变带宽而不影响中心角频率。

4) 带阻滤波器

带阻滤波电路的性能和带通滤波器相反，即在规定的频带内，信号不能通过(或受到很大的衰减)，而在其余频率范围内，信号则能顺利通过。电路如图 8.8.5(a)所示，幅频特性曲线如图 8.8.5(b)所示。该电路常用于抗干扰设备中。

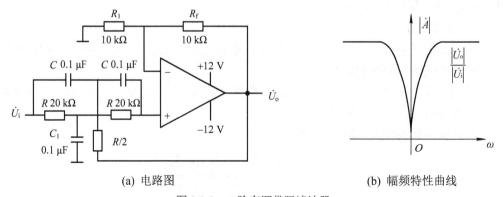

(a) 电路图　　　　　　　　　　(b) 幅频特性曲线

图 8.8.5　二阶有源带阻滤波器

带阻滤波电路的输入、输出关系为

$$\dot{A} = \frac{\dot{U}_\circ}{\dot{U}_i} = \frac{[1+(\frac{s}{\omega_0})^2]\dot{A}_u}{1+2(2-\dot{A}_u)\frac{s}{\omega_0}+(\frac{s}{\omega_0})^2}$$

式中，$A_u = \dfrac{R_f}{R_1}$，A_u 愈接近 2，$\left|\dot{A}_u\right|$ 愈大，即起到阻止范围变窄的作用。

4. 有源滤波器的 Multisim 14 仿真实验

1) 二阶低通滤波器

(1) 组建二阶低通滤波器的仿真电路。

按 4.3 节放置元器件的方法，在 Multisim 14 仿真平台上放置本实验所需的元器件(电阻、集成运放、电容、电源和地线)。按图 8.8.2 搭建如图 8.8.6 所示的仿真电路。

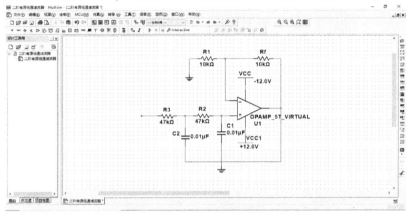

图 8.8.6　二阶低通滤波器的仿真电路

(2) 接通地线及虚拟电源。U_i 接虚拟信号源并使输入信号 $U_i = 1\text{ V}$ 保持不变，调节虚拟函数发生器，改变一次输入信号频率，测量一次输出电压 $U_\circ$。测量结果如表 8.8.1 所示。连接和测试电路如图 8.8.7 所示(以 200 Hz 为例)。用虚拟波特图示仪测量幅频、相频特性，如图 8.8.8 和图 8.8.9 所示。

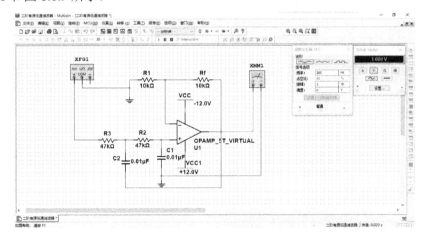

图 8.8.7　连接和测试电路

表 8.8.1 二阶低通滤波器幅频特性的仿真数据

U_i / V	1	1	1	1	1
f / Hz	200	300	400	500	600
U_o / V	1.6	1.55	1.12	0.75	0.51

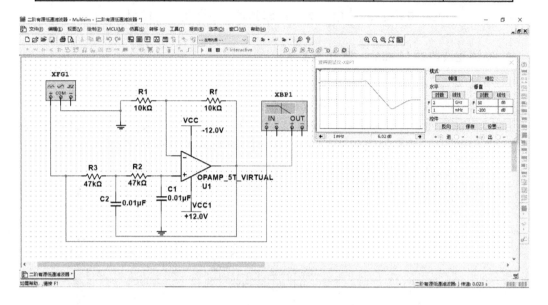

图 8.8.8 二阶低通滤波器的幅频特性

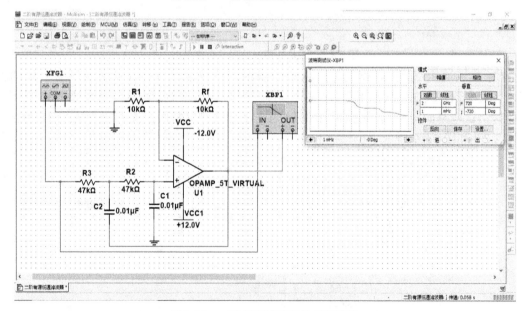

图 8.8.9 二阶低通滤波器的相频特性

2) 二阶高通滤波器

(1) 组建二阶高通滤波器的仿真电路。

参考二阶低通滤波器的搭建步骤，按图 8.8.3(a)搭建如图 8.8.10 所示的仿真电路。

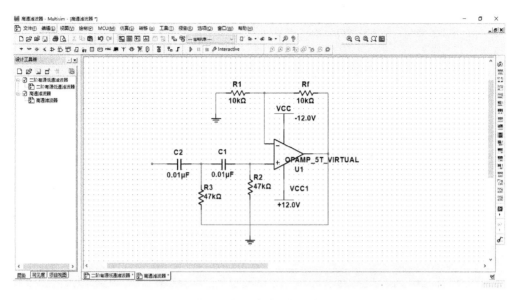

图 8.8.10　高通滤波器的仿真电路

(2) 接通地线及电源。U_i 接信号源并使输入信号 $U_i = 1\,\mathrm{V}$ 保持不变，调节虚拟函数发生器，改变一次输入信号频率，测量一次输出电压 U_o。仿真测量结果如表 8.8.2 所示。连接和测试电路如图 8.8.11 所示(以 200 Hz 为例)。用虚拟波特图示仪测量幅频、相频特性，如图 8.8.12 和图 8.8.13 所示。

表 8.8.2　二阶高通滤波器幅频特性的仿真数据

U_i / V	1	1	1	1	1	1
f / Hz	100	200	300	400	500	600
U_o / V	0.13	0.56	1.2	1.6	1.6	1.6

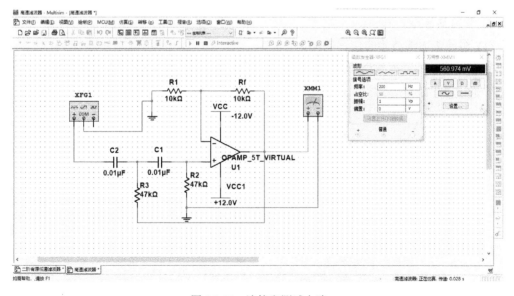

图 8.8.11　连接和测试电路

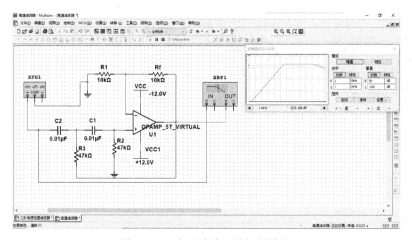

图 8.8.12 高通滤波器的幅频特性

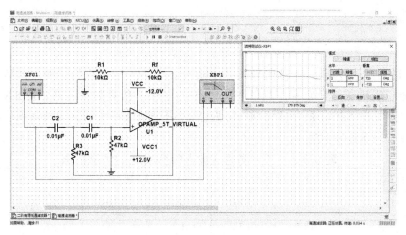

图 8.8.13 高通滤波器的相频特性

3) 带通滤波器

(1) 组建带通滤波器的仿真电路。

参考二阶低通滤波器的搭建步骤，按图 8.8.4(a)搭建如图 8.8.14 所示的仿真电路。

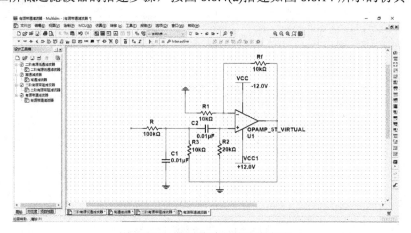

图 8.8.14 带通滤波器的仿真电路

(2) 改变一次输入频率，测量一次输出电压 U_o。仿真测量结果如表 8.8.3 所示，并求仿真测量电路的中心频率 f_0。连接和测试电路如图 8.8.15 所示(以 900 Hz 为例)。

表 8.8.3　二阶带通滤波器幅频特性的仿真测试数据

U_i / V	1	1	1	1	1	1
f / Hz	900	1000	1100	1200	1300	1500
U_o / V	0.34	0.53	0.98	1.4	0.8	0.38

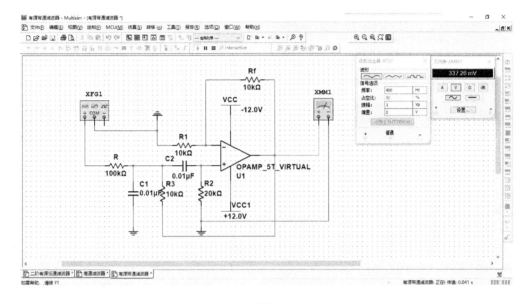

图 8.8.15　连接和测试电路

通过测试可知：带通滤波器的中心频率为 1200 Hz。

(3) 以 1200 Hz 中心频率为中心，用虚拟波特图示仪测量幅频、相频特性，如图 8.8.16 和图 8.8.17 所示。

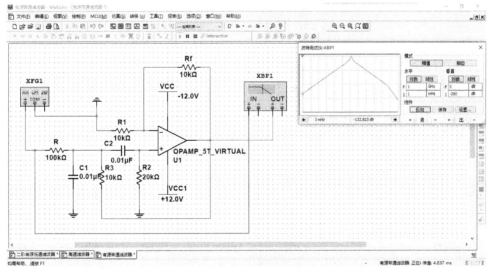

图 8.8.16　带通滤波器的幅频特性

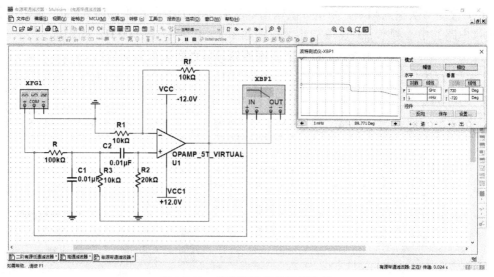

图 8.8.17   带通滤波器的相频特性

4) 带阻滤波器

(1) 组建带阻滤波器的仿真电路。

参考二阶低通滤波器的搭建步骤，按图 8.8.5 搭建如图 8.8.18 所示的仿真电路。

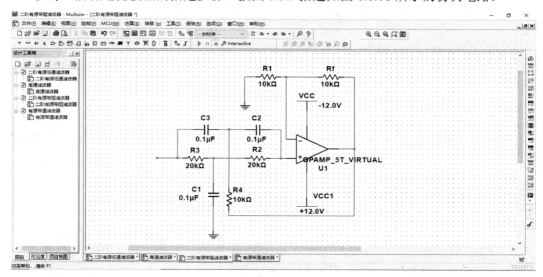

图 8.8.18   带阻滤波器的仿真电路

(2) 测量条件与方法参考内容"二阶高通滤波器"，改变一次输入信号频率，测量一次输出电压 U_o。仿真测量结果如表 8.8.4 所示，并求仿真测量电路的中心频率 f_0。连接和测试电路如图 8.8.19 所示(以 200 Hz 为例)。

表 8.8.4   二阶带阻滤波器幅频特性的仿真测试数据

U_i/ V	1	1	1	1	1	1
f/ Hz	200	300	400	500	600	700
U_o/ V	10	9.8	9.6	9.9	9.6	9.7

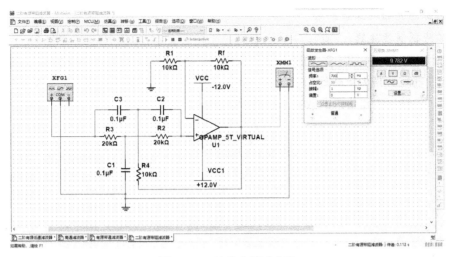

图 8.8.19　连接和测试电路

(3) 测量电路的幅频特性。用虚拟波特测试仪测量电路的幅频、相频特性，如图 8.8.20 和图 8.8.21 所示。

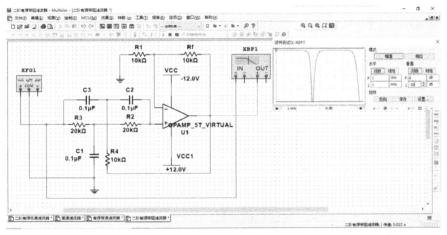

图 8.8.20　带阻滤波器的幅频特性

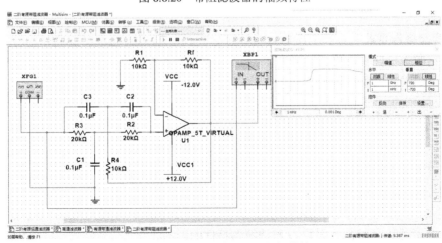

图 8.8.21　带阻滤波器的相频特性

5. 有源滤波器的仪器实验

1) 二阶低通滤波器

实验电路如图 8.8.2 所示, 接通地线及电源。U_i 接信号源并输入信号 $U_i = 1\,\text{V}$ 保持不变, 应先用示波器在频带内粗略地检查一下, 然后调节信号发生器, 改变输入信号频率。测得相应频率时的输出电压值, 即改变一次频率, 测量一次输出电压 U_o。实验测量结果记入表 8.8.5 中。

表 8.8.5 二阶低通滤波器幅频特性测试数据

U_i/ V	1	1	1	1	1	1	1
f/ Hz							
U_o/ V							

2) 二阶高通滤波器

实验电路如图 8.8.3(a)所示。按表 8.8.6 的内容测量并记录。

表 8.8.6 二阶高通滤波器幅频特性测试数据

U_i/ V	1	1	1	1	1	1	1
f/ Hz							
U_o/ V							

3) 带通滤波器

实验线路如图 8.8.4(a)所示, 并按原理说明中的参数选择元器件, 测量其频响特性, 数据表格自拟。

(1) 实验测量电路的中心频率 f_0。

(2) 以实验测量中心频率为中心, 测量电路的幅频特性。

4) 带阻滤波器

实验电路如图 8.8.5(a)所示, 数据表格自拟。

(1) 实验测量电路的中心频率 f_0。

(2) 测量电路的幅频特性。

6. 实验报告要求

(1) 写明实验目的。

(2) 写明实验仪器名称和型号。

(3) 写明实验步骤和过程。

(4) 整理实验数据, 画出各电路实测的幅频特性。

(5) 根据实验曲线, 计算截止频率、中心频率、带宽及品质因数。

(6) 总结有源滤波电路的特性。

7. 有源滤波器设计实验

通过实践, 学习有源滤波器的设计方法, 体会 Multisim 14 仿真与仪器调试方法在电路设计中的重要性, 了解品质因数 Q 对滤波器特性的影响。

1) 设计题目

(1) 设计一个有源二阶低通滤波器，已知条件和设计要求如下：

截止频率：$f_H = 50$ Hz；

通带增益：$A_{up} = 1$；

品质因数：$Q = 0.707$。

(2) 设计一个有源二阶高通滤波器，已知条件和设计要求如下：

截止频率：$f_H = 100$ Hz；

通带增益：$A_{up} = 5$；

品质因数：$Q = 0.707$。

2) 设计内容和要求

(1) 写出设计报告，包括设计原理、设计电路及选择电路元器件参数。

(2) 利用 Multisim 14 软件搭建、仪器组装电路，并进行电路调试，检验电路是否满足设计指标。如不满足，改变元器件参数值，使其满足设计题目要求。

(3) 利用 Multisim 14 软件仿真和仪器测量电路的幅频特性曲线，研究品质因数对滤波器频率特性的影响(提示：改变电路参数，使品质因数变化，重复测量电路的幅频特性曲线，比较后得出结论)。

(4) 写出实验总结报告。

8.9　电压比较器

❖ 预习内容

(1) 复习有关比较器的内容。

(2) 画出各类比较器的传输特性曲线。

(3) 利用 Multisim 14 软件测试电压比较器。

1. 实验目的

(1) 掌握比较器的电路构成及特点。

(2) 学会利用 Multisim 14 软件和仪器测试电压比较器的方法。

2. 实验器材

序号	器材名称	型号与规格	数量	备注
1	计算机与 Multisim 14 软件		1	
2	多功能电子技术实验平台		1	
3	信号发生器		1	
4	数字示波器		1	
5	直流稳压电源		1	
6	普通万用表或四位半万用表		1	
7	集成运放芯片、稳压二极管、电阻、电容		若干	

3. 实验原理

1) 原理

电压比较器就是将一个模拟的电压信号与一个参考电压比较，在二者幅度相等的附近，输出电压将产生跃变。电压比较器通常用于越限报警、模数转换和波形变换等场合。此时，幅度鉴别的精确性、稳定性以及输出反应的时间性是主要的技术指标。图 8.9.1 为最简单的电压比较器，U_R 是参考电压，加在运算放大器的同相输入端，输入电压 U_i 加在反相输入端。

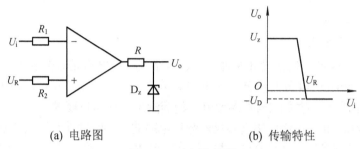

(a) 电路图   (b) 传输特性

图 8.9.1　电压比较器

当 $U_i < U_R$ 时，运放输出高电平，稳压管反向稳压工作。输出端电位被其钳位在稳压管的稳定电压，即

$$U_o = U_z$$

当 $U_i > U_R$ 时，运放输出为低电平，D_z 正向导通，输出电压等于稳压管的正向压降 U_D，即

$$U_o = -U_D$$

因此，以 U_R 为界，当输入电压 U_i 变化时，输出端反映出两种状态：高电平和低电平。

输出电压与输入电压之间关系的特性曲线，称为传输特性。图 8.9.1(b) 为图 8.9.1(a) 比较器的传输特性。

常用的幅度比较器有过零比较器、具有滞回特性的过零比较器(又称为 Schmitt 触发器)、双限比较器(又称为窗口比较器)等。

(1) 图 8.9.2 为简单过零比较器，图 8.9.2(b) 为图 8.9.2(a) 的电压传输特性。

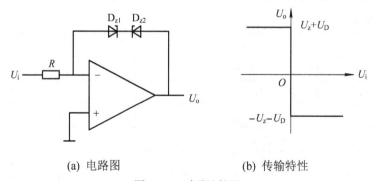

(a) 电路图   (b) 传输特性

图 8.9.2　过零比较器

(2) 图 8.9.3 为具有滞回特性的过零比较器。

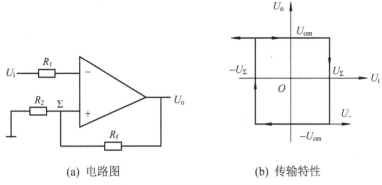

(a) 电路图　　　　　　　　　(b) 传输特性

图 8.9.3　具有滞回特性的比较器

过零比较器在实际工作时，如果 U_i 恰好在过零值附近，则由于零点漂移的存在，U_o 将不断由一个极限值转换到另一个极限值，这在控制系统中对执行机构很不利。为此，就需要输出特性具有滞回现象。如图 8.9.3 所示，从输出端引一个电阻分压支路，到同相输入端，若 U_o 改变状态，Σ 点也随着改变电位，使过零点离开原来位置。当 U_o 为正(记作 U_{om})，则 U_+ 变为 U_Σ；当 $U_i > U_\Sigma$ 后，U_o 即由正变负(记作 $-U_{om}$)，此时 U_+ 变为 $-U_\Sigma$。故只有当 U_i 下降到 $-U_\Sigma$ 以下，才能使 U_o 再度回升到 U_{om}，于是出现图 8.9.3(b)中所示的滞回特性。$-U_\Sigma$ 与 U_Σ 的差别称为回差，即

$$U_\Sigma = \frac{R_1}{R_f + R_2} U_{om}$$

改变 R_2 的数值可以改变回差的大小。

(3) 窗口(双限)比较器。

简单的比较器仅能鉴别输入电压 U_i 比参考电压 U_R 高或低的情况，窗口比较电路是由两个简单比较器组成，如图 8.9.4 所示，它能指示 U_i 值是否处 U_R^+ 和 U_R^- 之间。

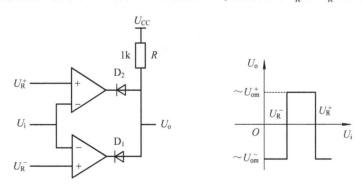

图 8.9.4　两个简单比较器组成的窗口比较器

2) 实验参考电路

过零电压比较器、反相滞回比较器、同相滞回比较器的参考电路如图 8.9.5、图 8.9.6、图 8.9.7 所示。

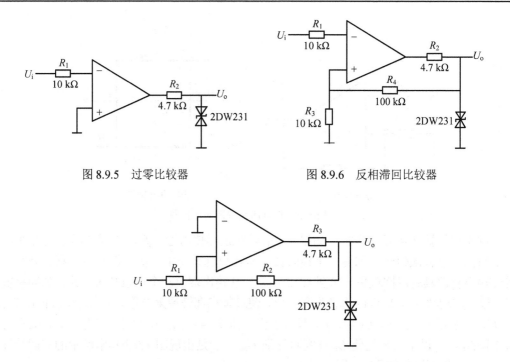

图 8.9.5　过零比较器　　　　　　　　　　图 8.9.6　反相滞回比较器

图 8.9.7　同相滞回比较器

4. 电压比较器的 Multisim 14 仿真实验

1) 过零电压比较器

(1) 组建过零比较器的仿真电路。

按 4.3 节放置元器件的方法,在 Multisim 14 仿真平台上放置本实验所需的元器件(电阻、集成运放、稳压二极管、正负电源和地线)。按图 8.9.2 搭建如图 8.9.8 所示的仿真电路。

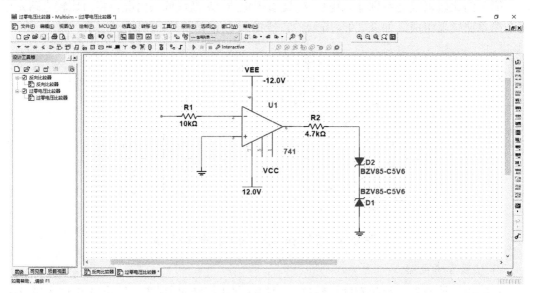

图 8.9.8　过零电压比较器的仿真电路

(2) 过零电压比较器 U_i 悬空时，U_o 电压的仿真测量结果如图 8.9.9 所示。

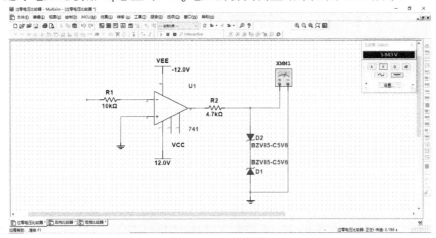

图 8.9.9　U_o 电压值

(3) U_i 输入 500 Hz、幅值为 2 V 的正弦信号，$U_i \sim U_o$ 的波形如图 8.9.10 所示。

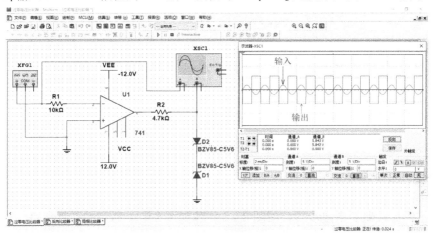

图 8.9.10　U_i 和 U_o 的波形图

(4) 改变 U_i 幅值，以 −0.1 V 和 0.1 V 为例，测得输出电压 U_o 如图 8.9.11 和图 8.9.12 所示。

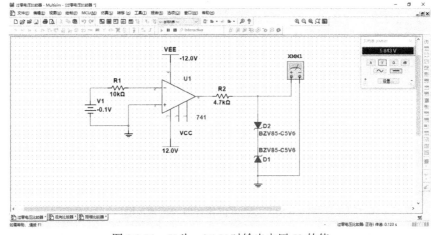

图 8.9.11　U_i 为 −0.1 V 时输出电压 U_o 的值

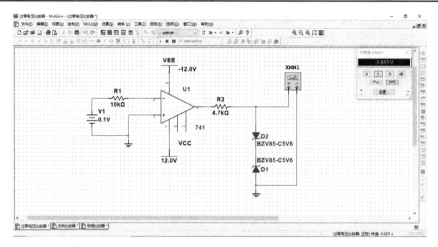

图 8.9.12　U_i 为 0.1 V 时输出电压 U_o 的值

根据测得的数值画出传输特性曲线，如图 8.9.13 所示。

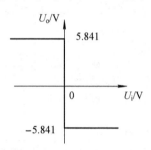

图 8.9.13　过零电压比较器的传输特性曲线

2) 反相滞回比较器

(1) 组建反向滞回比较器的仿真电路。

参考过零比较器的搭建步骤，按图 8.9.6 搭建如图 8.9.14 所示的仿真电路。

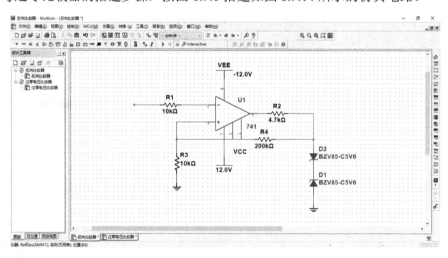

图 8.9.14　反向滞回比较器的仿真电路

(2) 按图 8.9.14 接线，U_i 接虚拟可调直流电源，如图 8.9.15 所示。仿真测量 U_o 由 $+U_{om}$ →

$-U_{om}$ 时 U_i 的临值,如图 8.9.16 所示。仿真测量 U_o 由 $-U_{om} \rightarrow +U_{om}$ 时 U_i 的临值,如图 8.9.17 所示。

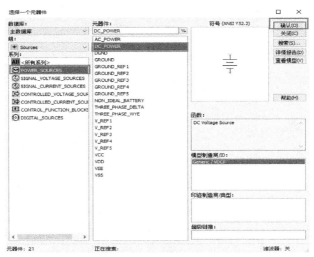

图 8.9.15　调出直流电源

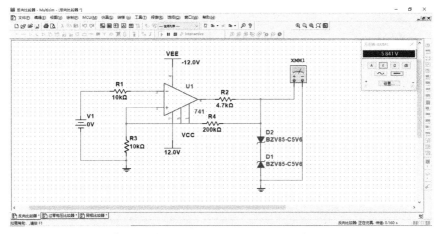

图 8.9.16　U_o 由 $+U_{om} \rightarrow -U_{om}$ 时 U_i 的临值

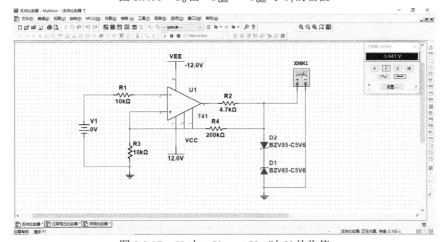

图 8.9.17　U_o 由 $-U_{om} \rightarrow +U_{om}$ 时 U_i 的临值

(3) U_i 输入 500 Hz、峰值为 2 V 的正弦信号，$U_i \sim U_o$ 的波形如图 8.9.18 所示。

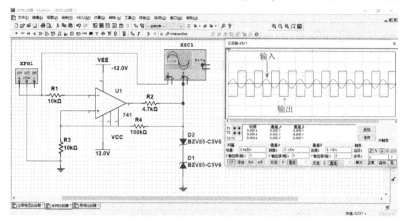

图 8.9.18　U_i 和 U_o 的波形图

(4) 将分压支路电阻 100 kΩ 改为 200 kΩ，U_i 接虚拟可调直流电源，仿真测量 U_o 由 $+U_{om} \rightarrow -U_{om}$ 时 U_i 的临值，如图 8.9.19 所示。仿真测量 U_o 由 $-U_{om} \rightarrow +U_{om}$ 时 U_i 的临值，如图 8.9.20 所示。

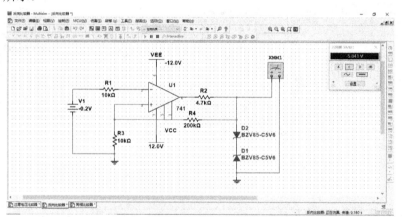

图 8.9.19　U_o 由 $+U_{om} \rightarrow -U_{om}$ 时 U_i 的临值

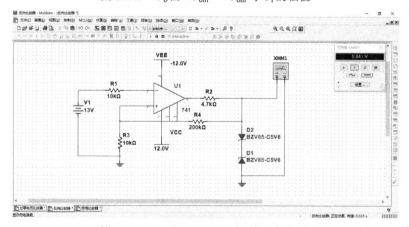

图 8.9.20　U_o 由 $-U_{om} \rightarrow +U_{om}$ 时 U_i 的临值

根据测得的数值画出反向滞回电路的传输特性曲线，如图 8.9.21 所示。

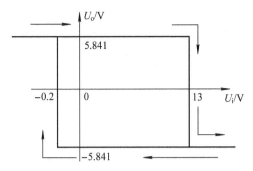

图 8.9.21　反向滞回电路的传输特性曲线

3) 同向滞回比较器

(1) 组建滞回比较器的仿真电路。

参考过零比较器的搭建步骤,按图 8.9.7 搭建如图 8.9.22 所示的仿真电路。

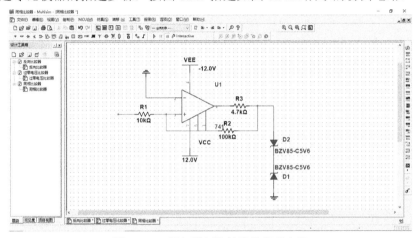

图 8.9.22　同相滞回比较器的仿真电路

(2) 按图 8.9.22 连线,U_i 接虚拟可调直流电源,仿真测量 U_o 由 $+U_{om} \to -U_{om}$ 时 U_i 的临值,如图 8.9.23 所示。仿真测量 U_o 由 $-U_{om} \to +U_{om}$ 时 U_i 的临值,如图 8.9.24 所示。

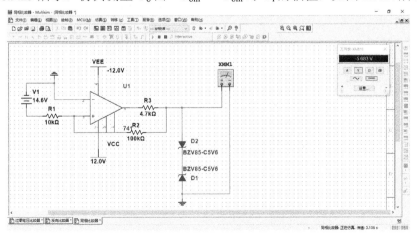

图 8.9.23　U_o 由 $+U_{om} \to -U_{om}$ 时 U_i 的临值

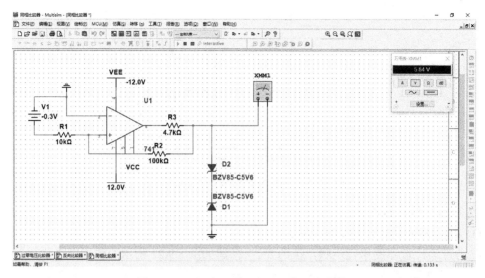

图 8.9.24　U_o 由 $-U_{om} \rightarrow +U_{om}$ 时 U_i 的临值

根据测得的数值画出同向滞回电路的传输特性曲线，如图 8.9.25 所示。

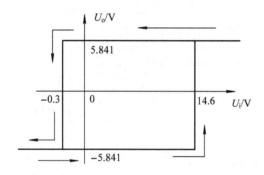

图 8.9.25　同向滞回电路的传输特性曲线

(3) U_i 输入 500 Hz、峰值为 2 V 的正弦信号，观察并记录 U_i 和 U_o 波形，如图 8.9.26 所示。

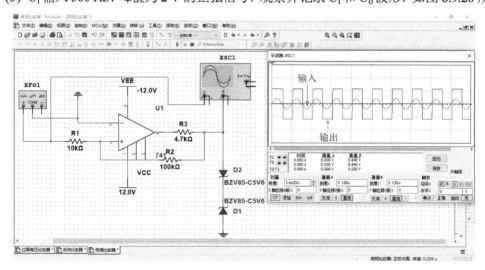

图 8.9.26　U_i 和 U_o 波形图

5. 电压比较器的仪器实验

1) 过零电压比较器

实验电路如图 8.9.5 所示，实验步骤如下：

(1) 接通电源 ±12 V；

(2) 实验测量 U_i 悬空时的 U_o 电压；

(3) U_i 输入 500 Hz、幅值为 2 V 的正弦信号，观察 $U_i \sim U_o$ 的波形并记录；

(4) 改变 U_i 幅值，实验测量传输特性曲线。

2) 反相滞回比较器

实验电路如图 8.9.6 所示，实验步骤如下：

(1) 按图 8.9.6 接线，U_i 接可调直流电源，实验测量 U_o 由 $+U_{om} \rightarrow -U_{om}$ 时 U_i 的临界值；

(2) U_i 输入 500 Hz、峰值为 2 V 的正弦信号，观察并记录 $U_i \sim U_o$ 波形；

(3) 将分压支路电阻 100 kΩ 改为 200 kΩ，重复上述步骤，实验测量传输特性曲线。

3) 同相滞回比较器

实验电路如图 8.9.7 所示，实验步骤如下：

(1) 参照上述反相滞回比较器实验，自拟实验步骤及方法；

(2) 将结果与上述反相滞回比较器实验相比较。

4) 窗口比较器

参照图 8.9.4 自拟实验步骤和方法测量其传输特性。

6. 实验报告要求

(1) 写明实验目的。

(2) 写明实验仪器名称和型号。

(3) 写明实验步骤和过程。

(4) 整理实验数据，绘制各类比较器的传输特性曲线。

(5) 总结几种比较器的特点，阐明它们的应用。

7. 窗口比较器设计实验

通过实践，学习窗口比较器的设计方法，体会 Multisim 14 仿真与仪器调试方法在电路设计中的重要性，掌握窗口比较器的设计思想。

1) 设计题目

设计一个窗口比较电路，要求：

(1) 输入信号的幅度小于 5 V 时，输出电压为零。

(2) 输入信号的幅度大于 5 V 时，输出电压为 5 V。

(3) 电路的工作频率低于 100 kHz。

2) 设计内容和要求

(1) 写出设计报告，包括设计原理、设计电路及选择电路元器件参数。

(2) 分别用 Multisim 14 软件和仪器组装和调试电路，检验电路是否满足设计指标。如不满足，改变元器件参数值，使其满足设计题目要求。

(3) 测量电路的幅频特性曲线(自拟测量数据记录表)。

(4) 写出实验总结报告。

8.10　LC 正弦波振荡器

❖ 预习内容

(1) 复习有关 LC 振荡器的内容。

(2) LC 振荡器是怎样进行稳幅的？在不影响起振的条件下，晶体管的集电极电流是大一点好，还是小一点好？

(3) 为什么可以测量停振和起振两种情况下晶体管的 U_{BE} 变化，来判断振荡器是否起振？

(4) 用 Multisim 14 软件进行 LC 正弦波振荡器仿真。

1. 实验目的

(1) 掌握电容三点式 LC 正弦波振荡器的调整和测试方法。

(2) 研究电路参数对 LC 振荡器起振条件及输出波形的影响。

(3) 进一步熟悉用 Multisim 14 软件进行 LC 正弦波振荡器仿真测试，并与仪器测试进行比较。

2. 实验器材

序号	器材名称	型号与规格	数量	备注
1	计算机与 Multisim 14 软件		1	
2	多功能电子技术实验平台		1	
3	数字示波器		1	
4	交流毫伏表		1	
5	直流稳压电源		1	
6	普通万用表或四位半万用表		1	
7	三极管、电容、电感、电阻、变压器		若干	

3. 实验原理

正弦波振荡器是一种利用自身电路，在不需要外部信号激励的情况下，自动将直流电能转换为特定频率和振幅的交流信号装置。按工作原理可以分为反馈式振荡器与负阻式振荡器两大类。反馈式振荡器是在放大器电路中加入正反馈，当正反馈足够大时，放大器产生振荡，成为振荡器，是目前应用最广的一类振荡器。

从正弦波振荡器结构上看，电路是没有输入信号、带选频网络的正反馈放大器。若用 R、C 元器件组成选频网络，就称为 RC 振荡器，一般用来产生 1 Hz～1 MHz 的低频信号；而用 L、C 元器件组成的选频网络的振荡器称为 LC 振荡器，用来产生 1MHz 以上的高频正弦信号。根据调谐回路的不同连接方式，正弦波振荡器又可分为变压器反馈式(或称互感耦合式)、电感三点式和电容三点式 3 种，这里着重介绍电容三点式振荡电路。

电容三点式振荡单元由放大器、反馈网络和选频网络组成，放大单元由 2N2923 三极管构成放大电路，将反馈信号放大，反馈网络起正反馈，将信号反馈到放大单元输入，进一步放大，选频网络根据自身参数，在复杂的频谱中选取与自身谐振频率相同的频率将其反馈，所以此信号得以不断放大最终由输出端输出。电容三点式 LC 正弦波振荡器实验电路如图 8.10.1 所示。

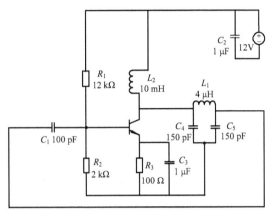

图 8.10.1　电容三点式振荡电路

振荡器的振荡频率由谐振回路的电感和电容决定，即

$$f_0 = \frac{1}{2\pi\sqrt{LC}}$$

式中，L 为并联谐振回路的等效电感(即考虑其他绕组的影响)。

4. LC 正弦波振荡器的 Multisim 14 仿真实验

1) 组建电容三点式振荡器仿真电路

(1) 按 4.3 节放置元器件的方法放置本实验所需元器件，在 Multisim 14 仿真平台上放置实验需要的电阻、三极管、电感、电源和地线。按图 8.10.1 搭建如图 8.10.2 所示的仿真电路。

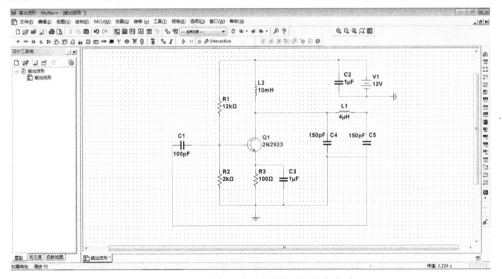

图 8.10.2　电容三点式振荡器的仿真电路

(2) 振荡电路的输出端接虚拟示波器观察的输出波形，如图 8.10.3 所示。

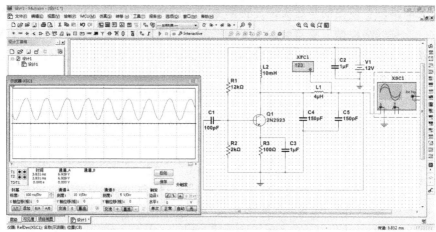

图 8.10.3　电容三点式振荡器的输出信号波形

(3) 输出端接虚拟频率计，输出信号频率的仿真测量结果如图 8.10.4 所示。

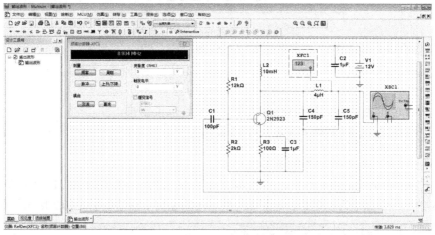

图 8.10.4　电容三点式振荡器的输出信号频率

(4) 输出端接万用表的电压挡，电压有效值的测量结果如图 8.10.5 所示。

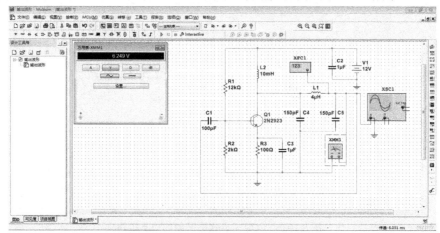

图 8.10.5　电容三点式振荡器的输出信号电压

2) 参数调整对比

(1) 电容不变，改变电感。

当 $L_1 = 4\ \mu H$, $C_4 = 150$ pF, $C_5 = 150$ pF 时，振荡波形、振荡频率以及输出电压如图 8.10.3、图 8.10.4 和图 8.10.5 所示。

当 $L_1 = 8\ \mu H$, $C_4 = 150$ pF, $C_5 = 150$ pF, 振荡波形、振荡频率以及输出电压如图 8.10.6、图 8.10.7 和图 8.10.8 所示。仿真测量数据如表 8.10.1 所示。

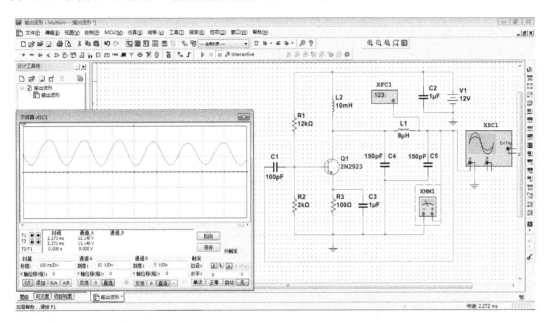

图 8.10.6　电容三点式振荡器的输出信号波形

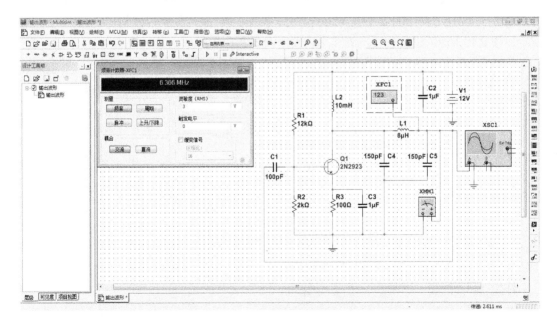

图 8.10.7　电容三点式振荡器的输出信号频率

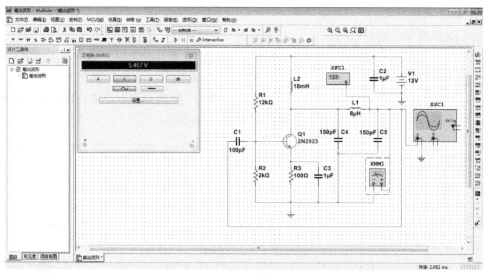

图 8.10.8 电容三点式振荡器的输出信号电压

表 8.10.1 电感改变的对比结果

电 感	波 形	频 率	电 压
$L_1 = 4\ \mu\text{H}$	如图 8.10.3 所示	8.934 MHz	6.249 V
$L_1 = 8\ \mu\text{H}$	如图 8.10.6 所示	6.366 MHz	5.467 V
结 论	L_1 数值越大，输出频率越小，输出波形越宽		

(2) 电感不变，改变电容。

当 $L_1 = 4\ \mu\text{H}$，$C_4 = 150\ \text{pF}$，$C_5 = 150\ \text{pF}$ 时，振荡波形、振荡频率以及输出电压如图 8.10.3、图 8.10.4 和图 8.10.5 所示。

当 $L_1 = 4\ \mu\text{H}$，$C_4 = 300\ \text{pF}$，$C_5 = 300\ \text{pF}$ 时，振荡波形、振荡频率以及输出电压如图 8.10.9 所示、图 8.10.10 和图 8.10.11。仿真测量数据如表 8.10.3 所示。

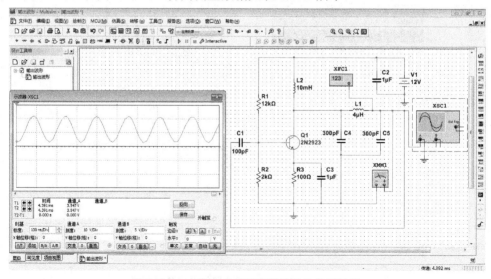

图 8.10.9 电容三点式振荡器的输出信号波形

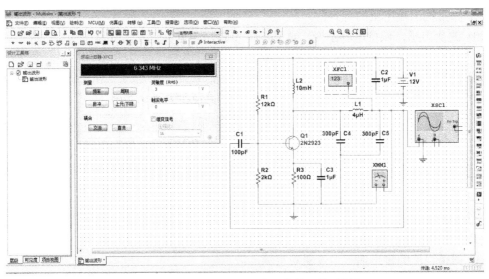

图 8.10.10   电容三点式振荡器的输出信号频率

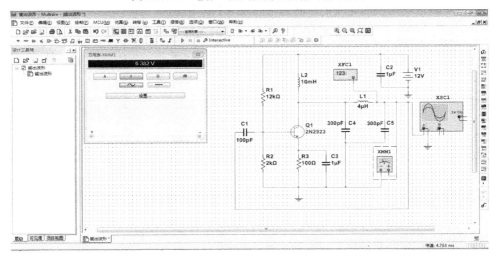

图 8.10.11   电容三点式振荡器的输出信号电压

表 8.10.2   电容改变的对比结果

电 容	波 形	频 率	电 压
$C_4 = 150$ pF $C_5 = 150$ pF	如图 8.10.3 所示	8.934 MHz	6.249 V
$C_4 = 300$ pF $C_5 = 300$ pF	如图 8.10.9 所示	6.343 MHz	6.382 V
结 论	C_4、C_5 数值越大，输出频率越小，输出波形越宽		

5. LC 正弦波振荡器的仪器实验

(1) 按图 8.10.1 连接实验电路。

① 振荡电路的输出端接示波器观察输出波形。

② 信号输出端接频率计，实验测量输出信号频率。

③ 测量输出端电压的有效值。

(2) 改变电感，保持电容不变，重复上述步骤，测量并记录。

① 振荡电路的输出端接示波器观察输出波形。

② 信号输出端接频率计，实验测量输出信号频率。

③ 测量输出端电压的有效值，并将对比结果记录在表 8.10.3 中。

表 8.10.3　电感改变的对比结果

电　感	波　形	频　率	电　压
$L_1 = 4\ \mu H$			
$L_1 = 8\ \mu H$			
结　论			

(3) 改变电容，保持电阻不变，重复上述步骤，测量并记录。

① 振荡电路的输出端接示波器观察输出波形。

② 信号输出端接频率计，实验测量输出信号频率。

③ 测量输出端电压的有效值，并记录在表 8.10.4 中。

表 8.10.4　电容改变的对比结果

电　容	波　形	频　率	电　压
$C_4 = 150\ pF$ $C_5 = 150\ pF$			
$C_4 = 300\ pF$ $C_5 = 300\ pF$			
结　论			

6. 实验报告要求

(1) 写明实验目的。

(2) 写明实验仪器名称和型号。

(3) 写明实验步骤和过程。

(4) 整理实验数据，并分析讨论。

① LC 正弦波振荡器的相位条件和幅值条件。

② 电路参数对 LC 振荡器起振条件及输出波形的影响。

③ 讨论实验中发现的问题及解决办法。

8.11　集成功率放大器

❖ 预习要求

(1) 复习有关集成功率放大器的内容。

(2) 进行本实验时，应注意以下几点：

① 电源电压不允许超过极限值，不允许极性接反，否则集成块将损坏。

② 电路工作时绝对避免负载短路，否则将烧毁集成块。

③ 接通电源后，时刻注意集成块的温度，有时未加输入信号，集成块就发热过甚，同时直流毫安表指示出较大电流及示波器显示出幅度较大、频率较高的波形，说明电路有自激现象，应立即关闭，然后进行故障分析、处理。待自激振荡消除后，再重新进行实验。

(3) 利用 Multisim 14 软件进行集成功率放大器仿真。

1．实验目的

(1) 了解功率放大集成块的应用。

(2) 学习集成功率放大器基本技术指标的测试。

(3) 进一步熟悉用 Multisim 14 软件进行集成功率放大器仿真测试方法。

2．实验器材

序号	器材名称	型号与规格	数量	备注
1	计算机与 Multisim 14 软件		1	
2	多功能电子技术实验平台		1	
3	信号发生器		1	
4	数字示波器		1	
5	毫伏表		1	
6	普通万用表或四位半万用表		1	
7	音频功率放大电路	TDA2030A	1	
8	直流稳压电源	−15～+15 V	1	
9	电阻、二极管、电容等		若干	

3．实验原理

集成功率放大器由集成块和一些外部阻容元器件构成。它具有线路简单、性能优越、工作可靠、调试方便等优点，已经成为在音频领域中应用十分广泛的功率放大器。

电路中最主要的组件为集成功率放大块，它的内部电路与一般分立元器件功率放大器不同，通常包括前置级、推动级和功率级等几部分。有些还具有一些特殊功能(消除噪声、短路保护等)的电路。其电压增益较高(不加负反馈时，电压增益大于 70～80 dB，加典型负反馈时电压增益在 40 dB 以上)。

本实验采用的是 TDA2030，引脚图及功能如图 8.11.1 所示。

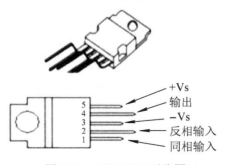

图 8.11.1　TDA2030 引脚图

TDA2030 的参数:

电源电压: 22 V;

差分输入电压: 15 V;

峰值输出电流: 3.5 A;

耗散功率: 20 W;

工作结温: −40~+150℃;

存储结温: −40~+150℃。

1) 功率放大电路

功率放大电路如图 8.11.2 所示。

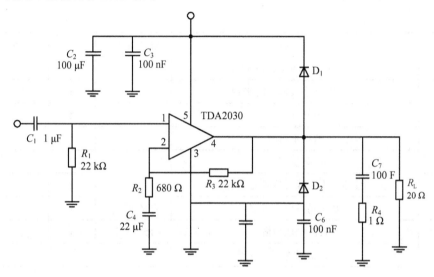

图 8.11.2　功率放大电路参考图

2) 集成电路的主要性能指标

(1) 最大不失真输出功率 P_{om}。在实验中可通过测量 R_{L} 两端的电压有效值求出,即

$$P_{\text{om}} = \frac{U_{\text{o}}^2}{R_{\text{L}}}$$

(2) 输入灵敏度。输入灵敏度是指输出最大不失真功率时,输入信号 U_{i} 之值。

① 最大输出功率 P_{om}。

a. 输出功率。功率放大电路提供给负载的信号功率称为输出功率。在输入为正弦波且输出基本不失真条件下,输出功率是交流功率,$P_{\text{o}} = I_{\text{o}} U_{\text{o}}$,$I_{\text{o}}$ 和 U_{o} 均为交流有效值。

b. 最大输出功率 P_{om}。在电路参数确定的情况下负载上可能获得的最大交流功率。

② 转换效率。

a. 转换效率。功率放大电路的最大输出功率与电源所提供的功率之比称为转换效率。

b. 电源直流功率。电源提供的功率,其值等于电源输出电流及其电压平均值之积。通常功放输出功率大,电源消耗的直流功率也多,在一定的输出功率下,减小直流电源的功耗可以提高电路的效率。

4. 功率放大电路的 Multisim14 仿真实验

1) 组建功率放大器的仿真电路

按 4.3 节元器件放置方法，在 Multisim 14 仿真平台上放置实验需要的电阻、三极管、二极管、音频功率放大器、电源和地线。按图 8.11.2 搭建如图 8.11.3 所示的仿真电路。

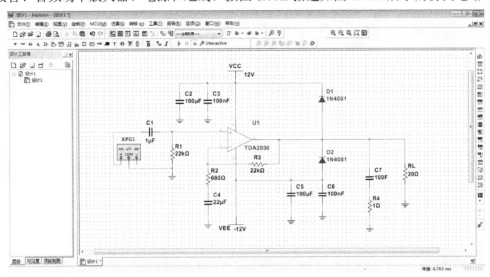

图 8.11.3　功率放大仿真电路

2) 噪声电压 U_N 的仿真测量

测量时将输入端与地短路($U_i = 0$)，用虚拟示波器观察噪声波形，用万用表的电压挡测量输出电压，该电压即为噪声电压 U_N。测量时，将 TDA2030 的 "1" 引脚接地，虚拟示波器的 "A" 接口测量输入信号波形，在 R_L 上端接万用表电压挡，输出电压的仿真测试结果如图 8.11.4 和 8.11.5 所示。

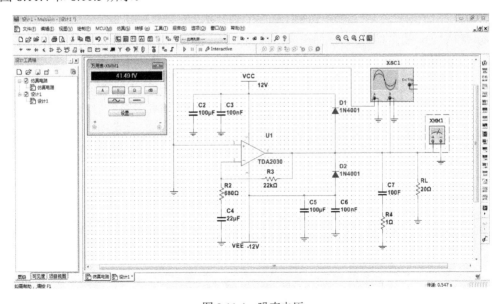

图 8.11.4　噪声电压

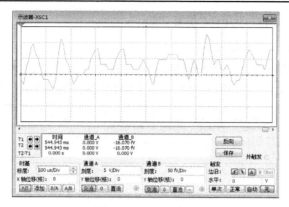

图 8.11.5　噪声波形

3) 最大输出功率和效率的仿真测量

(1) 虚拟函数信号发生器产生 1 kHz、10 mV 的正弦波信号，用虚拟示波器观察输出电压波形。双击函数发生器设定参数，如图 8.11.6 所示。

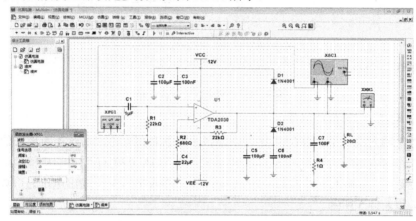

图 8.11.6　正弦波参数设置

将 TDA2030 的 "1" 引脚延伸出来，按图 8.11.2 连线得图 8.11.7 所示的仿真电路。

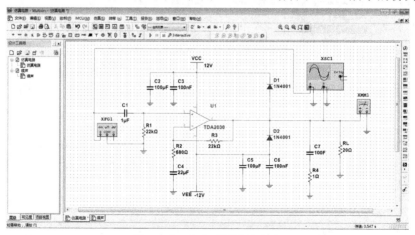

图 8.11.7　仿真测量连接电路

点击运行按钮 ▷ ⏸ ▢ 进行仿真，双击虚拟示波器观察输出电压波形，如图 8.11.8 所示。

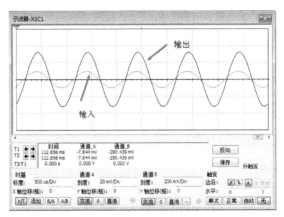

图 8.11.8　输出电压波形

　　逐渐增大输入信号幅度，直到虚拟示波器显示的输出波形处于临界失真状态。此时最大不失真输出电压 U_o，如图 8.11.9 所示，正弦波信号最大幅度为 340 mV，如图 8.11.10 所示。输出信号处于临界失真的波形如图 8.11.11 所示，从此图可以看到输出波形峰尖开始变形。正弦波输入信号幅度越大，输出电压越大。

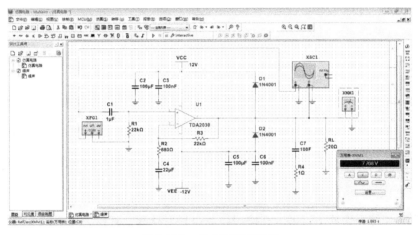

图 8.11.9　最大不失真电压

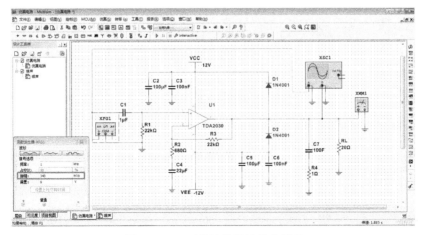

图 8.11.10　正弦波信号的最大幅度

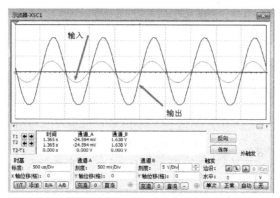

图 8.11.11　输入、输出波形

(2) 用虚拟万用表的电流挡分别测量正、负电源输出的总电流，仿真测量电路如图 8.11.12 所示。

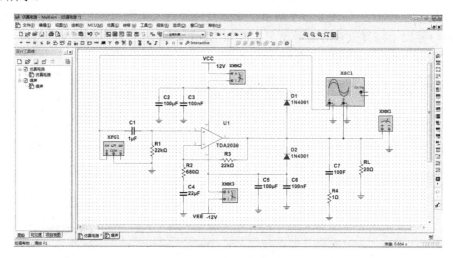

图 8.11.12　电源输出电流的仿真电路

检查电路连接无误后，点击运行按钮 ▶ ‖ ■ 进行仿真，双击万用表测量输出电流，如图 8.11.13 所示。正电源输出的总电流为 I_{C1}，负电源输出的总电流为 I_{C2}。

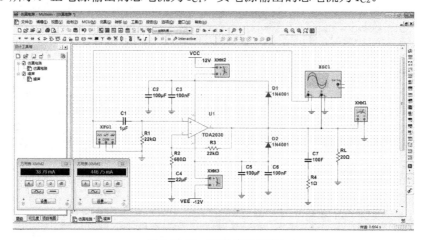

图 8.11.13　测量输出电流

(3) 仿真测量和测算数据，如表 8.11.1 和表 8.11.2 所示。

表 8.11.1　仿真测量与测算数据

测量项目	I_{C1}/mA	I_{C2}/mA	U_o/V	R_L/Ω
测量结果	38.76	446.75	7.768	20

表 8.11.2　功率与效率的仿真测算数据

测量项目	电源总功耗/W	输出功率/W	效率/(%)
计算公式	$(I_{C1}+I_{C2})U_{CC}$	$P_{om}=\dfrac{U_o^2}{R_L}$	P_{om}/P_U
计算结果	5.832	1.51	25.9

5. 功率放大电路的仪器实验

(1) 按照图 8.11.2 连线。

(2) 噪声电压 U_N 的实验测量。

测量时将输入端与地短路($U_i=0$)，示波器观察噪声波形，用毫伏表测量输出电压，该电压即为噪声电压 U_N，记录下噪声电压和噪声波形。

(3) 最大输出功率和效率的实验测量。

① 函数信号发生器产生 1 kHz、10 mV 的正弦波信号，用示波器观察输出电压波形。逐渐增大输入信号幅度，直到示波器显示的输出波形处于临界失真时，记录此时的最大不失真输出电压 U_o，计算最大输出功率 P_{om}。

② 用万用表分别测量正、负电源输出的总电流，记录下直流电流读数，计算电源消耗的功率 P_U。

③ 计算效率。

④ 将实验测量数据记入表 8.11.3 中。将实验测量结果代入公式计算并记入表 8.11.4 中。

表 8.11.3　实验测量数据

测量项目	I_{C1}	I_{C2}	U_o	R_L
测量结果				

表 8.11.4　功率与功率的实验测量数据

测量项目	电源总功耗/W	输出功率/W	效率/%
计算公式	$(I_{C1}+I_{C2})U_{CC}$	$P_{om}=\dfrac{U_o^2}{R_L}$	P_{om}/P_U
计算结果			

6. 实验报告要求

(1) 写明实验目的。

(2) 写明实验仪器名称和型号。

(3) 写明实验步骤和过程。

(4) 整理实验数据，并分析讨论。

(5) 画频率响应曲线。

(6) 讨论实验中发生的问题及解决办法。

8.12　直流稳压电源——集成稳压器

❖ **预习要求**

(1) 复习教材中有关集成稳压器部分的内容。

(2) 在测量稳压系数 S 和输出电阻 R_o 时，应选择什么样的仪表？

(3) 用 Multisim 14 软件进行集成稳压器仿真。

1. 实验目的

(1) 研究集成稳压器的特点和性能指标的测试方法。

(2) 了解集成稳压器扩展性能的方法。

(3) 进一步熟悉用 Multisim 14 软件进行集成稳压器仿真测试方法。

2. 实验器材

序号	器材名称	型号与规格	数量	备注
1	计算机与 Multisim 14 软件		1	
1	多功能电子技术实验平台		1	
2	数字示波器		1	
3	交流毫伏表		1	
4	普通万用表或四位半万用表		1	
5	稳压器	78 系列 317 系列 79 系列	若干	
6	整流桥		若干	
7	稳压管、三极管、电容、电阻		若干	
8	直流稳压电源		1	

3. 实验原理

集成稳压器的种类很多，应根据设备对直流电源要求来进行选择。对于大多数电子仪器、设备和电子线路来说，通常是选用串联线性集成稳压器。而在这种类型的器件中，又以三端式稳压器应用最为广泛。

三端式集成稳压器的输出电压是固定的，是预先调好的，在使用中不能进行调整。78 系列三端式稳压器输出正极性电压，一般有 5 V、6 V、9 V、12 V、15 V、18 V、24 V 七个档次，输出电流最大可达到 1.5 A(加散热片)。同类型 78M 系列稳压器的输出电流为 0.5 A，78L 系列稳压器的输出电流为 0.1 A。若要求负极性输出电压，则可选用 79 系列稳压器。78 系列的外形及接线图。如图 8.12.1 所示。

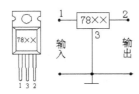

图 8.12.1 78 系列外形及接线图

78 系列有三个引出端：

1 脚：输出端(不稳定电压输入端)；

3 脚：公共端；

2 脚：输出端(稳定电压输出端)。

7809 的主要参数有：

输出直流电压：$U_o = +9$ V；

输出电流：I_L 为 0.1 A；I_M 为 0.5 A；

电压调整率：10 mV/V；输出电阻为 $R_o = 0.15$ Ω；

输入电压 U_i 的范围：12～16 V，因为一般 U_i 要比 U_o 大 3～5 V，才能保证集成稳压器工作在线性区。

图 8.12.2 是用三端式稳压器 7809 构成的单电源电压输出串联型稳压电源的实验电路图，整流部分采用了由 4 个二极管组成的桥式整流器(又称桥堆)，型号为 1CQ-4B，内部接线和外部管脚如图 8.12.3 所示。滤波电容 C_1、C_3 一般选取几百至几千微法。当稳压器距离整流滤波电路比较远时，在输入端必须接入电容器 C_2(数值为 0.33 μF)，以抵消线路的电感效应，防止自激振荡。输出端电容 C_4(0.1 μF)用以滤除输出端的高频信号，改善电路的暂态响应。

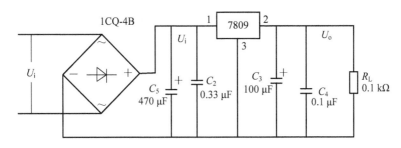

图 8.12.2 7809 构成串联型稳压电源

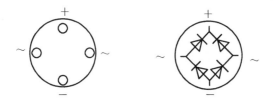

图 8.12.3 整流桥引脚图

当集成稳压器本身的输出电压或输出电流不能满足要求时，可通过外接电路来进行性能扩展。图 8.12.4 是一种简单的输出电压扩展电路。

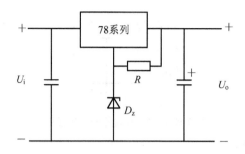

图 8.12.4　输出电压扩展电路

由 7809 稳压器的 3、2 端间输出电压为 9 V，因此只要适当选择 R 的值，使稳压管工作在稳压区，则输出电压 $U_o = 9 + U_z$，可以高于稳压器本身的输出电压。图 8.12.5 是通过外接晶体管 V_T 及电阻 R_1 来进行电流扩展的电路。电阻 R_1 的阻值由外接晶体管的发射结导通电压 U_{BE}、三端式稳压器的输入电流 I_i (近似等于三端稳压器的输出电流 I_{o1}) 和 V_T 的基极电流 I_B 决定，即

$$R_1 = \frac{U_{BE}}{I_R} = \frac{U_{BE}}{I_i - I_b} = \frac{U_{BE}}{I_{o1} - \dfrac{I_c}{\beta}}$$

式中，I_c 为晶体管 V_T 的集电极电流，$I_c = I_o - I_{o1}$；β 为 V_T 的电流放大系数；对于锗管，U_{BE} 可按 0.3 V 估算；对于硅管，U_{BE} 按 0.7 V 估算。

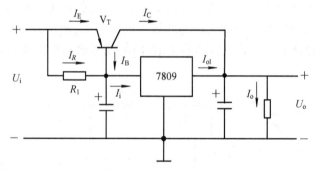

图 8.12.5　输出电流扩展电路

稳压电源的主要性能指标：

(1) 输出电压 U_o；

(2) 最大负载电流 $I_o = I_{om}$；

(3) 输出电阻 R_o。

输出电阻 R_o 定义为，当输入电压 U_i (稳压电路输入) 保持不变，由于负载变化而引起的输出电压变化量 ΔU_o 与输出电流变化量 ΔI_o 之比，即

$$R_o = \left. \frac{\Delta U_o}{\Delta I_o} \right|_{U_i = 常数}$$

(4) 稳压系数 S (电压调整率)。

稳压系数定义为，当负载保持不变，输出电压相对变化量与输入电压相对变化量之比，即

$$S = \frac{\Delta U_i / U_o}{\Delta U_i / U_i}\bigg|_{R_L = 常数}$$

由于工程上常把电网电压波动 10%作为极限条件，因此也有将此时输出电压的相对变化作为衡量指标，称为电压调整率。

(5) 纹波电压。

输出纹波电压是指在额定负载条件下，输出电压中所含交流分量的有效值(或峰值)。

图 8.12.6 为 79 系列集成块(输出为负)外形及接线图。

图 8.12.7 为可调输出正三端集成稳压器 317 外形及接线图。

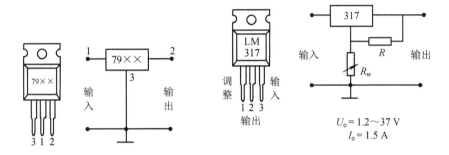

　　图 8.12.6　79 系列外形及接线图　　　　　图 8.12.7　317 外形及接线图

4. 集成稳压器的 Multisim 14 仿真实验

1) 组建整流滤波仿真电路

按 4.3 节元器件放置方法，在 Multisim 14 仿真平台上放置实验需要的电阻、整流桥、电容、电源和地线。按图 8.12.2 搭建的仿真电路如图 8.12.8 所示。

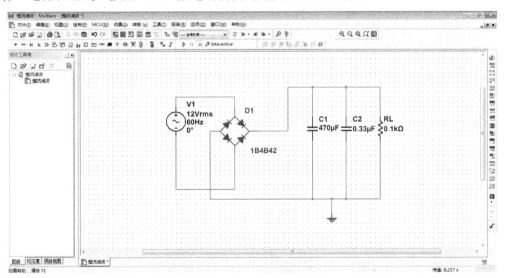

图 8.12.8　仿真电路

在负载两端接虚拟万用表的电压挡，点击运行按钮 ▶ ⏸ ■ 进行仿真，测量结果如图 8.12.9 所示。

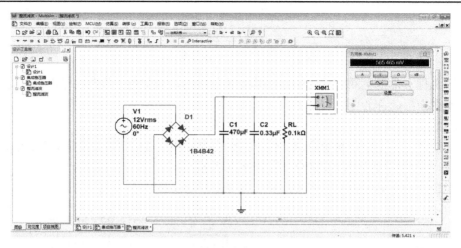

(a) 纹波电压

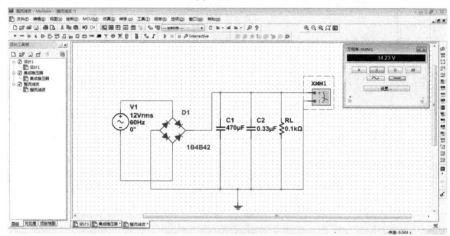

(b) 直流电压

图 8.12.9　输出端电压

虚拟示波器显示的 U_i 波形、整流后波形和 U_{oL} 波形，如图 8.12.10～图 8.12.12 所示。

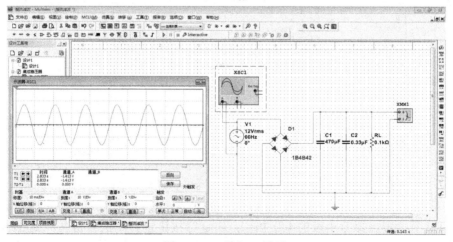

图 8.12.10　输入 U_i 波形

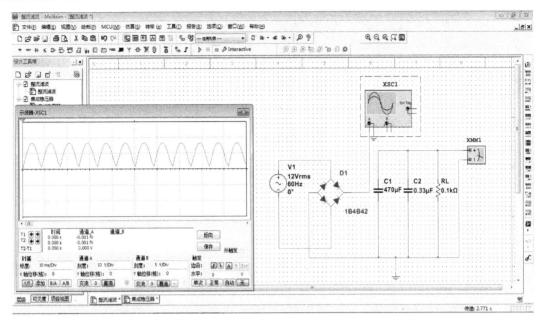

图 8.12.11 整流后波形

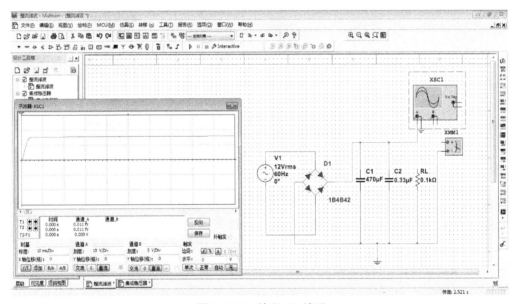

图 8.12.12 输出 U_{oL} 波形

取工频 12V 电压作为整流电路输入电压 U_i。接通电源，用虚拟示波器测量的输出端直流电压 U_{oL-} 及纹波电压 $U_{oL\sim}$。U_i 与 U_{oL} 的波形如表 8.12.1 所示。

表 8.12.1 整流滤波电路测试数据记录表

U_i / V	$U_{oL\sim}$ / V	U_{oL-} / V	U_i 波形	U_{oL} 波形
12	0.565	14.23	图 8.12.10	图 8.12.12

2) 集成稳压器性能的仿真测试

将所有的元器件放置完成后，按图 8.12.2 连接得到图 8.12.13 的仿真电路。

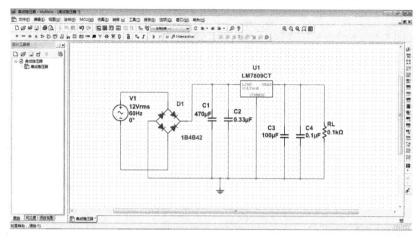

图 8.12.13　仿真电路

在连接确认无误的情况下，开启仿真开关，用虚拟万用表的电压挡观察测量值，如图 8.12.14 所示。

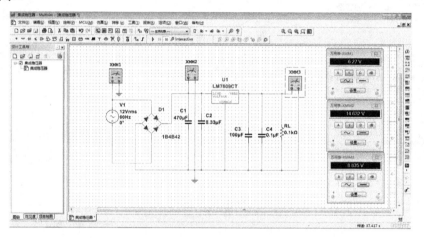

图 8.12.14　E_i 值、U_i 值和 U_o 值

虚拟示波器显示的 E_i 和 U_i 的波形如图 8.12.15 和图 8.12.16 所示。

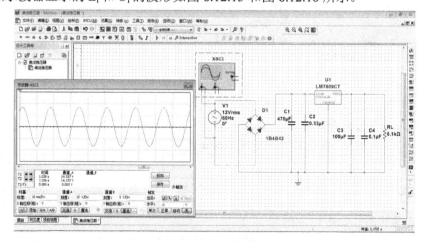

图 8.12.15　E_i 波形

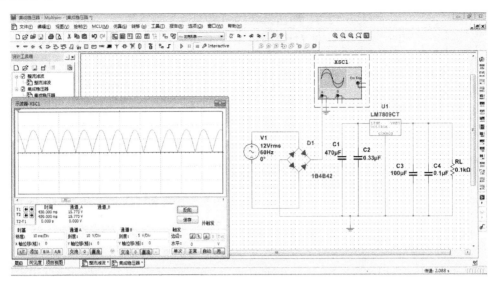

图 8.12.16　U_i 波形

由于仿真电路元器件参数没有改变,故图 8.12.13 的滤波波形与图 8.12.12 相同。而 7809 的输出波形如图 8.12.17 所示。

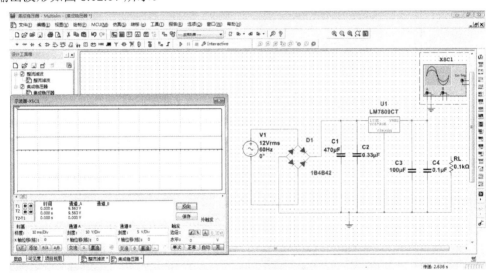

图 8.12.17　U_o 波形

3) 各项性能指标的仿真测试

(1) 输出电压 U_o 和最大输出电流 I_o。

在输出端接负载电阻 $R_L = 100\ \Omega(\geqslant 1\ \mathrm{W})$,由于 7809 输出电压 $U_o = 9\ \mathrm{V}$,因此流过 R_L 的电流为 $I_o = 9\ \mathrm{V}/100\ \Omega = 90\ \mathrm{mA}$。这时 U_o 应基本保持不变,若变化较大则说明集成块性能不良。

(2) 稳压系数 S 的仿真测量。

$R_L = 100\ \Omega$,按表 8.12.2 改变整流电路输入电压 U_i(模拟电网电压波动),分别测出相应的稳压器输入电压 U_i 及输出直流电压 U_o,如图 8.12.18 和图 8.12.19 所示,仿真测量与测算值如表 8.12.2 所示。

表 8.12.2　　稳压系数的仿真测量与测算值

	仿真测量值		仿真测算值
E_i / V	U_i / V	U_o / V	S
10	11.695	8.831	$S_{12} = 0.0014$
12	14.632	8.835	—
14	17.41	8.838	$S_{23} = 0.0018$

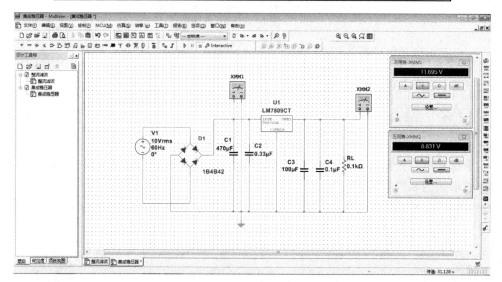

图 8.12.18　$U_i = 10$ V 时 U_i 与 U_o 的值

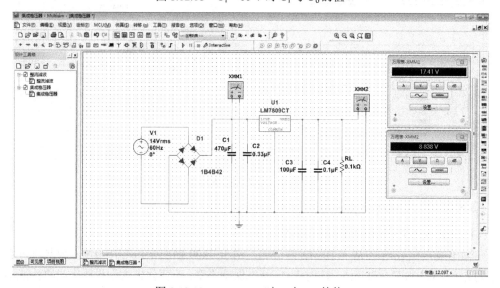

图 8.12.19　$U_i = 14$ V 时 U_i 与 U_o 的值

(3) 输出电阻 R_o 的仿真测量。

取 $U_i = 12$ V，接上和断开负载 R_L 分别仿真测量输出电压 U_o，如图 8.12.20、图 8.12.21 及表 8.12.3 所示。

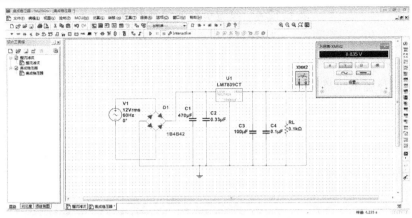

图 8.12.20　接上 R_L 时输出电压 U_o 的值

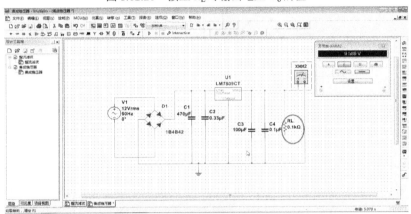

图 8.12.21　断开 R_L 时输出电压 U_o 的值

表 8.12.3　输出电阻的仿真测量数据

R_L	U_o/ V	I_o/ mA	R_o/ Ω
100Ω	8.835	88.35	100
∞	9.589	95.89	

(4) 纹波电压。纹波电压测量过程及数据如图 8.12.22 及表 8.12.4 所示。

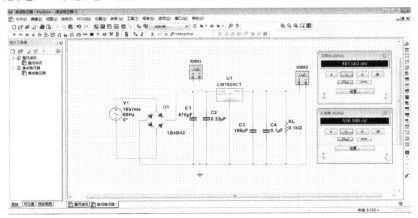

图 8.12.22　输入纹波电压 $U_i{\sim}$ 和输出纹波电压 $U_o{\sim}$

表 8.12.4　纹波参数的仿真测量值

$U_{i\sim}$ / V	$U_{o\sim}$ / V
0.401	0.527

5. 集成稳压器的仪器实验

1) 整流滤波电路的实验测试

按图 8.12.23 连接实验电路，取实验箱上工频 12 V 电压作为整流电路输入电压 U_i。接通工频电源，测量输出端直流电压 U_{oL-} 及纹波电压 $U_{oL\sim}$。用示波器观察 U_i、U_{oL} 的波形，把数据及波形记入表 8.12.5 中。

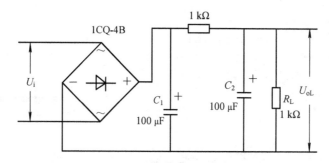

图 8.12.23　整流滤波电路

表 8.12.5　整流滤波电路测试数据记录表

U_i / V	$U_{oL\sim}$ / V	U_{oL-} / V	U_i 波形	U_{oL} 波形
12				

2) 集成稳压器性能的实验测量

断开工频电源，按图 8.12.2 连接实验电路，取负载电阻 $R_L = 100\ \Omega$。

(1) 初测。接通工频电源，测量 U_i 值，测量滤波电路输出电压 U_o，集成稳压器输出电压 U_{oL}，它们的数值应与理论值大致相符，否则说明电路出现了故障。若出现故障，需设法找出故障并加以排除。电路经初测进入正常工作状态后，才能进行各项指标的测试。

(2) 各项性能指标的实验测量。

① 输出电压 U_o 和最大输出电流 I_o。在输出端接负载电阻 $R_L = 100\ \Omega(\geqslant 1\ W)$，由于 7809 输出电压 $U_o = 9\ V$，因此流过 R_L 的电流为 $I_o = 9\ V/100\ \Omega = 90\ mA$。这时 U_o 应基本保持不变，若变化较大则说明集成块性能不良。

② 稳压系数的实验测量。

$R_L = 100\ \Omega$，按表 8.12.6 改变整流电路输入电压 U_i (模拟电网电压波动)，分别测出相应的稳压器输入电压 U_i 及输出直流电压 U_o，记入表 8.12.6 中。

表 8.12.6　稳压系数的实验测量值

U_i / V	U_i / V	U_o / V	S
10			$S_{12} =$
12			—
14			$S_{23} =$

③ 输出电阻 R_o 的实验测量。

取 $U_i = 12$ V，接上和断开负载 R_L，分别实验测量输出电压 U_o，记入表 8.12.7 中。

表 8.12.7　输出电阻的实验测量值

R_L / Ω	U_o / V	I_o / mA	R_o / Ω
100			
∞			

④ 输出纹波电压的实验测量。

取 $U_i = 18$ V，$R_L = 100$ Ω，实验测量输入纹波电压 $U_{i\sim}$ 及输出纹波电压 $U_{o\sim}$，记入表 8.12.8 中。

表 8.12.8　纹波参数的实验测量值

$U_{i\sim} / V$	$U_{o\sim} / V$

6. 实验报告要求

(1) 写明实验目的。

(2) 写明实验仪器名称和型号。

(3) 写明实验步骤和过程。

(4) 整理实验数据，并分析讨论。

(5) 分析讨论实验中发生的现象和问题。

7. 直流稳压电压设计实验

进一步熟悉用 Multisim 14 软件搭建电路、仪器组装电路，调试及指标测试的方法。进一步加深对稳压电路的工作原理、性能指标实际意义的理解，达到提高工程实践能力的目的。

1) 设计题目

(1) 设计一个小型晶体管收音机用的直流稳压电压。主要技术指标如下：

输入交流电压：220 V，$f = 50$ Hz；

输出直流电压：$U_o = 4.5 \sim 6$ V；

输出电流：$I_{om} \leqslant 250$ mA

输出纹波电压：$\leqslant 100$ mV。

(2) 设计一个直流稳压电路，具体设计要求如下：

输入交流电压：220 V，$f = 50$ Hz；

输出直流电压：$U_o = 8 \sim 12$ V；

输出电流：$I_{om} \leqslant 500$ mA；

输出电流保护：$\geqslant 400$ mV；

输出电阻：$\leqslant 0.1$ Ω；

稳压系数：$\leqslant 0.01$。

2) 设计内容和要求

(1) 按题目要求设计电路，给出电路图。说明电路中的元器件型号、标称值和额定值。

(2) 组装电路并调试，自拟 Multisim14 仿真与实验步骤并且进行参数测试。若测试结果不满足设计指标要求，需要重新调整电路参数，使之达到设计指标要求。

(3) 写出设计、安装、调试、测试指标全部过程的设计报告。

(4) 总结完成该实验题目的体会。

8.13　函数信号发生器

❖ 预习内容

(1) 熟悉 Multisim 14 软件功能。

(2) 了解学习 LM324AM，熟悉管脚的排列及其功能。

(3) 如果改变了方波的占空比，试问此时三角波和正弦波输出端将会产生怎样的一个波形？

1. 实验目的

(1) 熟练使用 Multisim 14 软件进行函数信号发生器的实验仿真。

(2) 了解单片多功能集成电路函数信号发生器的功能及特点。

(3) 进一步掌握波形参数的测试方法。

2. 实验器材

序号	器材名称	型号与规格	数量	备注
1	计算机与 Multisim 14 软件		1	
2	示波器		1	
3	普通万用表或四位半万用表		1	
4	运算放大器	LM324AM	若干	
5	可变电阻器、电阻器、电容器		若干	

3. 实验原理

低频函数信号发生器的设计方案有很多种，具体电路中的元器件可采用分立元器件，也可以采用集成电路。其总体电路由三个功能模块组成：正弦波发生电路模块、方波发生电路模块、三角波发生电路模块，根据上述三个模块的不同顺序可由以下两种方案实现。

方案 1：先由 RC 正弦波振荡电路产生正弦波，然后经过滞回比较器将正弦波变换为方波，再由积分电路将方波变换为三角波。RC 正弦波振荡电路中的振荡器是 RC 串并联选频网络和集成运算放大器组成的负反馈放大电路。RC 选频网络的输入信号由放大电路的输出端提供，RC 选频网络的输出又反馈到放大电路的输入端，使电路在振荡频率处满足振荡的相位条件，若调节电路中的滑动变阻器使负反馈放大电路的增益大于 3，就满足起振条件，电路产生振荡，输出端产生正弦波。若输出波形产生较小失真，可在输出端增加两个限幅二极管使输出为不失真的正弦波。由于电压比较器的输出只有两种状态：高电平和低电平，将正弦波通过滞回比较器即可得到同频率的方波。最后，再由积分电路将方波变换为三角波。

　　方案 2：先用一个滞回比较器和一个 RC 充放电回路组成方波发生电路，再由低通滤波器将三角波变换为正弦波，也可以利用差分放大器传输特性的非线性实现三角波到正弦波的变换。滞回比较器的输出只有两种状态：高电平和低电平，这两种输出电平使 RC 电路进行充电或放电，于是电容上的电压将升高或降低，而电容上的电压又作为滞回比较器的输入电压，控制其输出状态发生跳变，从而使 RC 电路由充电过程变为放电过程或相反。如此循环往复，最后在滞回比较器的输出端即可得到一个高低电平周期性变化的方波。由于三角波的傅里叶级数为

$$U_{\mathrm{i}}(\omega t)=\frac{8}{\pi^{2}}U_{\mathrm{m}}\left(\sin\omega t-\frac{1}{9}\sin 3\omega t+\frac{1}{25}\sin 5\omega t-\cdots\right)$$

　　上式表明，只要将三角波通过低通滤波器并保证滤波器的通道截止频率大于三角波的基波频率且小于三角波的三次谐波频率，在输出端就会得到频率和三角波基本频率相同的正弦波。

　　此外，还可用典型的射极耦合差分放大器实现三角波到正弦波的转化。在差分放大电路的一个输入端输入三角波，由于差分放大电路传输特性的非线性，在其单端输出端即可得到曲线近似正弦波的信号。

　　在方案 2 中要用有源低通滤波电路将三角波转化为正弦波，而滤波电路的截止频率不稳定，会造成滤波后的正弦波存在明显失真，所以方案 1 成为了设计时的首选，这里选择方案 1。

　　函数信号发生器原理图，如图 8.13.1 所示。

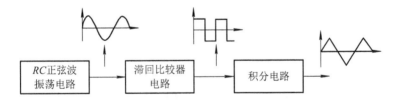

图 8.13.1　函数信号发生器原理图

　　电路主要由 RC 正弦波振荡电路、滞回比较器电路、积分电路组成。RC 正弦波振荡电路产生输出频率为 $f_0 = 300$ Hz，误差小于±2%，幅度不小于 5 V 的正弦波，此正弦波通过滞回比较器即可得到同频率幅度不小于 500 mV 的方波，最后简单的积分电路即可实现方波向三角波的转化。

　　1) RC 正弦波振荡电路设计

　　RC 正弦波振荡电路是整个系统的核心，其电路图如图 8.13.2 所示。主要由四个子电路构成，分别为负反馈放大电路、正反馈网络、选频网络和稳幅电路。

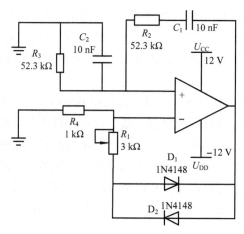

图 8.13.2　RC 正弦波振荡电路

运算放大器是整个电路的关键，它与 R_1、R_4 及二极管 D_1、D_2 组成具有稳幅作用的负反馈放大电路，可通过调整电位器 R_1 改变负反馈深度，从而改变电路增益，以保证电路振荡的幅值平衡条件，使电路获得一定幅值的输出量。电路起振条件和幅值平衡条件为

$$A = 1 + \frac{R_f}{R_4} \geqslant 3$$

$R_f = R_1 + R_4$，要求 $R_f \geqslant 2R_4$，故取 $R_1 = 3\ \text{k}\Omega$，$R_4 = 1\ \text{k}\Omega$。

C_1、R_2 和 C_2、R_3 组成 RC 串并联选频与正反馈网络，且 $C_1 = C_2 = C$，$R_2 = R_3 = R$。输出信号的振荡频率为：

$$f_0 = \frac{1}{2\pi RC}$$

由此可见，只要改变选频网络中电容 C 或电阻 R 参数，即可调节输出信号的频率。一般采用改变电容 C 作为频率量程切换，调节电阻 R 作为量程内频率的连续细调。

2) 正弦波-方波转换电路设计

电压比较器能够将正弦波转换为方波，其中滞回比较器具有滞回特性，其抗干扰能力较强,因此本设计采用滞回比较器组成正弦波-方波转换电路，电路如图 8.13.3 所示。

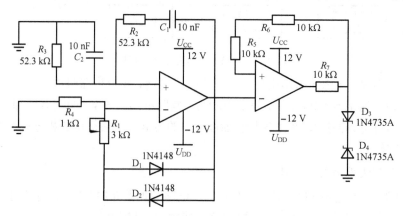

图 8.13.3　正弦波-方波转换电路

在此电路中，运算放大器工作在非线性区，其电压
传输特性如图 8.13.4 所示。稳压二极管 D_3、D_4(稳定电压
为 U_z)组成输出端的限幅电路。

其阈值电压为

$$\pm U_T = \pm \frac{R_1}{R_1 + R_2} U_z$$

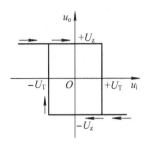

3) 积分电路

积分电路能将方波转换为三角波，原理图如图 8.13.5
所示。

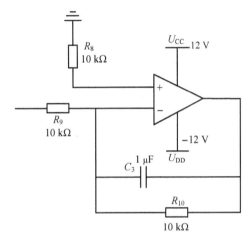

图 8.13.5 积分电路

4) 总原理电路图

由于本设计使用的是集成运放 LM324，而非单个运放，故系统总电路图应将 RC 正弦
波振荡电路、滞回比较器电路、积分电路三部分电路结合在 LM324 之上。电路如图 8.13.6
所示。

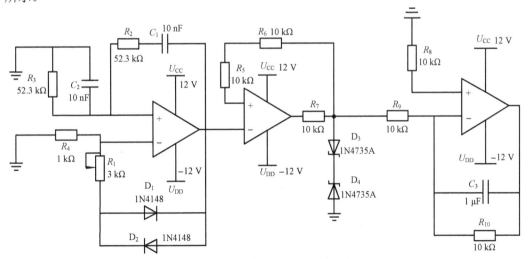

图 8.13.6 总电路图

4. 函数信号发生器的 Multisim 14 仿真实验

1) *RC* 正弦波振荡器仿真

在 Multisim 14 仿真软件上，调取所需元器件 LM324、1N4148、1N4735A、可变电阻、电容、放置电源和地线，按图 8.13.2 搭建如图 8.13.7 所示的 *RC* 正弦波振荡器仿真电路。

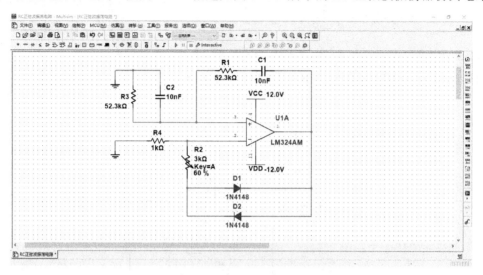

图 8.13.7　*RC* 正弦波振荡电路

根据要求 $f_0 = 300$ Hz，故 $C = 10$ nF，$R = 52.3$ kΩ，电路产生的波形如图 8.13.8 所示。

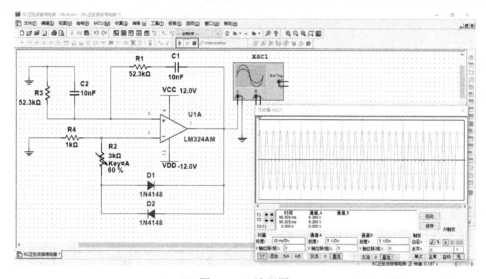

图 8.13.8　波形图

由此可见，只要改变选频网络中电容 *C* 或电阻 *R* 的数值，即可调节输出信号的频率。一般采用改变电容 *C* 作为频率量程切换，调节电阻 *R* 作为量程内频率的连续细调。

2) 正弦波-方波转换电路仿真

在 Multisim 14 仿真软件上，调取所需元器件 LM324、1N4148、1N4735A、可变电阻组、电容、放置电源和地线，按图 8.13.3 搭建如图 8.13.9 所示的正弦波-方波转换仿真电路。

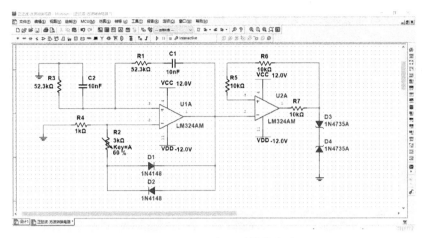

图 8.13.9　正弦波-方波转换电路

用虚拟示波器观察波形，如图 8.13.10 所示。

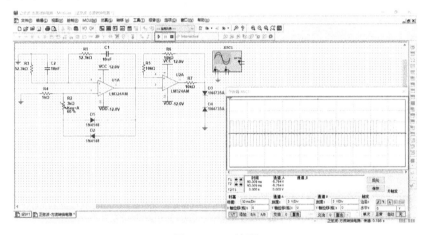

图 8.13.10　波形

3) 积分电路

积分电路用于将方波转换为三角波，原理图如图 8.13.11 所示。

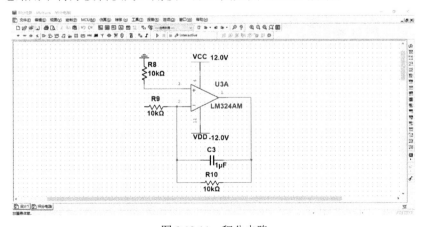

图 8.13.11　积分电路

用虚拟示波器观察波形，如图 8.13.12 所示。

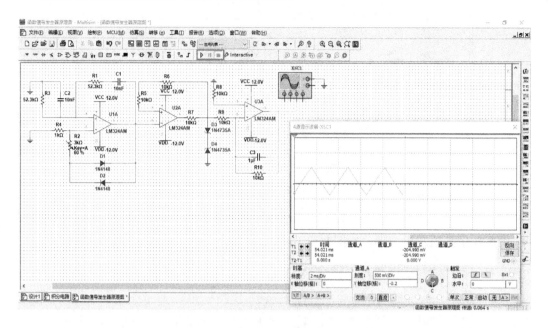

图 8.13.12　积分电路波形

4) 总电路图或系统具体电路图

按图 8.13.6 所示搭建的仿真电路如图 8.13.13 所示。

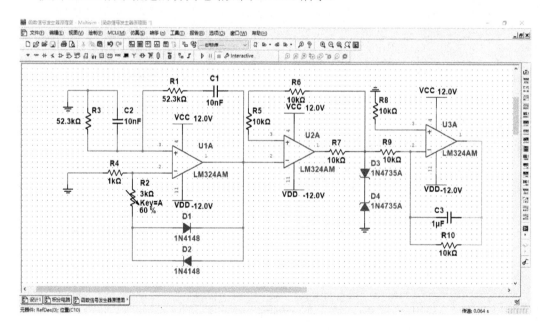

图 8.13.13　总电路图

5) 运行仿真

单击仿真软件 Multisim 14 元器件工具栏中的 ▷ Ⅱ ■ 按钮，仿真结果如图 8.13.14 所示。

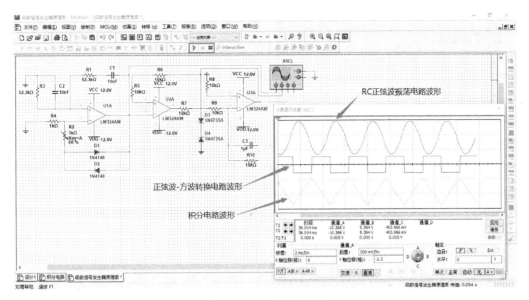

RC正弦波振荡电路波形

正弦波-方波转换电路波形

积分电路波形

图 8.13.14　观察波形图

5. 函数信号发生器的仪器实验

按图 8.13.6 安装调试电路，并实验测试，检查是否满足设计要求。

6. 实验报告要求

(1) 写明实验目的。

(2) 写明实验仪器名称和型号。

(3) 写明实验步骤和过程，分别画出 $C = 0.1\ \mu F$，$0.01\ \mu F$，$1000\ \mu F$ 时所观测到的方波、三角波和正弦波的波形图，从中得出的结论。

(4) 列表整理 C 取不同值时三种波形的频率和幅度值。

(5) 组装、调整函数信号发生器的心得体会。

8.14　压控振荡器

❖ 预习内容

(1) 熟悉 Multisim 14 软件功能。

(2) 指出电容器 C 的充电和放电回路。

(3) 定性分析用可调电压 U_i 改变 U_o 频率的工作原理。

(4) 电阻 R_3 和 R_4 的阻值如何确定？当要求输出信号幅值为 $12U_{opp}$，输入电压值为 3 V，输出频率为 3000 Hz，计算 R_3、R_4 的值。

1. 实验目的

(1) 熟练使用 Multisim 14 软件进行压控振荡器的实验仿真。

(2) 了解压控振荡器的组成及调试方法。

(3) 掌握压控振荡器的测量方法。

2. 实验器材

序号	器材名称	型号与规格	数量	备注
1	计算机与 Multisim 14 软件		1	
2	示波器		1	
3	普通万用表或四位半万用表		1	
4	电阻、电容		若干	

3. 实验原理

调节可变电阻或可变电容可以改变波形发生电路的振荡频率，一般是通过人工来调节的,而在自动控制场合往往要求能自动地调节振荡频率。常见的情况是给出一个控制电压(例如计算机通过接口电路输出的控制电压)，要求波形发生电路的振荡频率与控制电压成正比。这种电路称为压控振荡器(Voltage Controlled Oscillator，VCO)或 V-F 转换电路。

利用集成运算放大器可以构成精度高、线性好的压控振荡器。下面介绍这种电路的构成和工作原理，并求出振荡频率与输入电压的函数关系。

1) 工作原理

积分电路输出电压变化的速率与输入电压的大小成正比，如果积分电容充电使输出电压达到一定程度后，设法使它迅速放电，然后输入电压再给它充电，如此周而复始，产生振荡，其振荡频率与输入电压成正比，即压控振荡器。图 8.14.1 就是实现上述意图的压控振荡器(它的输入电压 $U_i > 0$)。在图 8.14.1 中，由运算放大器 A_1 构成积分电路，运算放大器 A_2 构成同相输入滞回比较器，它起开关作用。当它的输出电压 $U_{o1} = +U_z$ 时，二极管 D 截止，输入电压($U_i > 0$)，经电阻 R_1 向电容 C 充电，输出电压 U_o 逐渐下降，当 U_o 下降到零再继续下降使滞回比较器 A_2 同相输入端电位略低于零，U_{o1} 由 $+U_z$ 跳变为 $-U_z$，二极管 D 由截止变为导通，电容 C 放电，由于放电回路的等效电阻比 R_1 小得多，因此放电很快，U_o迅速上升，使 A_2 的 U_+ 很快上升并大于零，U_{o1} 很快从 $-U_z$ 跳回到 $+U_z$，二极管又截止，输入电压经 R_1 再向电容充电。如此周而复始，产生振荡。

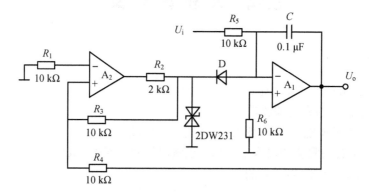

图 8.14.1　压控振荡器实验电路

压控振荡器 U_o 和 U_{o1} 的波形，如图 8.14.2 所示。

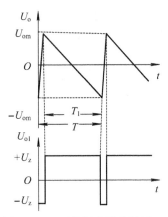

图 8.14.2　压控振荡器的波形

2) 振荡频率与输入电压的函数关系

振荡频率与输入电压的函数关系如下：

$$f = \frac{1}{T} \approx \frac{1}{T_1} = \frac{R_4}{2R_1R_3C} \cdot \frac{U_i}{U_z}$$

可见，振荡频率与输入电压成正比。

上述电路实际上就是一个方波、锯齿波发生电路，只不过这里是通过改变输入电压 U_i 的大小来改变输出波形频率，从而将电压参量转换成频率参量。

压控振荡器的用途较广。为了使用方便，一些厂家将压控振荡器做成模块，有的压控振荡器模块输出信号的频率与输入电压幅值的非线性误差小于 0.02%，但振荡频率较低，一般在 100 kHz 以下。

4. 压控振荡器的 Multisim 14 仿真实验

在 Multisim 14 仿真平台上调取所需元器件：电阻、电容、电源和地线、运算放大器、函数发生器与示波器，按图 8.14.1 搭建如图 8.14.3 所示的仿真电路。

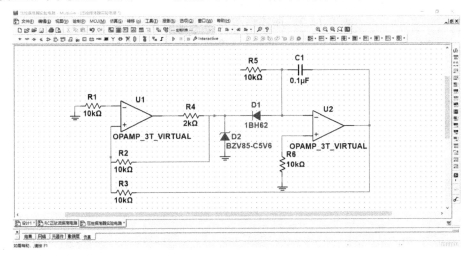

图 8.14.3　压控振荡器仿真电路

单击元器件工具栏中 ▷ Ⅱ ▫ 按钮进行仿真。用虚拟示波器观察 U_o、U_{o1} 波形，如图 8.14.4 所示。将压控振荡器的仿真测量数据记入表 8.14.1 中。

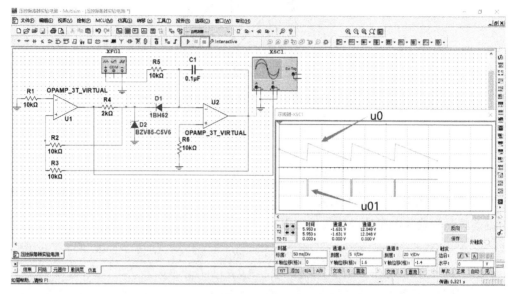

图 8.14.4　波形图

表 8.14.1　压控振荡器的仿真测量数据

测量仪器	U_i / V	1	2	3	4	5	6
虚拟示波器	T / ms	7.25	3.70	2.51	1.92	1.57	1.34
虚拟频率计	f / Hz	138	271	399	520	633	746

5. 压控振荡器的仪器实验

(1) 按图 8.14.1 接线，用数字示波器监视输出波形。

(2) 按表 8.14.2 的内容，测量电路的输入电压与振荡频率的转换关系。

(3) 用数字示波器观察并描绘 U_o、U_{o1} 波形。

表 8.14.2　压控振荡器的实验测量数据

测量仪器	U_i / V	1	2	3	4	5	6
示波器	T / ms						
频率计	f / Hz						

6. 实验报告要求

(1) 写明实验目的。

(2) 写明实验仪器名称和型号。

(3) 写明实验步骤和过程，作出电压–频率关系曲线，并讨论其结果。

参 考 文 献

[1] 郭业才，黄友锐. 模拟电子技术. 2 版. 北京：清华大学出版社，2018.

[2] 周润景，崔婧. Multisim 电路系统设计与仿真教程. 北京：机械工业出版社，2018.

[3] 魏鉴，朱卫霞. 电路与电子技术实验教程. 武汉：武汉大学出版社，2018.

[4] 吴扬. 电子技术课程设计. 合肥：安徽大学出版社，2018.

[5] 刘建成，冒晓莉. 电子技术实验与设计教程. 2 版. 北京：电子工业出版社，2016.

[6] 吕波，王敏. Multisim 14 电路设计与仿真. 北京：机械工业出版社，2016.

[7] 唐明良，张红梅，周冬芹. 模拟电子技术仿真实验与课程设计. 重庆：重庆大学出版社，2016.

[8] 高玉良. 电路与电子技术实验教程. 北京：中国电力出版社，2016.

[9] 吴晓新，堵俊. 电路与电子技术实验教程. 2 版. 北京：电子工业出版社，2016.

[10] 唐明良，张红梅. 数字电子技术实验与仿真. 重庆：重庆大学出版社，2014.

[11] 赵春华，张学军. Multisim 9 电子技术基础仿真实验. 北京：机械工业出版社，2012.

[12] 付扬. 电路与电子技术实验教程. 北京：机械工业出版社，2010.

[13] 刘丽君，王晓燕. 电子技术基础实验教程. 南京：东南大学出版社，2010.

[14] 卓郑安. 电路与电子技术实验教程. 上海：上海科学技术出版社，2008.